아인슈타인도 몰랐던 **과학이야기**

아인슈타인도 몰랐던 과학이야기

What Einstein Didn't Know

로버트 L. 월크 지음 / 이창희 옮김

해냄

생활 속의 재미있는 과학 이야기

'과학'이란 단어는 잊어버립시다. 이 책은 우리 주변의 사물과 일의 배후에서는 어떤 일이 일어나는가를 알려주는 책일 뿐입니다. 그리고 이 책은 주변 일에 관심은 있지만 왜 그런가를 캐볼 시간이 없거나 '과학'을 두려워하는 사람들을 위해서 썼습니다.

물론, 이런 일들이 왜 일어나는가에 대한 답은 과학적입니다. 다시 말해 논리적이고 정확하다는 뜻입니다. 그러나 여기서는 우리가 흔히 마주치는 대답 아닌 대답, 그러니까 쓸데없이 어려워서 이해하는 데 도움이 안 되는 대답은 없습니다. 단순한 '답'보다는 '설명'을 더 많이 만나게 될 것입니다.

쉬운 말로 썼기 때문에 독자 여러분은 처음부터 끝까지 '정말로 이해했구나' 하는 기분이 들 것입니다.

우리가 과학과 마주치는 곳은 보통 네 군데입니다. 학교, 교과서, 어린이책, 그리고 진짜 어려운 본격적인 과학 서적들이죠. 불행히도 학교와 교과서는 과학에 대한 흥미를 불러일으키기보다는 이것을 질식시키는 경우가 많습니다.

어린이를 위해 재미있게 쓴 과학책은 물론 좋지만, 이렇게 되면 사람들은 어린애들이나 일상사에 호기심을 갖는다는 잘못된 생각에 물들게 됩니다. 어려운 과학책은 "과학은 역시 보통 사람들이 알 수 없는 거야"라는 확신만 더욱 강화시킬 뿐입니다.

이 책은 교과서도 아니고, 본격적인 과학책은 더욱 아니고, 어린이들을 위한 '왜 그럴까요?' 책도 아닙니다(그렇지만 독자 여러분의 아들딸이 이 책을 읽는다 해도 놀라지 마세요). 그러니까 이 책은 어른을 위한 '왜 그럴까요?' 책입니다. 그러나 이 책은 '아, 그렇구나' 하고 한 번 감탄하고는 돌아서면 잊어버릴 이야기들을 모아놓은 책은 아닙니다. 오히려 이 책은 실제 생활에서 사람들이 가질 수 있는 현실적인 의문을 풀어줍니다. 실제 상황은 여러 가지가 있겠지요. 집 주변, 부엌, 차고, 시장, 시원한 야외 등이 그 예입니다.

이 책을 첫 페이지서부터 끝까지 순서대로 읽을 필요는 없습니다. 마음내키는 대로 뒤적이다가 눈길 닿는 곳에 멈춰서 읽어보세요. 설명은 모두 아주 쉽게 되어 있습니다. 그리고 여러분이 읽고 있는 부분과 밀접하게 연관된 내용이 이 책의 다른 곳에도 있을 경우에는 그 부분을 표시해 놓았으니까 찾아가 보시면 됩니다.

뒤적이다 보면 '직접 해보세요'라는 말도 눈에 많이 띌 것이고, 실제로 여러분이 해볼 수 있는 실험에 대한 설명도 나옵니다. 이러한 실험은 주방 식탁에 앉아서나 비행기를 타고서도 할 수 있는 것들입니다. '한마디로 말하면……'이란 말도 자주 보일 것입니다.

설명이 여러분의 필요 이상으로 길어질 경우, 상세한 부분은 '꼼꼼쟁이 코너'로 넘어갑니다. 그러니까 마음이 내키지 않으면 건너뛸 수도 있습니다. 어쩔 수 없이 전문용어를 써야 하는 경우도 있는데, 그때는 설명이 따라옵니다. 어떤 전문용어가 무슨 뜻인지 생각나지 않으면 책 뒤의 용어 해설을 참고하십시오.

예를 들어, '분자'라는 단어는 이 책에 수도 없이 나옵니다. 여기에 대한 설명이 너무 어렵지 않을까 걱정되시죠? 걱정 마십시오. 일상생활을 설명하는 데 절대적으로 불가피한 전문용어는 이 책에서는 사실 '분자' 하나뿐입니다. 분자가 무엇인지 이미 아시는 분들도 있겠지만, 어쨌든 설명은 간단합니다.

• 분자는 눈에 보이지 않는 작은 입자이며, 모든 물질은 분자로 되어 있다. 우리가 보고 만지는 물건들이 모두 서로 다른 것은 저마다 분자의 종류, 크기, 모양, 배열이 다르기 때문이다.

• 분자는 이보다는 더욱 작은 입자인 원자의 덩어리로 되어 있다. 세상에는 백여 가지의 원자가 있고, 이들이 엄청나게 많은 방법으로 이리저리 결합을 해서 무수한 종류의 분자를 만들어낸다.

영국의 시인 키츠는 이렇게 썼습니다.

"그것이 네가 아는 모든 것이고, 알아야 할 모든 것이다."

이제 읽기 시작하셔도 됩니다.

가르치는 사람으로서 나는 수업 시간이 끝날 때마다 이렇게 묻습니다. "또 다른 질문 없어요?" 이번에는 독자 여러분에게 같은 질문을 해야겠군요. 여러분의 의문을 알려주시면 이 책의 개정판에 답을 실어드리겠습니다. 우편을 이용하실 분은 Scientific Answers, 610 Olympia Road, Pittsburgh, PA 15211로 보내시면 되고, E-메일을 이용하시려면 wolke+@pitt.edu로 보내십시오. 여러분의 질문과 답이 개정판에 실리면 질문하신 분의 성명과 주소를 밝혀야 하니까 주소와 성명을 꼭 같이 보내주시기 바랍니다.

1. 집안에서

우리가 사는 집안을 한 번 돌아봅시다.
눈을 크게 뜨고 보면, 여러 가지 놀라운 일을 볼 수 있을 것입니다.
저녁 식탁에는 촛불이 타고 있고,
샴페인 잔에서는 거품이 올라오고 있을지도 모릅니다.
창 밖에는 해가 지고 있을지도 모르고요.
아니면 세제와 표백제가 뒤섞여 화학의 마술을 연출하는
세탁기 앞에 매달려 있을 수도 있지요.
세제와 표백제는 통틀어 '때' 라고 부르는
물질에 변화를 일으킵니다.
이 장에서는 촛불, 샴페인, 지는 해, 세제, 표백제에서
일어나는 놀라운 일들을 들여다보겠습니다.
물침대와 샤워도 빼놓을 수 없지요.

때와 비누

만드는 과정을 보고 싶지 않은 물건이 세 가지 있다고 합니다. 소시지, 법률, 비누입니다. 법을 만드는 사람들(국회의원)에 대해서는 지겹도록 들었고, 소시지를 만드는 과정은 알고 싶지 않습니다. 그렇지만 이건 정말 알고 싶군요. 비누는 어떻게 만들까요?

비누를 만드는 과정은 언뜻 보면 엉망진창입니다. 그래서 이런 과정을 거쳐 지난 2천 년 동안 우리를 위해 거의 모든 것을 씻어준 고마운 물건이 만들어진다는 사실이 믿어지지 않을 정도입니다. 비누는 항상 값싸고 얻기 쉬운 재료로 만들어졌습니다. 기름과 나무를 태운 재입니다. 석회도 가끔 쓰였고요.

우리도 로마 사람들과 똑같은 방법으로 비누를 만들 수 있습니다. 석회석을 가열해서 석회를 만든 뒤, 이 석회를 적셔서 뜨거운 재 위에 뿌려주고 잘 섞습니다. 이렇게 만든 회색 반죽을 뜨거운 물 속에 넣고 염소 기름 덩어리를 몇 개 집어넣어 몇 시간 동안 끓입니다. 그러면 더러운 갈색 반죽이 수면 위로 두꺼운 층을 이루는데 이것이 식으면서 딱딱해집니다. 이걸 몇 조각으로 자르면 비누가 됩니다.

아니면 가게에 가서 오늘날의 고도로 정제된 비누를 하나 사보십시오. 여기에는 비누 자체말고도 양을 늘리기 위한 혼합물, 염료, 향료, 탈취제, 살균제, 이런저런 크림과 로션, 그리고 엄청난 광고가 같이 들어 있습니다. 비누보다도 광고가 더 많이 들어 있을지도 모르겠군요.

비누는 지방과 알칼리의 반응으로 만들어집니다. 알칼리는 강한 염기를 말합니다. 염기성은 산성의 반대말입니다. 오늘날의 비누는 염소 기름 대신 여러 가지 다른 지방들로 만들어집니다. 소나 양의 기름도 있고, 야자유, 목화유, 올리브유 등도 쓰입니다(카스틸 비누는 올리브유로 만듭니다). 오늘날 비누를 만드는 데 쓰이는 알칼리는 보통 양잿물(가성소다 또는 수산화나트륨)입니다. 석회도 좋은 알칼리이고, 재에도 탄산칼륨이라는 알칼리가 포함되어 있기 때문에 좋은 재료입니다.

유기화합물(지방산)과 무기화합물(양잿물)을 합쳐서 만들었기 때문에 비누의 분자는 부모 양쪽의 성질을 모두 갖고 있습니다(86쪽을 보세요). 기름기가 있는 유기물과 쉽게 친해지는 유기 성분이 있는가 하면, 물에 쉽게 끌리는 무기 성분도 있습니다(129쪽을 보세요). 그래서 비누는 기름때가 세탁물에 잘 섞이도록 하는 뛰어난 능력이 있는 것입니다.

샴푸, 치약, 면도 크림, 화장품 등의 라벨에 보면 화학 성분이 써 있습니다. 여기서 스테아르산나트륨, 올레산나트륨, 팔미틴산나트륨, 코코아산나트륨 같은 이름을 봐도 놀라거나 감탄할 필요는 없습니다. 이것은 모두 비누의 화학적 이름이니까요. '나트륨' 대신 '칼륨'이 보인다면 이 비누는 양잿물이 아니라 수산화칼륨으로 만들어진 것입니다. 칼륨 비누는 좀더 부드럽고 액체로 되어 있는 것도 많습니다.

비누는 때를 어떻게 알아볼까

우리의 몸이나 옷 또는 차에 뭐가 묻으면 우리는 '더럽다'고 하면서 이것을 씻어 냅니다. 우리가 더러움 또는 때라고 부르는 것에는 별별 물질이 다 들어 있습니다. 즉 무엇이든 때가 될 수 있다는 얘기죠. 그런데 비누는 똑같은 물질인데도 때만 가려서 씻어냅니다. 비누는 도대체 어떻게 더러움을 구별할까요?

　비누는 우리의 피부와 소중한 물건들을 알아보고 존중해 주는 반면, 나머지는 모조리 삼켜버립니다. 하이에나가 동물의 시체를 뼈만 남기고 깨끗이 먹어치우는 것과 비슷하죠. 어찌 보면 마술 같기도 합니다. 그러나 이런 마술은 존재하지 않습니다. 이 의문에 대한 답은 기름과 물의 속성에서 찾아볼 수 있습니다. 단순하게 들릴지도 모르지만, 우리가 때(점잖게 표현하면 이물질)라고 부르는 것은 모두 기름 성분으로 되어 있거나 기름 성분으로 인해 우리 몸이나 물건에 붙어 있는 것입니다. 그리고 비누는 기름을 제거하는 데 아주 이상적인 물질입니다(13쪽을 보세요).
　때를 어떻게 제거하는가를 알아보기 전에 우선, 왜 더러워지는가를 살펴볼 필요가 있습니다.
　미세한 때의 알갱이는 다음 두 가지 중 한 가지 방법으로 우리에게 들러붙습니다. 미세한 틈 속으로 들어가거나 습기와 함께 들러붙는 것입니다. 어느 쪽이든 물로 씻어내면서 좀 비벼주기만 하면 이물질은 떨어져 나갑니다. 비누는 필요없지요.
　그런데 때의 입자가 물로 된 막이 아니라 기름 코팅을 쓰고 있다면 어떻게 될까요? 때는 물을 먹으면 진흙이 우리 몸에 붙듯 피부에 붙게 됩니다. 사실 기름 코팅도 굳이 필요없습니다. 우리 피부 표면에는 때의 입자가 들러붙기에 충분한 기름이 항상 존재하니까요. 그러나 진흙과는 달리 때는 그대로 붙어 있습니다. 왜냐하면 기름은 물처럼 증발해서 말라버리는 일이 없기 때문이죠. 맹물을 쏟아붓는다고 해서 기름이 떨어져 나가지는 않습니다. 물은 기름과 전혀 섞이지 않으니까요(129쪽을 보세요). 물은 오리의 등에서처럼 방울져서 흘러내릴 것입니다. 여러분도 잘 아시는 것처럼 오리의 등은 기름이 묻은 깃털로 덮여 있습니다.

그러므로 기름으로 엉겨 붙은 때를 제거하려면 끈끈한 기름 자체를 파괴해 버리는 것이 유일한 방법입니다. 이렇게 되면 때가 떨어져서 물로 씻겨낼 수 있습니다.

그러면 알코올, 등유, 휘발유 같은 것은 기름을 잘 녹이니까 이것들을 써도 되지 않을까요? 그렇습니다. 이런 것들을 써서 더러운 옷을 빠는 것이 드라이클리닝입니다. 세탁소에서는 퍼클로르에틸렌(줄여서 '퍼크'라고 부릅니다) 같은 용제를 통에 가득 담고 휘저어서 세탁을 합니다. 퍼크는 유기용제로서 기름을 녹이는 기능이 아주 뛰어납니다. 그런데 이렇게 액체 속에 옷을 넣고 휘저어서 빠는 세탁을 왜 '드라이' 클리닝이라고 부를까요? 아마 물에 젖지 않으면 젖은 것이 아니라고 생각하는 고정관념 때문일 것입니다. 물론 잘못된 생각이죠(247쪽을 보세요).

그런데 우리가 퍼크를 욕조에 채우고 목욕을 한다면 알코올, 등유, 휘발유로 목욕을 하는 것보다 훨씬 빨리 죽을 수 있습니다. 그러니까 퍼크로 목욕을 하면 좋겠다는 생각 같은 건 하지 않는 편이 좋습니다. 그러나 퍼크와 성능은 비슷하면서 독성은 별로 없는 물질이 있습니다. 이 물질로 심지어 입 안도 씻어냅니다. 그것이 바로 비누입니다. 비누는 기름을 실제로 녹이지는 않습니다. 단지 기름을 물과 섞이도록 유인해서 기름 속에 갇혀 있던 때의 알갱이가 물에 씻겨 나갈 수 있도록 만드는 놀라운 일을 할 뿐입니다.

비누 분자는 긴 끈 모양을 하고 있습니다. 비누 분자는 거의 전부 '꼬리' 부분으로 되어 있는데, 이 부분은 기름 분자와 똑같이 생겨서 다른 기름 분자와 쉽게 친해집니다. 그러나 반대쪽 끝에 있는

'머리' 부분에는 전기를 띤 한 쌍의 원자들이 있는데 이 원자들은 물 분자와 섞이기를 좋아합니다. 그리고 비누 분자 전체를 물 속으로 끌어들여 물에 녹게 만드는 것이 바로 이 머리입니다. 비누 분자들은 물 속을 헤엄쳐 다니다가 기름기 있는 때 알갱이를 만나면 꼬리 부분으로 기름 분자를 잡습니다. 반면 물을 좋아하는 머리 부분은 물과 굳건히 결합을 합니다. 그 결과 기름때가 물 속으로 끌려 들어오는 것입니다. 꼬리에 잡힌 때 알갱이는 피부나 옷 표면으로부터 떨어져 나와 하수구로 가는 것이죠.

꼼꼼쟁이 코너

비누가 하는 일 가운데 중요한 일이 또 하나 있습니다. 더 축축하게 만드는 것이죠. 무슨 뜻이냐고요? 비누로 인해 물이 세탁물(사람의 몸이든 옷이든)에 팬 홈이나 틈 사이로 더 잘 스며들게 된다는 뜻입니다.

물 분자들은 서로 강하게 결합합니다(129쪽을 보세요). 그래서 어떤 물 분자 집단의 표면에 있는 물 분자는 그 집단 안의 다른 분자들에 의해 큰 힘으로 끌어당겨집니다. 어떤 입자든 입자의 집단이 가장 튼튼한 결합을 유지하려면 공 모양을 이루는 것이 제일 좋습니다. 왜냐하면 부피가 같을 경우, 공 모양의 표면적이 가장 적기 때문입니다. 그런 이유로 빗방울이나 이슬방울 같은 물 분자의 집단이 공 모양을 하고 있는 것입니다.

(이 법칙은 2차원에도 적용될 수 있습니다. 서부개척시대 사람들은 인디언의 습격을 받으면 마차를 둥그렇게 배열하고 그 원 안쪽에 여자와 어린이들을 넣어놓고 인디언과 싸웠습니다. 마차를 사각형으로 배열했다면 적에게 노출되는 부분이 더 많았을 것입니다.)

이렇게 액체 표면에 있는 분자를 안으로 끌어들이는 힘을 '표면장력' 이라고 합니다. 표면장력이 생기는 이유는 표면에 있는 분자들이 어떤 면에서는 안쪽의 분자들과 다르기 때문입니다.

어떤 액체 분자의 집단이 있다고 합시다. 여기서 하나하나의 분자는 자신의 위, 옆 등 주변에 깔려 있는 분자들의 중력에 이끌립니다. 서로 똑같이 끌어당기기 때문에 이 당기는 힘들은 상쇄됩니다. 그러나 표면에 있는 분자는 아래쪽과 옆쪽에서는 끌어당기지만 위에서 당기는 분자는 하나도 없습니다. 그러므로 아래쪽으로 당기는 힘이 상쇄되지 않고 남아 있게 됩니다. 이 때문에 표면에 있는 분자들은 다른 분자들보다 튼튼히 들러붙고, 그 결과 물방울은 마치 팽팽한 가죽으로 싸인 것처럼 움직이는 것입니다. 이때 '가죽' 의 표면에 조그만 물체를 놓으면 가라앉지 않고 떠 있습니다. 소금쟁이가 물위를 마음대로 왔다갔다하는 것도 이 표면장력 덕분입니다.

자, 이제 비누가 등장합니다. 비누 분자는 물과 친한 머리를 물 쪽으로 두고 기름과 친한 꼬리를 밖으로 내뻗은 채 물위 근처로 몰려들어 표면장력을 깨뜨려버립니다. 이렇게 되면 물 분자들이 서로 꽉 뭉치는 성질이 방해를 받고, 따라서 물은 다른 물질에 들러붙기도 하고 이것을 적시기도 합니다. 이렇게 단단한 결합이 파괴되기 때문에 비눗물에는 바늘이 뜨지 않는 것입니다.

직접 해보세요

표면장력이 있기 때문에 우리는 쇠로 된 바늘을 물위에 띄울 수 있습니다. 그릇에 물을 떠놓고 이쑤시개나 성냥개비 2개를 이용해 바늘을 잡고 조심스럽게 내려놓으세요. 바늘을 띄우는 데 성공하면 가루비누를 바늘 근처에 조금씩 뿌려보세요. 바늘 위에 직접 붓지는 마세요. 가루비누는 보통 비누보다 표면장력을 더 잘 깨뜨립니다. 가루비누가 녹자마자 바늘은 물 속으로 가라앉을 것입니다.

유람선 이야기

카리브해를 일주하는 유람선여행사의 광고에 이런 것이 있었습니다. '햇볕을 너무 많이 쬔 손님들을 위해 우리는 침대시트까지도 연수로 빱니다.' 과연 맞는 말일까요?

　아니오. 틀렸습니다. 광고문을 작성한 카피라이터가 햇볕을 너무 많이 쬔 모양이군요. 광고회사로부터 이런 카피를 돈 내고 살 만큼 어리석은 유람선여행사가 가볼 만한 섬이나 제대로 찾아낼지 의문입니다.

　연수로 빤다고 해서 침대시트가 더 연하고 부드러워지는 게 아니라는 점을 말하기 전에 우선 다음과 같은 사실을 지적해 두고 싶습니다. 연수와 경수가 '단단한 물' 과 '연한 물' 로 불리는 것은, 하나는 뻣뻣하고 하나는 부드럽기 때문이 아닙니다. 경수라고 해서 계란을 딱딱하게 삶을 때 쓰는 것도 아니고, 연수라고 해서 부드럽게 반숙할 때 쓰는 것도 아닙니다. 우선 '딱딱하다', '부드럽다' 라는 표현 자체가 부적절합니다. 오히려 '까다로운 물'과 '순한 물'이라고 부르는 편이 나을 것입니다. 이것은 비누와 섞이는 정도를 기준으로 한 것입니다.

경수는 여러 군데를 돌아다닌 물입니다. 경수는 대기를 통과한 빗물로, 땅에 떨어져 돌 틈에서 걸러지기도 하고 바위 틈을 돌아 흐르기도 하다가 사람에게 발견되어 저수지나 물통에 저장되었다가 쓰이는 물입니다. 이 과정에서 물은 대기 중의 이산화탄소를 불가피하게 흡수합니다. 물과 이산화탄소가 결합하면 산이 만들어지는데 그것이 탄산입니다.

이 산은 석회석(탄산칼슘)과 돌로마이트(탄산칼슘과 탄산마그네슘의 혼합물) 등의 형태로 칼슘과 마그네슘을 함유하고 있는 바위를 극미량 녹일 수 있습니다. 그리고 아주 조금이지만 철을 함유하는 광물도 녹일 수가 있습니다. 그 결과 이 물 속에는 칼슘, 마그네슘, 철 같은 광물질이 포함됩니다.

이 물이 '경수(hard water)'라고 불리는 것은 앞서 말한 것 같은 광물질이 포함된 물 속에서는 비누가 그 기능을 제대로 수행하기 어렵기(hard) 때문입니다. 비누는 한쪽은 친수성, 한쪽은 친유성인 성질의 긴 분자로 되어 있습니다(16쪽을 보세요). 비누는 물과 기름을 서로 친하게 만드는 것을 통해 세척 기능을 발휘합니다.

경수에서 문제가 되는 것은 칼슘, 마그네슘, 철이 비누의 친수성 부분과 결합해 버리는 것입니다. 이렇게 되면 물에 녹지 않는 흰색의 밀랍 같은 것이 순두부 모양으로 생겨나서 비누를 물에서 제거해 버립니다. 따라서 비누는 기능을 발휘하지 못합니다. 이 순두부 모양의 것이 '비누 찌꺼기'인데 세면대나 욕조 윗부분을 빙 돌아가면서 끼는 때가 바로 이것입니다. 사람들은 보통 이런 욕조를 보면 그 주인을 탓하는데 이는 주인이 게을러서라기보다는 물이 경수이기 때문입니다.

그런데 정말 기분 나쁜 얘기가 있습니다. 우리는 캔디를 먹을 때 비누 찌꺼기도 같이 먹습니다. 가장 흔한 형태의 비누 찌꺼기는 스테아르산마그네슘이라는 화학명을 갖고 있습니다. 스테아르산은 비누에서 나오고(13쪽을 보세요) 마그네슘은 경수에서 나온 것입니다. 스테아르산마그네슘은 부드럽고 매끄러운 밀랍 모양의 물질입니다. 이런 성질 때문에 이 물질은 욕조에 들러붙는 것입니다. 그런데 스테아르산마그네슘은 바로 이런 성질 때문에 말랑말랑한 캔디의 크림 같은 느낌을 내는 데 쓰이기도 합니다. 이 느낌은(어떤 독자는 구역질을 할지도 모르지만) 비누 같은 느낌이라고도 할 수 있습니다. 캔디 포장지에 쓰여 있는 성분 중에 스테아르산마그네슘이 있다 해도 놀라지 마세요. 이것은 화학적으로 정제된 물질이지 욕조의 때를 벗겨다 만든 것이 아니니까요.

다시 경수로 돌아갑시다. 경수에서 비누가 제구실을 못하는 것을 해결하는 방법이 두 가지 있습니다. 하나는 물을 연수로 만드는 것이고, 또 하나는 비누 대신에 합성세제를 쓰는 것입니다. 물을 연수로 만들려면 말썽 많은 광물질을 제거하거나 그 광물질을 무력화시키면 됩니다. 가정용 정수기들이 광물질을 제거하는 방법으로는 '이온 교환'이라는 방법이 널리 사용됩니다. 이온 교환기는 칼슘 같은 물질을 나트륨과 문자 그대로 '교환'합니다. 나트륨은 비누 분자의 일부이기 때문에 아무 문제가 없습니다.

50년 전에는(오늘날 생각하면 호랑이 담배 피우던 시절이지만) 세탁용 소다(탄산나트륨)를 세탁기에 넣어 문제를 해결했습니다. 이것을 넣으면 화학반응이 일어나 물에 녹지 않는 탄산마그네슘과 탄산칼슘이 형성되어 물 밖으로 나가버리므로 결국 물 속에 있는 비누와 반응하지 않게 됩니다.

그러나 오늘날에는 아무도 세탁기에 비누를 넣지 않습니다. 슈퍼마켓 선반에 즐비하게 들어앉은 세제는 하나같이 합성세제이고 근본적으로 같은 물질입니다. 차이점이 있다면 광고뿐입니다. 비누처럼 세제도 한 분자 안에 친수성 부분과 친유성 부분을 지니지만, 이들은 비누와는 달리 칼슘이나 마그네슘과 반응하지 않습니다. 그리고 합성세제에는 물을 연수로 만드는 화학물질인 인산염과 세탁용 소다가 상당량 들어 있습니다.

이렇게 해결을 해도 경수는 여전히 골칫덩어리입니다. 왜냐하면 수도관이나 보일러 배관을 막아버릴 수 있기 때문입니다. 경수를 끓이면 그 안에 녹아 있던 칼슘과 마그네슘이 석회석과 돌로마이트의 형태로 침전됩니다. 물 밖으로 빠져 나가는 것이죠. 이렇게 새로이 태어난 돌(스케일이라고 부릅니다)은 보일러와 히터 등의 배관, 수도관 등의 내벽에 들러붙어 단단한 막을 형성하고 그 막이 점점 두꺼워지면 결국 뚱보 아저씨의 동맥처럼 파이프가 막혀버립니다.

수도꼭지에서 경수가 나온다고 생각되면 마른 주전자 안에 플래시를 비춰보세요. 그러면 표면에 하얀 스케일이 씌워진 것을 볼 수 있을 것입니다. 그것이 싫으면 식초(산성 물질)를 좀 넣고 끓이세요. 그러면 스케일이 녹아 없어집니다.

직접 해보세요

비누를 좀 깎아서 물병에 넣고 증류수와 섞은 뒤 흔들어보세요. 맨 위에 두꺼운 비누거품이 예쁜 모양으로 나타날 것입니다. 비누가 제기능을 발휘하고 있다는 증거죠(증류수는 순수한 형태의 물로서 광물질이 들어 있지 않습니다. 슈퍼마켓이나 약국에 가면 살 수 있습니다).

경수가 나오는 지역에 사시는 분은 여기다 수돗물을 좀 붓고 다시 한번 흔들어보세요. 연수가 나오는 지역이라면 우유를 약간 섞어서 인공적으로 경수를 만들 수 있습니다. 이렇게 하면 경수나 우유에 들어 있는 칼슘 때문에 거품이 몽땅 사라져버릴 것입니다. 그리고 순두부처럼 하얀 비누 찌꺼기가 뜨는 것을 볼 수 있을지도 모릅니다.

타오르는 촛불

촛불이 타면 초는 어디로 사라질까요?

촛농을 제외하면 초는 휘발유나 기름이 타고 난 뒤 가는 곳과 똑같은 곳으로 갑니다. 대기 중으로 가는 것이죠. 그러나 화학적으로는 형태가 달라진 뒤입니다.

양초는 보통 파라핀으로 만드는데 파라핀은 석유의 구성 성분인 탄화수소의 혼합물입니다. '탄화수소'라는 이름으로 알 수 있듯이 여기에는 수소 원자와 탄소 원자만이 들어 있습니다. 이들이 타면 대기 중의 산소와 반응하는데, 탄소와 산소는 결합하여 이산화탄소가 되고 수소와 산소는 물(수증기)이 됩니다. 그러나 100% 이렇게 되는 것은 아닙니다(25쪽을 보세요). 불꽃의 온도 때문에 이산화탄소와 물은 기체 상태로 대기 중에 흩어집니다.

우리가 태우는 탄화수소는 이밖에도 많습니다. 메탄은 도시가스의 성분이고, 프로판은 가스레인지, 가스토치 등에 쓰이며 부탄은 라이터, 등유는 석유 램프, 휘발유는 자동차 연료로 각각 사용됩니다. 이것들이 연소하면 이산화탄소와 수증기로 변하는데, 눈에 보이지 않게 되므로 사라지는 것처럼 느껴집니다. 반면 종이, 나무, 석탄은 탄소와 수소 외에도 타지 않는 광물질과 식물 성분을 포함하고 있기 때문에 이산화탄소와 수증기뿐만 아니라 재를 남깁니다.

꼼꼼쟁이 코너

타는 과정에서 산소가 충분하지 않으면 자동차 엔진에서처럼 이산화탄소와 함께 일산화탄소가 만들어집니다(138쪽을 보세요).

불꽃에서 물이 만들어져 나온다는 사실이 믿어지지 않으면 이렇게 해보세요.

직접 해보세요

작고 얇은 알루미늄 프라이팬에 얼음 몇 조각을 놓아 프라이팬을 차갑게 만든

후, 촛불이나 라이터 불꽃 위로 가져 가보세요. 잠시 후에 프라이팬 바닥을 보면 불꽃에서 나온 수증기가 물방울로 응결되어 붙어 있는 것을 볼 수 있을 것입니다.

누가 물어보지는 않았지만……
양초에는 왜 꼭 심지가 있어야 할까요?

심지는 모세관 현상을 이용해 녹은 파라핀을 위로 끌어올려 기화시켜서 대기 중의 산소와 결합할 수 있게 해줍니다. 파라핀 덩어리는 말할 것도 없고 녹은 파라핀도 그 자체로는 타지 못합니다. 왜냐하면 표면에서 충분한 수의 산소 분자들과 접촉하지 못하기 때문입니다. 파라핀은 기체 상태로 되어야만 분자 대 분자 상태에서 산소와 활발히 결합할 수 있습니다. 연소는 열에너지를 방출하는 반응입니다. 그래서 일단 연소가 시작되면, 충분한 열에너지가 방출되어 파라핀을 녹이고 기화시켜 불꽃을 유지하고 다시 이 불꽃이 파라핀을 녹이고 기화시키는 과정이 계속되는 것입니다.

불이야!

가스레인지의 불꽃은 파란 빛을 띠는데 식탁 위에서 타는 초의 불꽃은 노랗습니다. 왜 이렇게 색이 다를까요?

불꽃의 색은 얼마나 많은 산소가 공급되는가에 따라서 결정됩니다. 산소가 많으면 파란색이 되고 그렇지 않으면 노란색을 띱니다. 노란 불꽃부터 봅시다.

양초는 매우 복잡한 '불꽃 제조장치' 입니다. 우선 파라핀이 녹아야 하고, 액체 파라핀이 심지로 이동해야 하고, 심지에서 기화되어야만 연소가 가능합니다. 즉 대기 중의 산소와 반응하여 이산화탄소와 수증기를 만들어낼 수 있는 것입니다(23쪽을 보세요). 이것은 결코 효율적인 방법이 아닙니다.

연소 과정이 완전연소라면 파라핀은 모두 눈에 보이지 않는 이산화탄소와 수증기로 변할 것입니다. 그러나 초의 불꽃은 불꽃 바로 가까이에 있는 공기만 가지고는 필요한 산소를 모두 끌어올 수가 없습니다. 불꽃을 지탱하는 산소를 공급해 주는 공기는 녹아서 기화된 파라핀을 모두 완전연소시킬 만큼 재빨리 흘러 들어오지 못합니다.

그러므로 불꽃의 열기 때문에 미처 타지 못한 파라핀은 미세한 탄소 입자로 분해됩니다. 이 입자들은 불꽃에 의해 가열되어 빛을 내게 되는데 밝은 노란색을 띠며 빛납니다. 이것이 촛불의 색이 노란색인 이유입니다. 빛을 내도록 뜨겁게 달구어진 탄소 입자가 불꽃의 꼭대기에 도달하면 거의 대부분 충분한 산소를 만나 연소에 성공합니다.

등잔불, 종이를 태우는 불, 캠프파이어, 산불, 그리고 불난 집에서 나오는 불꽃은 모두 노란색입니다. 연료를 100% 이산화탄소와 물로 바꿔줄 충분한 산소가 흘러 들어가지 못하기 때문입니다.

직접 해보세요

초의 불꽃에는 아직 타지 않은 탄소 알갱이가 있다는 것을 믿을 수 없으면 식탁용 나이프를 불꽃 속에 몇 초 동안 넣어보세요. 이렇게 하면 탄소 알갱이를 타기 전에 잡을 수 있습니다. 이때 칼날에는 검은 벨벳 같은 탄소 코팅이 입혀질 것입

니다. 이 검댕은 이제까지 알려진 물질 중에서 가장 검기 때문에 잉크의 원료로
쓰입니다.

양초와 달리 가스레인지는 애초부터 기체를 연료로 쓰기 때문에
기화 과정이 필요없습니다. 그러므로 연료는 많은 양의 공기와 쉽
게 섞일 수 있고 연소반응이 완벽하게 이루어집니다. 거의 완전연
소가 일어나므로 불꽃의 온도도 매우 높습니다. 그리고 탄소 알갱
이도 없기 때문에 불꽃이 깨끗하고 투명합니다. 더 높은 온도가 필
요하면 공기 대신 산소를 연료와 섞어주면 됩니다. 사실 산소는 공
기의 20%밖에 차지하지 못합니다. 유리공장에서는 산소와 천연가
스(메탄)를 섞어 1,600℃의 불꽃을 만들어냅니다. 용접기의 아세틸
렌 불꽃(산소와 아세틸렌)은·약 3,300℃에 달합니다. 이렇게 하면 항
상 깨끗하고 파란 불꽃을 얻을 수 있습니다. 용접기를 잘못 조절해
서 산소가 부족해지지만 않는다면 말입니다. 잘못 조절하면 어떻게
될까요? 검댕투성이의 노란 불꽃이 나오겠지요.

온도가 매우 높은 가스 불꽃은 왜 하필이면 파란색일까요?

불꽃의 색은 불꽃 속에서 가열된 원자와 분자가 열에너지의 일부를 흡수하여 그것을 곧 빛에너지의 형태로 내놓는다는 사실과 관계가 있습니다(216쪽을 보세요).

가열되었을 때 나오는 빛의 파장, 즉 빛의 색깔은 물질마다 다릅니다. 전문용어를 써서 말하자면 '모든 물질에는 독특한 방출 스펙트럼이 있다'가 됩니다. 가스레인지나 아세틸렌 불꽃에 쓰이는 프로판이나 천연가스는 서로 매우 비슷합니다. 이들은 모두 탄소와 수소의 화합물인 탄화수소로 되어 있습니다. 그리고 탄화수소 분자들은 가시광선 스펙트럼에서 파란색과 녹색 부분의 파장을 내놓습니다. 다른 원자와 분자들도 연소시키면 저마다 특정한 불꽃 색을 내놓습니다. 그래서 색색의 불꽃놀이가 가능해지는 것입니다(216쪽을 보세요).

콜라의 김이 새지 않게 하려면

피자집에서 콜라를 살 때 나는 보통 2리터짜리를 삽니다. 그런데 피자 한 판을 다 먹고 난 뒤까지 남아 있는 콜라의 거품을 유지하는 것은 쉬운 일이 아닙니다. 뚜껑을 닫아놓는 것 외에 콜라의 김이 빠지는 것을 막을 방법은 없을까요? 시중에서 파는 콜라병용 펌프로 공기를 압축해 넣는 것은 효과가 있을까요?

우리의 목적은 병 속에 가능한 많은 양의 이산화탄소가 남아 있도록 하는 것입니다. 콜라의 거품은 바로 이 이산화탄소의 거품이니까요. 물론 뚜껑을 막아두는 것이 제일 먼저 취해야 할 조치이긴 합니다만 솔직히 말해서 별 효과는 없습니다.

탄산가스의 유출을 막는 마개는 시중에 많이 나와 있고 앞서 말한 펌프가 달린 것도 있습니다. 이것은 자전거 튜브에 공기를 넣는 펌프를 소형화시킨 것으로 콜라병 안에 공기를 밀어넣을 수 있도록 되어 있습니다. 그럴싸해 보이지만 사실 이것은 완전히 사기입니다. 이렇게 하면 콜라에서 거품이 잘 난다는 착각이 들 뿐입니다. 이유를 살펴봅시다.

콜라에 녹아 있던 탄산가스가 기체로 바뀌면서 공기방울이 형성되면 거품이 생기기 시작합니다. 이산화탄소는 필사적으로 콜라로부터 빠져 나가려고 몸부림을 칩니다. 왜냐하면 콜라공장에서는 정상적인 대기압하에서 콜라에 녹아 들어갈 수 있는 것보다 훨씬 더 많은 이산화탄소를 억지로 불어넣어 녹여놓았기 때문입니다. 콜라병을 따는 순간 강제로 갇혀 있던 이산화탄소는 대부분 공기 중으로 달아나고 이것을 막을 방법은 없습니다. 남은 방법은 아직 도망가지 않은 이산화탄소를 가능한 오랫동안 콜라 속에 머물도록 하는 것입니다.

어떤 기체가 액체 속에 얼마나 많이 녹아 있을 수 있는가는 세 가지 요소에 의해 결정됩니다. 그 기체의 화학반응, 압력, 온도 등이 그것입니다.

• 화학반응 : 물과 화학적으로 반응하는 기체는 비활성 기체보다 더 잘 녹습니다. 비활성 기체의 분자들은 물 속에서 이리저리 돌아다닐 뿐입니다. 그런데 이산화탄소는 물과 반응하는 기체입니다. 이산화탄소는 물과 반응하여 탄산을 만드는데 이것 때문에 콜라,

사이다, 맥주, 샴페인 같은 것들이 특유의 톡 쏘는 맛을 냅니다. 공기(질소와 산소)는 물과 반응하지 않습니다. 그 결과 실온에서 이산화탄소는 질소보다 50배, 그리고 산소보다 25배 물에 잘 녹습니다.

• 압력 : 압력의 효과는 여러분이 생각하는 대로입니다. 콜라 위의 공간을 채우는 기체의 압력이 높을수록 더 많은 이산화탄소가 콜라에 녹아 있게 됩니다. 그러니까 이런 것입니다. 압력이 높으면 단위 부피당 기체 분자가 많을 것이고 따라서 더 많은 기체 분자가 콜라 속으로 다이빙해 들어갈 것입니다.

• 온도 : 온도의 효과는 여러분이 생각하는 것과는 반대입니다. 온도가 높을수록 녹아 들어가는 기체의 양은 적어집니다. 달리 말하면 콜라가 차가울수록 이산화탄소가 더 많이 들어 있다는 뜻입니다. 그 이유는 곧 설명할 테니까 잠시 미뤄둡시다(32쪽의 '누가 물어보지는 않았지만……' 을 보세요). 한 가지 예만 들겠습니다. 실온에서 물 속에 녹아 들어갈 수 있는 이산화탄소의 양은 냉장고 온도에서의 반밖에 안 됩니다.

그러므로 압력은 높게, 온도는 낮게 유지해야 많은 이산화탄소를 붙잡아둘 수 있습니다. 온도를 낮게 유지하는 것은 쉽습니다. 냉장고에 넣어두었다가 따기 직전에 꺼내고, 나머지도 가능한 빨리 냉장고로 집어넣으면 되니까요.

그러나 압력은 완전히 별개의 문제입니다. 콜라공장에서는 이산화탄소 분자를 출근길 지하철의 콩나물 시루 열차에 사람들을 밀어넣듯이 꽉꽉 밀어넣습니다. 병뚜껑을 따는 순간, 대탈출이 시작되고 쉭 소리가 끝난 뒤에는 압력이라곤 전혀 남아 있지 않게 됩니다. 이렇게 되면 김빠지는 일만 남게 됩니다. 시간 문제죠.

그러나 정말 아무런 대책이 없을까요? 어떻게든 압력을 되살려서 며칠 후에 한 번 더 트림을 할 수는 없을까요?

여기서 펌프가 등장합니다. 펌프의 공기 주입구를 병 속으로 넣고 뚜껑을 닫은 뒤 피스톤을 몇 번 눌러주면 끝난다고 장사꾼들은 말합니다. 다음에 병을 열 때는 듣기에도 기분 좋은 쉭 소리가 또 난다는 것이죠. 실제로 그렇습니다. 그리고 우리는 공장에서 갓 빠져나온 것만큼이나 내 콜라가 싱싱하다는 착각에 빠지는 것이죠.

그러나 현실은 어떻습니까? 며칠 전 식사를 끝내고 콜라병 뚜껑을 닫을 때의 이산화탄소 분자 수와 펌프로 공기를 밀어넣은 뒤의 이산화탄소 분자 수는 전혀 달라진 것이 없습니다. 병에 맹물을 넣고 펌프질을 한 뒤 냉장고에 넣었다가 며칠 후 꺼내서 뚜껑을 열면 그 신나는 쉭 소리를 또 들을 수 있습니다. 그러니까 이 물건은 아주 비싼 병뚜껑에 불과합니다.

여기서 우리가 펌프질해 넣은 것은 이산화탄소가 아니고 공기입니다. 물론 공기 중에는 약간의 이산화탄소가 있지만 그 양은 공기 분자 3,000개에 하나 정도입니다. 어떤 액체에서 기체가 탈출하는 것을 막으려면 그 액체 위의 공간을 높은 압력의 같은 기체로 채워야 합니다. 콜라 안에 녹아 있는 이산화탄소의 양은 액체 표면과 이산화탄소 분자가 얼마나 많이 충돌하는가에 달려 있습니다. 물론 이산화탄소를 펌프질해 넣었다면 얘기는 완전히 달라집니다. 그러나 질소와 산소는 아무리 밀어넣어도 달라질 것이 없습니다.

중요한 것은 이것입니다. '뚜껑을 닫아 차게 보관하라.' 그리고 콜라병이 냉장고 밖으로 나와 있을 때 마개를 꼭 닫아두는 것은 중요합니다. 왜냐하면 온도가 높기 때문에 이때 주로 이산화탄소가 달아납니다. 마실 만큼 따르고 뚜껑을 닫은 뒤 얼른 냉장고에 넣으라는 것이죠.

그렇다고 여기에 너무 희망을 걸어서는 안 됩니다. 이산화탄소의 탈출을 늦출 수는 있어도 완전히 막지는 못합니다.

그리고 또 한 가지. 절대로 병을 흔들지 마세요. 탈출을 가속시킬 뿐이니까요(47쪽을 보세요).

누가 물어보지는 않았지만……
맥주는 따뜻해지면 왜 김이 빠질까요?

따뜻한 액체보다는 차가운 액체에 더 많은 양의 기체가 녹을 수 있습니다. 화학자의 말을 빌리면 '어떤 액체에 대한 기체의 용해도 는 온도가 하강함에 따라 상승한다'가 됩니다(그러나 이렇게 말하는 사람들은 화학자들밖에 없습니다).

다시 일상으로 돌아갑시다. 왜 맥주가 따뜻해진다는 이유 하나만 으로 이산화탄소는 맥주와 이별을 하는 것일까요? 경험을 통해 우 리는 액체가 따뜻해짐에 따라 더 많은 물질(더 적은 물질이 아니라) 을 녹일 수 있음을 압니다. 차가운 아이스티보다는 뜨거운 홍차에 서 더 많은 설탕이 녹으니까요. 그런데 기체는 달라야 한다는 법이 라도 있나요?

이 의문에 대한 답은 기체가 녹는 과정에서 열이 어떤 역할을 하 는가를 보면 나옵니다. 이것은 복잡한 과정입니다.

어떤 물질이 물에 녹을 때는 분자들이 서로 떨어져 나가 액체 전 체 속에 분산됩니다. 녹는 물질이 무엇인가에 따라 다른 변화들도 일어날 수 있습니다. 예를 들어 물질의 분자들은 물 분자들끼리 똘 똘 뭉친 덩어리에 가서 들러붙기도 하고, 물과 화학반응을 일으키 기도 하고 전해질로 분해되기도 합니다. 그밖에도 많은 놀라운 일 들을 많이 합니다.

이 모든 반응은 열의 형태로 에너지를 흡수하기도 하고 내놓기도 합니다. 그러므로 열은 용해 과정에서 다양한 역할을 수행합니다.

그러므로 어떤 물질은 뜨거운 물 속에 있는 열을 열심히 흡수하여 더 많이 녹는 반면, 어떤 물질은 이 열과 부정적으로 반응하여 녹는 양이 줄어듭니다. 달리 말하면 어떤 물질은 찬물보다는 더운물에 잘 녹고 어떤 물질은 그 반대라는 뜻입니다. 어떤 물질이 찬물에서 더 잘 녹을지 뜨거운 물에서 더 잘 녹을지에 대해서는 화학자들도 예측하지 못하는 경우가 있습니다.

그러나 기체의 경우, 우리는 광범위하게 적용되는 법칙을 말할 수 있습니다. 모든 기체는 물에 녹을 때 하나도 빠짐없이 열에너지를 내놓습니다. 그러므로 액체에 녹는 기체는 열을 좋아하지 않는다고 말할 수 있습니다. 오히려 열을 제거하려고 하죠. 그래서 기체는 냉수처럼 차갑고 열을 흡수하는 환경에서 잘 녹는 것이고, 더운물처럼 뜨겁고 열을 방출하는 환경에서는 잘 녹지 않는 것입니다.

직접 해보세요

찬물 한 컵을 몇 시간쯤 놓아두면 물이 따뜻해지면서 유리컵 내벽에 거품이 생기는 것을 볼 수 있습니다. 차가울 때는 녹아 있던 공기가 물이 더워짐에 따라 더 이상 머물지 못하게 된 거죠. 맹물도 맥주처럼 '김이 빠질 수' 있는 것입니다.

뜨거워지면 수축하는 물체

물체는 뜨거워지면 팽창한다는 것을 누구나 알고 있습니다. 그런데 어떤 사람이 우리 일상생활에서 볼 수 있는 물건 중에 뜨거워지면 수축하는 것이 있다며 내기를 하자고 했습니다. 여기에 응해야 할까요?

하지 말아야 합니다. 여기서 일상의 물질이란 고무입니다. 잡아늘여서 제품으로 만든 고무죠.

대부분의 물질이 가열되면 팽창하는 이유는 간단합니다. 온도가 높아지면 원자나 분자가 더 빨리 운동합니다(297쪽을 보세요). 그러려면 좀더 많은 공간이 필요하므로 이들의 평균 거리는 더 멀어지게 되고, 결국 그 물질 전체가 더 많은 공간을 차지하게 됩니다.

그러나 고무는 분자 구조가 특이하기 때문에 온도에 대한 반응도 색다릅니다. 고무의 분자는 깡통 속에 든 긴 벌레와도 같습니다. 가늘고 꼬불꼬불한 사슬 모양의 분자가 불규칙하게 뒤엉켜 있는 것입니다. 고무를 잡아늘이기 전까지는요. 하지만 고무를 잡아늘이면 사슬은 힘이 작용하는 방향에 따라 늘어나기 때문에 구불구불한 것이 약간 펴집니다.

그러나 이것은 고무 분자의 입장에서 보면 매우 거북하고 부자연스런 상태입니다. 스프링을 잡아늘일 때를 생각하면 간단히 알 수 있습니다. 마치 스프링처럼 고무 분자도 잡아늘였다 놓아주면 당초의 구불구불한 모습으로 돌아가고 고무 전체의 형태도 원래 모습을 되찾습니다.

그러면 이것이 열과 무슨 상관이 있을까요? 잡아늘여진 상태에서 고무에 열을 가하면 분자의 운동이 활발해져서 끝에서부터 안쪽으로 당기는 힘이 작용합니다. 이렇게 되면 길이가 줄어듭니다. 꿈틀거리는 뱀은 짧은 법입니다. 고무는 가능하면 원래의 빽빽했던 형태로 돌아가려 합니다. 즉 줄어드는 것이죠.

직접 해보세요

폭이 넓은 고무 밴드(적어도 폭이 6mm는 되어야 합니다)를 잘라서 긴 끈을 만드세요. 이때 색깔 있는 고무 밴드보다는 보통의 노란 것이 좋습니다. 왜냐하면 색이 있는 것은 보통 천연고무가 아니기 때문입니다. 밴드 한쪽 끝에 무거운 것을 매달고 반대쪽 끝을 선반 모서리에 고정시키면 추가 고무에 달랑달랑 매달리게 됩니다. 이때 사용하는 추는 고무를 어느 정도 잡아늘일 만큼 무게가 나가는 것이어야 합니다. 이제 헤어드라이어로 고무 밴드를 가열해 보세요. 잘 보고 있으면 고무가 수축해서 추가 약간 끌려 올라가는 것을 관찰할 수 있습니다.

한마디로 말하면……

고무는 가열하면 수축합니다. 그러나 이것은 잡아늘여서 가공한 고무에 한합니다. 이렇게 가공하지 않은 고무는 다른 것들과 마찬가지로 가열되면 팽창합니다 (54쪽을 보세요).

열과의 싸움

왜 똑같은 보온병이 뜨거운 물을 뜨겁게 보존하기도 하고 찬물을 차갑게 보존하기도 하는 것일까요? 이렇게 우리 마음대로 되는 이유는 뭐죠? 누가 그러는데 거울 때문이라면서요?

이 문제를 풀려면 열을 일종의 액체로 생각하면 됩니다. 높은 온도에서 낮은 온도를 향해 '아래쪽으로만' 흘러가는 액체로 생각하라는 뜻입니다. 그런데 보온병은 이 열의 흐름을 막는 댐의 역할을 합니다. 보온병은 안쪽에 있는 커피의 열이 온도가 낮은 바깥쪽 부분으로 '흘러 내려가지' 못하게 막습니다. 마찬가지로 바깥의 열이 속에 들어 있는 차가운 아이스티로 '흘러 내려가지' 못하게 막는 기능도 합니다.

보온병은 매우 효과적인 단열재입니다. 단열재는 열의 흐름을 저지하는 한 가지 물질이나 이런 성질을 가진 여러 가지 물질이 합쳐져서 만들어집니다. 우리는 열이 우리 몸이나 집으로부터 차가운 외부로 흘러 나가지 못하게 막는 여러 가지 단열재에 익숙해져 있습니다. 스키 파카, 슬리핑백, 집벽의 단열재들이 그런 것들입니다. 냉장고도 단열재로 만들어져 있습니다. 하지만 이 경우에는 열이 흘러 들어오는 것을 막는 역할을 하죠. 이렇게 단열재는 열이 흘러 나가는 것과 흘러 들어오는 것을 모두 막습니다.

물론 열은 한쪽에서 다른 쪽으로 흘러가긴 하지만 액체는 아닙니다. 열은 전도, 대류, 복사 등의 세 가지 방법으로 이동합니다. 이들을 하나하나 관찰하고 나면 보온병이 어떻게 세 가지 이동 방법을 모두 차단하는지 알게 될 것입니다.

차가운 물체를 따뜻한 물체와 붙여놓으면 어떻게 되는지는 잘 아실 겁니다. 따뜻한 물체가 열을 내놓아 차가운 물체를 조금씩 데워줌으로써 차가운 물체는 따뜻해지고 더운 물체는 식어갑니다. 그러니까 열이 따뜻한 물체에서 차가운 물체로 옮겨간 것, 즉 '전도'된 것입니다.

그러면 도대체 열이란 무엇일까요? 열은 어떤 물체 안에서 일어나는 분자의 움직임입니다(297쪽을 보세요). 움직임이 활발할수록 물체는 뜨겁습니다. 그러므로 따뜻한 물체(분자의 움직임이 활발한 물체)를 차가운 물체(분자의 움직임이 느린 물체)와 붙여두면 빠른 분자들이 느린 분자들과 충돌하면서 에너지를 느린 분자에 전달하여 이들을 가속시키고 결국 따뜻하게 만드는 것입니다. 이것이 전도입니다. 그러니까 전도는 분자 대 분자 간의 에너지 이동입니다.

뜨거운 프라이팬의 손잡이를 잡으면 우리 피부의 분자는 빨리 움직이는 프라이팬 손잡이의 분자와 충돌하여 속도가 빨라집니다. 얼음 조각을 만지면 피부의 분자는 얼음 분자와 충돌하여 속도를 잃습니다.

보온병은 이중벽으로 되어 있으며 벽과 벽 사이는 아무것도 없는 진공 상태로 되어 있습니다. 이 때문에 열의 전도를 막을 수 있습니다. 진공 속에는 분자가 하나도 없으므로 서로 충돌할 수도 없고 따라서 열이 전도되지 못합니다.

대류는 열을 포함한 기체나 액체의 큰 덩어리가 실제로 한 장소에서 다른 장소로 이동함에 따라 열이 전달되는 과정입니다. '열은 위로 올라간다'라고 흔히 말하지만 사실 올라가는 것은 '더운 공기'입니다. 더운 공기가 올라가니까 그 안에 들어 있는 열도 따라가는 것이죠. 그것이 대류입니다. 대류를 이용하는 컨벡션 오븐은 단지 뜨거운 공기를 잘 섞이게 하는 팬이 달린 오븐일 뿐입니다. 이 오븐

안에서 일어나는 과정을 '강제 대류'라고 합니다.

보온병은 밀폐된 용기라는 사실 자체 때문에 대류가 일어나지 않습니다. 더운 공기가 보온병의 벽을 뚫고 지나갈 수는 없는 노릇이니까요. 그러니까 어떤 그릇이든 밀폐되어 있으면 대류를 막을 수 있습니다.

끝으로 복사는 열이 적외선 방사의 형태로 한 장소에서 다른 장소로 이동하는 것입니다(277쪽을 보세요). 따뜻한 물체는 에너지의 파동을 방출합니다. 이 에너지 파동은 공간을 날아와 차가운 물체에 흡수되어 열에너지를 전달하여 이를 가열합니다.

보온병은 거울을 써서 이 적외선 방사를 반사시켜 버립니다. 용기 이중벽의 안쪽 면, 그러니까 진공을 향하는 면에는 은색 막이 입혀져 있습니다. 이렇게 해서 보온병의 안에서 밖으로, 또는 밖에서 안으로 이동하려는 열은 즉각 반사되어 제자리로 돌아오는 것이지요.

열이 전달되는 데 있어 복사는 별 역할을 하지 않는다고 생각된다면, 가스레인지의 그릴에서 생선을 구울 때를 생각하면 됩니다. 생선은 불 밑에 있는데도 익습니다. 대류가 일어나면 물론 열은 위로 올라가지만 상당 부분은 복사에 의해 아래쪽(사실상 모든 방향)으로 이동합니다.

어떤 보온병도 완벽하지는 못합니다. 그래서 열은 항상 조금씩 병 속의 뜨거운 커피로부터, 또는 차가운 아이스티를 향해 이동합니다. 그러나 보온병은 이러한 과정을 효과적으로 차단해 주기 때문에 그냥 두면 몇 분 만에 식거나 녹아버릴 것을 몇 시간씩 보존해 주는 것입니다.

미국에서는 보온병을 서모스(thermos : 그리스어로 '뜨겁다'는 뜻)라고 하는데 이것은 1904년에 만들어진 상표명입니다. 오늘날은 워낙 널리 알려져 모든 보온병을 이렇게 부르게 되었습니다. 1904년에 세워진 서모스 보온병 회사는 오늘날까지도 이 이름으로 제품을 만들고 있습니다.

누가 물어보지는 않았지만……

스티로폼은 어떻게 열을 차단할까요?

서모스는 이제 흔한 이름이 되어버렸지만 스티로폼은 아직도 이런 자리를 차지하기 위해 싸우고 있습니다. 하지만 아무도 여기에 신경을 쓰는 것 같지는 않군요. 어쨌든 사람들은 모든 거품 폴리스티렌 제품을 '스티로폼'이라고 부릅니다.

스티로폼은 그 안에 수십억 개의 기체방울이 들어 있기 때문에 좋은 단열재로 쓰입니다. 기체는 분자들이 서로 멀리 떨어져 있기 때문에 충돌하기가 매우 힘들고 따라서 열전도를 방해합니다. 열이 나가는 것도 들어오는 것도 방해하는 것이죠. 거품 사이사이에 끼어 있는 폴리스티렌 플라스틱도 좋은 단열재입니다. 왜냐하면 분자가 워낙 커서 활발한 운동을 하기 어렵기 때문입니다.

햄버거 집에서 햄버거를 담아주는 얇은 스티로폼 상자는 집에 도착할 때까지 음식을 따뜻하게 보존해 줍니다. 그런데 집에 도착하면 이 음식은 뜨겁다기보다는 박테리아가 번식하기 적당한 온도가 됩니다. 그리고 우리는 스티로폼 상자째로 이것을 냉장고에 넣습니다. 다음날 점심 때 먹기 위해서죠. 그런데 스티로폼의 단열 성능 때문에 박테리아가 좋아하는 온도는 냉장고에 들어간 뒤로도 1시간 정도 계속됩니다. 그러니까 음식을 냉장고에 넣을 때는 단열이 안 되는 그릇에 담아 넣는 것이 좋습니다.

얼어붙은 콜라

냉장고에서 탄산음료 캔을 꺼내 땄더니 따자마자 얼어버리더군요. 왜 그럴까요?

탄산음료는 냉장고 안에 있을 때는 액체 상태입니다. 왜냐하면 냉장고의 온도가 빙점보다 높기 때문입니다. 그러나 뚜껑을 따는 순간 두 가지 일이 벌어집니다. 우선 캔 안의 압력이 사라졌고 이산화탄소(탄산가스) 일부가 날아갔습니다. 이유는 각각 다르지만 어쨌든 이 두 가지 일 때문에 탄산음료가 얼어붙는 것입니다.

모든 액체에는 일정하게 어는 온도가 있으며 이것을 빙점이라고 합니다. 순수한 물의 빙점은 0℃입니다. 순수하지 않은 물, 그러니까 뭔가가 녹아 있는 물은 순수한 물보다 빙점이 낮습니다(122쪽을 보세요). 녹아 있는 물질이 많을수록 빙점은 낮아집니다.

탄산음료에는 많은 것이 녹아 있습니다. 설탕, 향료, 대량의 탄산가스 등입니다. 그러므로 0℃보다 상당히 낮은 온도에서 업니다. 그러나 뚜껑을 열자마자 녹아 있던 탄산가스 일부가 액체에서 빠져나와 대기 중으로 날아갑니다. 이제 녹아 있는 물질이 줄어들었으므로 액체의 빙점은 올라가서 냉장고의 온도보다 높아집니다. 그러면 탄산음료는 얼 수밖에 없죠.

압력이 풀어지면 또 한 가지 일이 일어납니다. 얼음은 물보다 부피가 더 큽니다(256쪽을 보세요). 그러므로 얼음에 압력을 가하면 얼음은 부피가 더 작은 액체 상태로 돌아가는 성질이 있습니다. 간단히 말해서 녹는 것이죠. 밀폐된 깡통의 높은 압력하에서는 얼음이 결빙되지 못하고 액체 상태로 있게 됩니다. 그러나 뚜껑을 땀과 동시에 압력은 사라지고 이에 따라 액체는 자유롭게 부피가 더 큰 상태, 즉 얼음 상태를 향해 팽창할 수가 있습니다. 물론 탄산음료가 빙점 이하의 차가운 곳에 보존되지 않았다면 이런 일은 일어나지 않습니다.

위의 두 가지말고도 한 가지가 더 있습니다. 깡통을 따자마자 압축된 이산화탄소가 팽창하는데, 이처럼 기체가 팽창하면 온도가 떨어지게 됩니다(173쪽의 '누가 물어보지는 않았지만……'을 보세요). 이것도 탄산음료가 어는 데 한몫을 합니다.

이것을 막으려면 냉장고의 온도를 덜 차갑게 해놓거나 깡통을 냉장고에서 꺼낸 뒤 바로 따지 않고 조금 있다가 따면 됩니다. 어쨌든 둘 다 기다려야죠.

물침대 데우기

물침대에는 왜 히터가 있을까요? 다른 침대는 굳이 데우지 않아도 방안의 다른 물건들처럼 따뜻한데 왜 물침대의 물은 데워야 하는 것일까요?

그렇습니다. 물침대 속의 물의 온도는 보통 침대를 비롯해서 방안에 있는 다른 물건들의 온도와 같습니다. 그러나 물침대에 누우면 차갑다고 '느껴집니다.' 이것은 물의 전도성이 다른 물질, 즉 보통 침대의 매트리스 같은 것보다 뛰어나서 우리 몸의 열을 더 잘 빼앗아가기 때문입니다.

열은 어떤 물체의 분자가 운동하는 현상일 뿐입니다(297쪽을 보세요). 이러한 운동을 전달해서 열을 이동시키는 정도는 물질마다 다릅니다. 가장 좋은 방법은 전도입니다. 어떤 분자에서 다음 분자로, 그리고 그 다음 분자로 직접 전달하는 것이죠. 이렇게 하려면 이웃한 분자들은 서로 팔꿈치로 찌를 수 있을 정도로 가까이 있어야 합니다.

물 분자들은 서로 닿아 있기 때문에 빨리 움직이는(뜨거운) 분자들은 옆에 있는 차가운 분자들에게 움직임을 쉽게 나눠줄 수 있습니다. 열(여기서는 사람의 체온)은 효율적으로 물을 향해 이동하므로 이러한 열을 전기 히터를 통해 되돌려 받지 못하는 한 우리는 춥다고 생각하는 것입니다.

매트리스 내부에는 공기가 들어 있기 때문에 물처럼 전도가 잘 되지 않습니다. 공기의 분자들은 서로 멀리 떨어져 있어서 분자들 사이에 빈 공간이 많습니다(195쪽을 보세요). 그렇기 때문에 서로 부딪치는 일들이 극히 적고 이에 따라 운동이 전달되는 경우도 매우 적어서 열이 옮겨가는 과정이 매우 느립니다. 보통의 매트리스에서는 매트리스가 열을 흡수하는 것보다 우리가 체온을 더 빨리 내놓기 때문에 포근하게 느껴지는 것입니다.

정말 춥게 자보시겠어요? 철판 위에서 자보세요. 금속 원자들은 전자라고 하는 '접착제'로 서로 아주 가까이 얽혀 있기 때문에 열전도성이 뛰어납니다.

직접 해보세요

냉동된 딸기 두 상자를 녹여봅시다. 하나는 24℃의 공기 중에 놓아두고 하나는 18℃의 보통 수돗물 속에 넣어둡니다. 이때 물은 공기보다 차갑지만 딸기 상자에 열을 더 효율적으로 전달해서 상자의 냉기를 잘 빼앗아가기 때문에 물 속의 딸기가 먼저 녹습니다.

한마디로 말하면……

냉동 딸기는 24℃의 공기 중에서보다 18℃의 수돗물에서 더 잘 녹습니다.

담배 연기의 색

담배에서 피어오르는 연기는 파랗습니다. 그런데 피우는 사람이 연기를 한껏 들이마셨다가 내뱉으면 흰 연기가 나옵니다. 그 사이에 그 사람의 폐가 어떻게 되었을지는 상상이 되지만 담배 연기의 색은 어떻게 된 건지 모르겠군요.

　타르와 니코틴은 파란색이 아닙니다. 그러니까 그것들이 흡연자의 폐에 다 들러붙어버려서 흰 연기가 나온다고 생각하지는 마세요. 사실은 연기 입자의 크기가 달라져서 이런 일이 생깁니다.

조용히 타는 담배에서 피어오르는 연기의 입자는 극히 작습니다. 심지어 가시광선의 파장보다도 작지요. 연기 속을 통과하는 빛이 이 조그만 연기 입자를 만나면 입자가 너무 작아서 벽에 부딪쳤다가 튀어나오는 공처럼 입자의 표면에서 반사되지 못합니다. 그래서 빛은 원래 가던 길에서 약간 벗어나서 다른 각도로 계속 나아갑니다. 즉 '산란'되는 것이죠. 빛은 파장이 짧을수록(가시광선 스펙트럼의 파란색 쪽이 파장이 짧습니다) 긴 파장의 빛보다 더 잘 산란됩니다. 왜냐하면 파장이 연기 입자의 크기와 비슷하기 때문입니다.

빛을 등지거나 아니면 옆에서 들어오는 빛을 통해 담배 연기를 바라보면 파란색의 빛살은 상당수가 직진하지 못하고 방안 전체로 흩어져버립니다. 다른 색의 빛보다 더 잘 흩어진다는 뜻이죠. 그러므로 우리의 망막에는 이렇게 흩어져버린 파란 빛이 대량으로 들어오는 것이고 따라서 연기는 푸르스름하게 보입니다.

흡연자가 담배를 빨면 담배는 완전연소가 될 수 없을 정도로 빨리 타기 때문에 연기 입자는 좀 커집니다. 일단 들이마시면 연기는 폐에 들러붙어서 해부를 하기 전에는 다시 볼 수 없게 됩니다.

폐에 붙잡히지 않고 빠져나온 입자들은 호흡 속의 수증기로 둘러싸여 크기가 더 커집니다. 이렇게 해서 어떤 빛의 파장보다도 커지기 때문에 빛을 전혀 산란시키지 않습니다. 큰 물체들과 마찬가지로 이들은 모든 빛을 균일하게 반사시켜 되돌려 보냅니다. 그래서 연기는 특별한 색을 띠지 않고 하얗게 보이는 것입니다.

누가 물어보지는 않았지만……

다음 질문에 대한 대답을 써놓지 않은 과학책은 완전한 것이 아닙니다. '하늘은 왜 파랄까요?'

담배 연기가 파란 것과 같은 이유입니다. 작은 입자들이 파란 빛을 더 잘 산란시키기 때문이지요. 물론 순수한 공기에는 색이 없습니다. 그렇기 때문에 가시광선의 모든 파장이 흡수되지 않고 통과합니다. 그러나 공기는 분자로 되어 있고 가시광선의 파장보다 크기가 작아서 이를 산란시키는 먼지 알갱이들도 떠 있습니다. 담배 연기 입자와 마찬가지로 파란색은 다른 색보다 더 잘 산란됩니다. 산란되지 않은 다른 색들은 거의 방향을 바꾸는 일 없이 대기 중을 직선으로 통과합니다.

하늘을 바라볼 때 우리는 우리에게 쏟아져 내리는 모든 색의 빛을 한꺼번에 보는 것입니다. 이것은 태양이 어느 위치에 있든 상관이 없습니다. 그러나 앞서 말한 이유 때문에 여러 방향으로 흩어져 나가는 '여분의' 파란색이 있습니다. 그러므로 우리는 태양이 직접 내보내는 것보다 더 많은 양의 파란색을 받아들이는 것이고 따라서 하늘은 태양의 백색광보다 푸르게 보이는 것입니다.

이것도 물어보지는 않았지만……

아침놀과 저녁놀은 왜 그렇게 아름다울까요?

해뜰녘과 해질녘에 태양이 낮게 떠 있을 때 햇빛은 한낮보다 훨씬 더 두꺼운 대기층을 통과해야 합니다. 대기층의 두께가 달라진다는 얘기가 아니라 빛이 비스듬히 들어오기 때문에 대기를 통과하는 거리가 길어진다는 뜻입니다. 이렇게 긴 여행을 하는 동안 푸른 빛은 도중에 여러 방향으로 모두 산란됩니다. 그래서 우리에게 도달하는 빛은 파란색이 모두 빠져버린 빛입니다. 파란색이 빠져버린 햇빛은 대기 중에 어떤 크기의 먼지가 있는가에 따라, 즉 어떤 색이 우리에게 가까운 지점에서 산란되는가에 따라 빨강, 오렌지, 또는 노란색을 띠게 됩니다.

새벽과 황혼의 신비가 깨졌다고 생각되면 방금 한 얘기는 다 잊어버리세요.

저녁놀을 만들어봅시다. 맑은 물 한 컵에 우유 몇 방울을 떨어뜨리고 이 유리컵을 통해 전구를 들여다보세요.`전구는 빨강, 노랑, 또는 오렌지색으로 보일 것입니다. 컵을 통과한 빛에는 파란색이 없습니다. 왜냐하면 우유 속에 떠 있는 카세인과 유지방 입자가 파란색을 모두 산란시켰기 때문입니다. 이때 정확히 어떤 색이 나오는가는 물 속에 흩어진 입자의 크기와 농도에 따라 달라집니다.

샴페인의 거품

콜라나 맥주 깡통을 흔들었다가 따면 왜 폭발할까요? 샴페인 병을 따는 것은 왜 그렇게 요란할까요? 어쨌든 샴페인 분수가 촛불을 꺼버리면 분위기도 깨지는데 말입니다.

　이미 짐작했겠지만 요란하게 터지는 것을 막으려면 병을 차갑게 식히고 적어도 병을 따기 전 몇 시간 동안 흔들지 말아야 합니다. 하지만 이유를 아는 것은 항상 도움이 되죠.

　맥주, 콜라, 샴페인은 모두 탄산가스로 거품을 만듭니다. 탄산가스는 병에 액체를 주입하는 과정에서 함께 녹아 들어갑니다(진짜 샴페인의 경우, 이산화탄소는 병 속에서 만들어집니다). 거품은 이산화탄소가 액체에서 빠져나와 공기 중으로 도망치면서 만들어내는 방울입니다. 이 과정이 우리의 혀 위에서 부드럽게 일어나면 우리는 바로 그 톡 쏘는 맛을 즐기는 것입니다. 그러나 너무 빨리 일어나면 걸레를 가져와야죠.

　어떤 액체 속에 이산화탄소가 얌전하게 녹아 있을 수 있는 양은 그 액체 위의 공간에 얼마나 많은 이산화탄소가 있는가에 달려 있습니다. 왜냐하면 이 공간에 이산화탄소 분자가 많이 있을수록 액체의 표면을 때리고 그 속으로 녹아 들어가는 분자가 많아지기 때문입니다.

　밀폐된 병 안에서는 이 공간이 탄산가스와 공기로 채워져 있습니다. 게다가 이 탄산가스와 공기는 1cm²당 4.2kg의 엄청난 압력을 받고 있습니다(자동차 타이어의 압력은 이 압력의 반밖에 안 됩니다). 그러니까 아직 병마개를 따지 않은 샴페인에는 엄청난 양의 이산화탄소가 녹아 있는 것입니다.

　아무리 조심스럽게 따도 일단 병뚜껑을 따면 고압의 이산화탄소는 모두 날아가버리고 정상적인 압력하의 보통 공기만이 표면 위쪽의 공간을 채웁니다. 보통의 공기 중에는 분자 3,000개당 하나 정도의 이산화탄소 분자가 있을 뿐입니다. 그러므로 어떤 방법으로든 액체 속의 탄산가스는 모두 공기 중으로 나와야 합니다. 여기서 문제는 얼마나 빨리 나오느냐 하는 것입니다. 그 답은 '보통은 상당히 느리다' 입니다.

병의 맨 위 공간에 있던 기체 상태의 이산화탄소가 일단 탈출하고 나면 액체 속에 녹아 있는 이산화탄소는 한꺼번에 달아나지 않습니다. 그렇지 않다면 아무리 병을 살살 열어도 온 방안을 난장판을 만들며 한꺼번에 김이 빠져버릴 것입니다.

그리고 기체 분자들은 액체 속 깊은 곳으로부터 각기 하나씩 밖으로 나갈 수 있는 것도 아닙니다. 이들은 일단 어떤 만남의 장소에 모여 그룹을 형성하는데 이것이 거품입니다. 거품은 충분한 크기가 되어야 액체를 헤치고 위로 솟아오를 수 있습니다. 과학자들은 이러한 만남의 장소를 핵이라고 부릅니다.

액체의 균일성이 조금이라도 깨지면(예를 들어 미세한 먼지 알갱이가 하나라도 있으면) 이것은 거품을 형성하는 핵의 역할을 할 수 있습니다. 유리컵 표면의 조그만 흠집도 마찬가지입니다. 왜냐하면 이 흠집들은 액체를 따를 때 조그마한 공기방울을 붙잡아둘 수 있고 이 공기방울은 이산화탄소 분자들을 끌어들입니다. 이산화탄소 분자는 이러한 핵을 중심으로 모여들어 거품을 형성하고 이 거품이 충분히 성장해서 부력을 갖추게 되면 위로 솟아오르는 것입니다.

그런데 이 모든 것이 병을 흔드는 것과 무슨 관계가 있을까요? 병을 흔들면 위쪽 공간에 있는 기체 일부가 조그만 공기방울이 되어 액체 안으로 들어옵니다. 이 공기방울은 말할 것도 없이 훌륭한 핵이 되는 것입니다. 그러면 이산화탄소 분자들은 이리로 모여들고 공기방울은 점점 더 커집니다. 우리가 모르는 사이에 엄청난 거품의 대부대가 형성되어 병뚜껑을 따자마자 기체가 팽창하면서 공기

총에서 발사되는 총탄처럼 병목을 지나 위로 치솟는 것이죠.

충분히 냉장되지 않은 맥주, 콜라, 샴페인을 따도 같은 문제가 생기겠지만 흔들었을 때처럼 그렇게 심하지는 않을 것입니다. 이산화탄소는 더운 액체에서 덜 녹기 때문에(28쪽을 보세요) 차가울 때보다 더 많은 양의 기체가 빠져나갑니다. 따뜻한 상태에서 병을 심하게 흔든 후 따면 어떻게 될까요? 상상하기도 끔찍하군요.

누가 물어보지는 않았지만……

샴페인을 잔에 따르면 조그맣고 얌전한 거품이 한 줄로 우아하게 위로 솟아오르는 반면 맥주 거품은 컵 안 여기저기서 아무렇게나 생겨납니다. 왜 그럴까요?

여기엔 몇 가지 이유가 있습니다만 사회적인 이유는 하나도 없습니다.

• 샴페인은 보통 좁고 긴 잔에 따릅니다. 그래서 거품이 형성될 수 있는 바닥 면적이 좁죠. 게다가 이렇게 날씬한 잔은 안쪽 벽에 흠집이 적습니다. 왜냐하면 설거지 솔이 바닥까지 깊이 닿지 않고 맥주컵처럼 자주 쓰이지 않기 때문입니다. 흠집이 적으면 핵의 수도 적고 따라서 거품의 크기도 작고 수도 적어집니다. 샴페인잔에서는 바닥의 몇 군데에서만 핵이 형성되는 것이 보통입니다.

직접 해보세요

컵에 맥주나 샴페인을 따르고 컵 안쪽에 칼로 흠집을 내보세요. 그러면 그 자리에 새로운 핵이 만들어지고 거품이 생기는 것을 볼 수 있을 것입니다.

• 샴페인은 맥주보다 투명합니다. 진짜 샴페인(라벨에 méthode champenoise, 즉 '샹파뉴 방식'이라고 써 있는 제품)은 싸구려 스파클링 와인과는 달리 공들여서 냉각, 침전, 배출 과정을 거쳐 투명도를 유지합니다. 이 과정에서 코르크 병마개를 씌운 병은 병목을 아래쪽으로 해서 보관하며, 오랜 보관 기간 중에 가끔씩 병을 돌려줘야 합니다. 그리고 나서 병목 부분을 얼리면 여기 모여 있던 찌꺼기들이 얼음에 갇힙니다. 이때 코르크 마개를 뽑으면 언 부분이 딸려 나오는데 이것은 버립니다. 이렇게 하면 액체 속에 부유 물질이 적어지고 따라서 거품을 형성하는 핵도 적어지는 것이죠.

• 진짜 샴페인 속의 이산화탄소는 병 속에 함께 넣어진 이스트와 설탕에 의해 몇 달, 또는 몇 년에 걸친 숙성 기간을 지나면서 병 속에서 만들어집니다. 오랜 기간 동안 이스트 세포는 맥주나 다른 와인에서처럼 죽지만 이들의 단백질은 펩타이드라고 불리는 파편으로 분해됩니다. 모든 펩타이드 분자는 한쪽 끝에 염기를 가지고 있어서 산성인 이산화탄소 분자를 포착합니다. 이렇게 해서 이산화탄소를 액체 속에 가두어두는 것입니다.

따라서 샴페인은 다른 탄산음료보다 더 많은 이산화탄소를 붙잡아둘 수 있을 뿐만 아니라 뚜껑이 열린 뒤에도 이를 천천히 방출합니다. 그러므로 질서 있게 한 줄로 솟아오르는 귀족적인 거품의 흐름을 볼 수 있는 것입니다.

진짜 샴페인병에 뚜껑을 씌워 냉장고에 넣어두면 그 다음날 아침에도 거품이 왕성하게 솟아오르는 것을 볼 수 있습니다. 축하할 일이 자주 있다면 그 다음 다음날 아침에도 이 샴페인은 위력을 발휘할 것입니다.

내 집 티스푼과 남의 집 티스푼

저녁 초대를 받아 친구네 집에 갔는데 식사 후 커피가 나왔습니다. 커피를 젓고 나니 티스푼이 매우 뜨거워지더군요. 커피보다 더 뜨거운 것 같았어요. 집에서는 이런 일이 없었는데 왜 그럴까요?

축하합니다. 대접을 잘 받으셨군요. 초대를 한 분은 스털링 실버(진짜 은)로 된 식기로 귀하를 대접한 것입니다. 귀하의 집에 있는 식기는 아마 스테인리스 스틸이거나 어쩌면 은도금을 한 것인지도 모르겠군요.

스털링 실버는 거의 순은에 가깝습니다. 정확히 말하면 92.5%입니다. 그리고 은은 금속 중에서 열전도성이 가장 뛰어납니다. 열은 이동할 방법만 있으면 항상 온도가 높은 쪽에서 낮은 쪽으로 이동합니다(36쪽을 보세요). 그리고 은은 열의 뛰어난 고속도로 노릇을 합니다. 여기서 티스푼이 한 일은 커피의 열을 집어 올려 방안의 공기 중으로, 또는 여러분의 손가락으로 전달한 것입니다.

이렇게 열 전달 통로의 역할을 하는 과정에서 스푼 자체도 뜨거워져서 대략 커피와 비슷한 온도가 됩니다. 물론 여러분은 더 뜨겁다고 생각할지도 모르지만(그렇다고 커피 속에 손가락을 넣어보지는 마세요).

스테인리스 스틸이 열을 전달하는 속도는 은의 5분의 1도 안 됩니다. 아마 집에서는 스푼을 커피 속에 오래 놔두지도 않을 테니까 스푼 손잡이까지 뜨거워지는 일은 없겠죠. 그러나 오래 놔둔다 하더라도 스테인리스 스틸 제품은 뜨겁다는 느낌이 손가락에 전달될 정도로 열을 빨리 옮기지는 못합니다.

소금을 넣으면 얼음은 왜 더 차가워질까

우리 집 아이스크림 프리저는 물과 소금을 섞어 엄청나게 낮은 온도를 만들어냅니다. 왜 소금을 섞으면 얼음의 온도가 그토록 낮아질까요?

물과 얼음이 섞인 반죽의 온도는 0℃입니다. 그러나 이 정도로는 아이스크림을 만들 수 없습니다. 적어도 영하 3℃ 이하가 되어야죠. 소금이 이 상태를 만들어줍니다. 다른 화학물질로도 되지만 소금은 값이 싸다는 장점이 있습니다.

소금과 얼음을 섞으면 약간의 소금물이 생기고 얼음은 소금물에 잘 녹아 들어가서 더 많은 소금물이 생깁니다. 빙판길에 소금을 뿌려 얼음을 녹이는 것도 같은 이치입니다. 고체 얼음과 고체 소금을 섞으면 액체인 소금물이 되는 것이죠(126쪽을 보세요).

한 조각의 얼음 안에서 물 분자는 질서정연한 기하학적 배열로 고정되어 있습니다(256쪽을 보세요). 그런데 소금의 공격을 받으면 이 배열이 깨어지고 따라서 물 분자는 액체의 형태로 돌아다닐 수 있게 됩니다.

그런데 얼음 분자의 단단한 구조를 깨뜨리려면 에너지가 필요합니다. 건물을 철거하는 데 에너지가 필요한 것과도 같습니다(157쪽 '꼼꼼쟁이 코너'를 보세요). 소금과 물하고만 접촉하고 있는 얼음 조각의 입장에서 보면 에너지는 소금물에서 올 수밖에 없습니다. 그래서 얼음은 녹는 과정에서 물로부터 열을 얻어오고 당연히 물의 온도는 떨어집니다. 그러면 물은 통 속에 든 아이스크림 재료로부터 열을 빼앗아오는데 우리가 원하는 것이 바로 이것이죠.

직접 해보세요

똑같은 유리잔 2개에 같은 양의 얼음을 깨넣으세요. 얼음이 뜰 정도로만 물을 붓고 한쪽 잔에는 많은 소금을 집어넣은 뒤 막대기로 몇 번 찔러 얼음과 섞이게 합니다. 몇 분 후 부엌에 있는 고기 온도계(냉장고에 있는 고기의 적정 온도를 유지하기 위해 쓰는 온도계)로 온도를 재보십시오. 그러면 소금을 넣은 쪽이 다른 쪽보다 온도가 훨씬 낮다는 것을 알게 될 것입니다. 소금을 넣은 잔의 표면에는 성에가 끼어 손가락으로 긁어낼 수 있을지도 모릅니다.

냉수와 온수

손을 씻을 때 냉수와 온수를 적당히 섞어 온도를 맞추었는데도 씻다 보면 물이 차가워져서 온도를 항상 다시 맞춰야 합니다. 샤워를 할 때 이런 일을 당하면 더 짜증이 나겠죠. 짜증 섞인 넋두리 말고 좀 과학적인 설명이 없을까요?

있습니다. 그리고 아주 간단합니다. 물체는 가열되면 팽창합니다. 압력식 수도꼭지(가장 흔한 형태입니다)에서 물은 네오프렌으로 된 고무 고리와 금속으로 된 시트 사이의 좁은 공간을 통과합니다. 더운물 쪽의 경우, 물의 높은 온도 때문에 고리가 팽창하고 따라서 고리와 시트 사이의 공간이 줄어들어 물의 양이 적어집니다. 그러니까 처음에 맞추어놓았던 것보다 더운물이 적어져서 결국 전체가 차가워지는 것입니다. 여기에 몇 가지 대책이 있습니다.

1. 더운물 쪽의 네오프렌 고리를 '샌드위치' 타입으로 바꿔보세요. 이 타입은 바깥쪽은 복합 소재로 되어 있고 안쪽은 고무로 되어 있습니다. 복합 소재는 고무만큼 심하게 팽창과 수축이 일어나지 않습니다.

2. 더운물을 너무 아끼려고 하지 마세요. 수도꼭지를 충분히 열면 열팽창으로 수로가 좁아지는 것은 거의 문제가 되지 않습니다. 물론 적당한 온도를 얻으려면 찬물도 더 많이 틀어야겠지요.

3. 일단 더운물을 먼저 틀어서 가장 뜨거운 상태의 물이 몇 초간 나오도록 합니다. 그러면 골치 아픈 열팽창이 이미 완료된 다음이니까 온도를 마음대로 조절할 수 있습니다.

4. 그냥 냉수 샤워를 하세요.

이런 방법도 있습니다. 가족 중 아무한테나 샤워하는 동안 변기의 물을 내리라고 하세요. 그러면 물이 급속히 뜨거워질 것입니다.

올라간 것은 내려오지 않는다

체온계 안에 들어 있는 수은은 쉽게 올라갑니다. 가끔 너무 많이 올라가기도 하죠. 그리곤 내려오지 않습니다. 이걸 도로 내리려면 체온계를 열심히 흔들어야 합니다. 그렇게 쉽게 올라간 게 왜 안 내려올까요?

자세히 들여다보면 바닥 쪽의 수은 저장고와 위쪽 눈금 사이에 좁은 수은 통로가 있는 것을 볼 수 있을 겁니다. 올라갈 때의 수은은 이 부분에서 발생하는 병목현상을 극복하고 위로 뻗어나갈 힘이 있습니다. 팽창하는 액체의 압력은 매우 큽니다. 물이 얼면 부피가 커지고 그 압력으로 인해 쇠파이프나 콘크리트 벽에 금이 가기도 합니다(256쪽을 보세요).

체온계를 입에서 꺼내면 온도가 떨어지지만 수은 기둥은 내려오지 않습니다. 최고로 올라간 지점에 머물러 있죠. 물론 수은도 수축하지만 기둥 전체의 수은이 함께 끌려 내려오지는 못합니다. 왜냐하면 그 기둥 안에 들어 있는 수은 원자의 결합이 그렇게 강하지 못하기 때문입니다. 수축으로 인해서 발생하는 당김에도 불구하고 서로 붙어 있을 힘이 없다는 뜻입니다. 수은 원자의 결합력이 그렇게 강하다면 수은은 액체가 아니고 고체일 것입니다.

그래서 수은은 저장고 안으로 끌려 들어가지 못하고 아까 이야기한 병목 부분에서 끊어집니다. 그러면 아래쪽의 수은은 계속 수축해서 저장고 안으로 들어가고 위쪽에는 길 잃은 수은이 남습니다. 그사이의 공간은 진공입니다. 기관차에서 분리된 화물열차를 상상해 보세요.

체온계를 흔든다는 것은 빠른 속도로 원을 그리며 돌린다는 뜻입니다. 그러면 원심력 때문에 위쪽에 있던 수은이 아래를 향해 이동합니다. 이 원심력으로 수은은 마찰과 병목의 방해를 이기고 저장고로 들어가는 것입니다.

왜 건전지는 방전될까

오늘날 많은 것이 건전지로 작동됩니다. 건전지 안에는 무엇이 있을까요? 어떤 형태로든 전기가 들어 있는 것 같은데 전기 기구를 돌리기 위해 건전지 칸에 집어넣고 스위치를 올릴 때까지 이 전기가 얌전히 들어 있는 이유는 무엇일까요?

건전지가 전기 자체를 갖고 있는 것은 아닙니다. 전기를 만들 수 있는 힘을 화학적인 형태로 보관하고 있는 것이죠. 여기 들어 있는 화학물질들은 건전지 안에서 서로 분리되어 있습니다. 그래서 우리가 건전지를 집어넣고 스위치를 올릴 때까지 서로 반응하지 않고 있다가 스위치를 올리면 반응이 시작되고 전력이 나옵니다.

화학물질로부터 에너지를 얻는 것은 전혀 새로운 것이 아닙니다. 우리는 나무, 석탄, 석유(이 모든 것은 화학물질입니다)를 태워서 열에너지를 얻습니다. 여기서 이 화학물질들은 대기 중의 산소와 반응합니다. 열에너지 대신 전기에너지를 낼 수 있는 여러 가지 화학 반응이 있는데 방금 말한 연소는 이러한 반응 중 하나입니다.

화학자들은 이것을 산화환원반응이라고 부릅니다. 이것은 매우 흔히 일어납니다. 예를 들어 세탁용 표백제를 쓰면 세탁기 안에서 산화하는 반응이 일어납니다(60쪽을 보세요). 그러나 여기서 전기를 눈으로 볼 수는 없습니다. 반응은 화학물질 내부에서 일어나니까요. 어떤 원자가 전기를 발생시키자마자 다른 원자가 이 전기를 흡수해 버립니다. 건전지는 우리가 필요할 때마다 전기에너지를 꺼내 쓸 수 있도록 화학반응 과정이 통제되는 장치입니다. 그렇다면 먼저 전기가 정확히 무엇인지를 살펴봅시다.

전류는 한곳에서 다른 곳으로 이동하는 전자의 흐름입니다. 그러면 전자는 어디에서 올까요? 전자는 어디에나 있습니다. 전자는 모든 원자의 바깥 부분을 형성합니다. 그러므로 전자를 한 장소에서 다른 장소로 옮기려면 원자 A에서 원자 B로 건너뛰게 하면 됩니다. 이것은 마치 벼룩이 어떤 개에게서 다른 개로 건너뛰는 것과 같습니다. 그런데 이렇게 되려면 원자 A는 전자를 하나 내놓아야 하고 B는 그것을 받아야 합니다. 원자가 전자와 친한 정도는 원자마다 다릅니다. 어떤 원자들은 가능하면 전자 한두 개쯤은 쫓아내려고 하는 반면, 어떤 원자들은 전자들을 꼭 붙들고 있으면서 다른 전자를 잡아 오려고 합니다. 전자가 남아도는 원자(원자 A)가 전자에 굶주린 원자(원자 B)를 만나면 이들은 전자 한두 개를 주고받음으로써 서로에게 이익이 되는 거래를 할 수 있습니다. 산화환원반응에서 일어나는 일은 바로 이렇게 전자를 거래하는 것이죠.

이렇게 하나의 원자에서 다른 원자로 전자가 넘어가는 것은 극미의 세계에서 한 번에 원자 하나씩 반응에 참가하는 전류의 흐름을 형성합니다. 그런데 인간의 거시적인 관점에서 보면 이런 문제가 있습니다. 우리가 유용한 전기를 얻기 위해서 무수히 많은 A타입의 원자와 B타입의 원자를 섞어놓는다고 합시다. 그러면 원자 상호간의 전자 교환은 A와 B가 함께 있는 곳이면 어디서나 무질서하게 한꺼번에 이루어질 것이므로 우리에게는 아무 쓸모가 없습니다.

우리가 필요로 하는 것은 어떤 곳에 원자 A가 많이 있고 따로 떨어진 곳에 원자 B가 많이 있어서 우리가 만들어준 회로라는 일방통행로를 통해 전류가 흘러가는 것입니다. 그러면 A의 장소로부터 B의 장소로 가기 위해 전자들은 서로 밀치며 회로를 지나갑니다. 그 과정에서 우리가 원하는 일을 하는 것이죠. 그것은 전구를 밝히는 것일 수도 있고 귀여운 분홍색 인형이 북을 치며 방안을 돌아다니게 하는 것일 수도 있습니다.

그러므로 건전지를 만들려면 원자 A와 원자 B가 아주 많이 들어있는 작은 그릇을 만들어야 합니다. 그런데 한 그릇에 들어 있더라도 이들은 서로 떨어져 있어야 하므로 보통 젖은 종이가 장벽으로 쓰입니다. 스위치를 올려서 회로를 완성하기 전에는 이들은 전자를 흘려 보낼 수가 없습니다. 스위치를 올리는 것이야말로 A의 전자가 장벽을 넘어 B로 가는 길을 열어주는 것입니다. A와 B에 각기 어떤 원자가 쓰이는가는 건전지의 종류에 따라 다릅니다. 가장 흔히 쓰이는 원자들은 망간, 아연, 납, 리튬, 수은, 니켈, 카드뮴 등입니다. 우리가 잘 아는 AAA(우리가 원자 A라고 부르는 것과는 아무런 상관이 없습니다), AA, C, D건전지(옛날에는 B건전지가 있었는데 오늘날에는 쓰이지 않습니다)에서는 아연과 망간이 A와 B의 역할을 합니다. 아연 원자는 전자를 주는 쪽이고 망간 원자는 받는 쪽입니다.

건전지의 전압(보통 1.5V)은 아연 원자가 망간 원자를 향해 전자를 밀어내는 힘을 표시합니다. 주는 쪽의 원자와 받는 쪽의 원자를 이리저리 배합하면 여러 가지 전압을 얻을 수 있습니다. 왜냐하면 원자마다 전자를 밀어내려고 하는 성향과 받으려고 하는 성향이 서로 다르기 때문입니다.

주는 쪽의 원자가 내놓을 수 있는 전자를 모두 반대편으로 보내버리면 건전지는 모두 방전이 되고 말아 안타깝게도 인형은 멈춰버립니다.

니카드(니켈-카드뮴) 전지는 자동차의 납-산 전지처럼 재충전이 가능합니다. 받는 쪽에 전자를 쏟아 부어 이들을 주는 쪽으로 역류시키면 전자를 주고받는 과정을 처음부터 다시 시작할 수 있습니다. 그런데 안타깝게도 한 번 충전할 때마다 내부에 기계적 손상이 생겨 충전식 전지도 영원히 쓰지는 못합니다.

누가 물어보지는 않았지만……

건전지에서 흘러 나온 전자들이 전기 기구를 통과하고 나면 건전지로 다시 들어가는 게 맞죠?

꼭 그렇지는 않습니다. 건전지 안에서 전자들은 벼룩처럼 이 원자에서 저 원자로 옮겨 다니지만 전선이나 복잡한 회로를 통과할 때도 같은 모습으로 이동하는 것은 아닙니다. 전자가 전선의 한쪽 끝으로 들어가서 원자 사이를 뛰어다니다가 반대쪽 끝으로 나오는 것은 아니라는 얘기죠.

건전지에서 나온 전자가 우리의 관점에서 볼 때 왼쪽에서 오른쪽으로 밀려가고 있다고 합시다. 여기서 실제로 일어나는 일은, 전자가 자기 오른쪽에 있는 전자를 밀치는 것입니다. 전자는 모두 음전하를 띠고 있고 같은 전하를 띤 입자끼리는 서로 밀칩니다. 밀린 전자는 옆에 있는 전자를 밀고 이 과정은 끝없이 계속됩니다.

이 밀치기의 도미노가 전선의 출구에 도달하면(이 밀치기는 원자의 정글에서 전자가 이리저리 건너뛰는 것보다 훨씬 빠릅니다) 전선입구의 전자가 출구까지 간 것과 똑같은 결과가 나옵니다. 어떤 전자를 다른 전자와 구별할 수 있는 사람이 누가 있을까요? 전자 자신도 못할 것입니다.

얼룩, 빠져라!

표백제는 어떻게 옷의 흰 부분과 얼룩진 부분을 구별할까요? 표백제는 얼룩의 화학 조성이 어떤 것이든 간에 우리가 싫어하는 얼룩은 다 빼서 옷을 하얗게 만듭니다. 그러면 표백제는 어떻게 우리의 마음을 읽는 것일까요?

표백제는 흰색에 대해 아무것도 모릅니다. 표백제가 아는 것은 색인데, 색은 3원색의 배합으로 되어 있어서 결국 화학적으로나 물리적으로 비슷합니다. 표백제는 색을 내는 화학물질(서로 공통점이 많은)을 공격해서 얼룩이 있던 부분을 '색이 없는 상태'로 만듭니다. 이것을 우리는 '희다'고 말합니다.

'색이 없는 상태'가 희다고 말하면 아마 여러분은 '모든 색이 다 모이면 흰색이 된다'고 학교에서 배웠다고 반박할 것입니다. 여기 대해 설명해 보겠습니다.

태양에서 나오는 빛은 실제로 무지개의 모든 색을 다 포함하고 있습니다. 인간이 볼 수 있는 모든 색 이외의 것도 좀 들어 있죠. 빛의 모든 색이 하나로 합쳐지면(햇빛이 그렇지만) 우리의 눈은 그 빛에 아무런 색도 없다고 느끼게 됩니다. 이것을 백색광이라고 합니다.

그러나 이것은 빛 자체에 관한 얘기입니다. 빛이 비춰진 '물체'를 보면 어떻게 될까요? 어떤 물체가 백색광의 형태로 표면에 도달한 빛을 모두 균일한 정도로 반사해서 우리 눈으로 보낸다면 우리에게 도달한 빛은 색이 없을 것입니다. 여전히 흰색일 것이란 얘기입니다. 이때 우리는 이 '물체 자체'가 희다고 말합니다. 물체의 색은 그 물체가 우리 눈으로 보낸 빛에 의해 결정되니까요.

예를 들어 어떤 물체가 파란색을 좋아해서 백색광 중 파란색 일부를 흡수하고 나머지를 반사해서 우리 눈으로 보낸다고 합시다. 그러면 이 빛에는 파란색이 없게 됩니다. 이렇게 파랑이 빠진 빛은 우리 눈에는 노란색으로 비칩니다. 그래서 이런 물체를 우리는 '노랗다'고 부릅니다.

이렇게 파랑을 좋아하는 '물체'가 우연히도 하얀 티셔츠에 묻은 얼룩이라면, 우리는 이 얼룩이 노란색이라고 생각할 것입니다. 그리고 우리의 충실한 하인인 표백제를 시켜 이 물체를 쫓아내겠죠. 이 물체가 어떤 빛을 흡수해서 어떤 색을 내든 그것은 흰색이 아니므로 우리의 행동은 같습니다. 표백제를 출동시키는 것입니다.

그러면 얼룩을 뺄 때 표백제는 얼룩의 어떤 부분에 작용하는 것일까요? 표백제는 어떤 색 또는 어떤 빛을 특별히 좋아해서 이를 흡수하는 분자에 대해 작용합니다. 여기서 이 분자가 어떤 빛을 좋아하는가는 상관이 없습니다. 그러면 이런 의문이 생깁니다. 표백제는 어떻게 해서 이런 분자들을 알아볼까요?

어떤 물질이 빛에너지를 흡수할 때, 빛의 흡수를 직접 담당하는 것은 그 물질의 분자 안에 있는 전자들입니다. 에너지를 흡수하면 전자는 분자 안에서 더 높은 에너지 수준으로 올라갑니다. 색이 있는 물질의 분자 안에 있는 전자는 특별히 낮은 에너지 수준에 머물고 있어서 기회만 있으면 빛에너지를 흡수하려고 합니다. 표백제 분자가 하는 일은 이러한 에너지 전자들을 모두 집어삼키는 것입니다. 그러면 이 물질은 빛을 흡수할 수 없게 되고 따라서 분자들은 색을 내는 힘을 잃습니다(전문용어 : 이렇게 전자를 먹어치우는 물질을 '산화제'라고 합니다. 표백제는 색이 있는 물질을 '산화'시키는 것입니다).

세탁용으로 흔히 쓰이는 전자 포식자는 하이포염소산나트륨이라는 물질입니다. 액체 표백제는 이 하이포염소산나트륨을 물에 녹여 농도 5.25%로 맞춰놓은 것에 불과합니다. 분말 표백제는 보통 과붕산나트륨인데 액체보다 좀더 부드러우며 색깔 있는 옷의 염료를 손상시키지 않습니다(사실 염료는 사람이 일부러 만든 끈질긴 얼룩입니다. 색이 있으므로 당연히 특정한 빛을 흡수하죠).

널리 쓰이는 전자 포식자로는 과산화수소가 있습니다. 과산화수소는 사람의 머리카락과 피부색을 내는 멜라닌이라는 색소를 탈색하는 힘이 있습니다. 그래서 금발머리를 만들어내는 데 쓰입니다.

2. 부엌에서

부엌처럼 우리가 일상생활에서 경이롭고 신비로운 일을
많이 겪는 장소도 없을 것입니다.
여기서 우리는 엄청난 양의 동물성, 식물성, 광물성 재료를
섞고, 데우고, 식히고, 얼리고, 녹이고, 가끔 태우기도 합니다.
이 과정에서 쓰이는 기구들은 최고의 연금술사들이 쓰던
증류기와 가마솥을 무색하게 할 정도입니다.
『맥베스』에서 셰익스피어가 마녀들의
신비롭고도 섬뜩한 작업을 묘사하면서
"불은 타오르고 솥은 부글부글 끓는다"라는 표현을 쓴 것은
이 두 가지 현상이 마술의 기본이라고 생각했기 때문일 것입니다.
타고 끓는 것은 평범한 현상처럼 보이지만
그 이면에서는 전혀 평범하지 않은 변화가 일어나고 있습니다.
이런 변화에 대해서 연금술사들은 상상도 못했지만,
이제 우리는 분자의 존재를 알고 있기 때문에
이런 변화를 쉬운 말로 설명할 수 있습니다.
물이 냄비나 솥에서 끓을 때 어떤 일이 일어나는지 이미
알고 있다고 생각하십니까? 다시 한번 생각해 보세요.
끓으면서 공기방울을 끊임없이 만들어내는
솥을 들여다보는 것부터 시작해 보겠습니다.

끓는다는 것은 무엇일까

우리는 냄비에 물을 올려놓으면 가스레인지의 불꽃을 최대로 해서 빨리 끓이려고 합니다. 그런데 끓기 시작하면 불을 줄여야 물이 사방으로 튀는 것을 막을 수 있습니다. 하지만 물이 최대한 뜨거워야 요리가 빨리 되겠죠. 물이 넘치지 않게 하면서 물을 더 뜨겁게 하는 방법은 없을까요?

안됐지만 없습니다. 물은 일단 끓기 시작하면 최고 온도까지 올라간 것입니다. 화염방사기를 써도 물의 온도를 더 올리지는 못합니다. 불꽃을 최대로 해서 아무리 격렬하게 끓여도 물의 온도는 비등점인 100℃ 근처에서 왔다갔다합니다(이렇게 '100℃ 근처를 오르락내리락' 하는 것에 대해서는 266쪽을 보세요).

물을 데워서 비등점까지 끌어올릴 때 물 속에서는 어떤 일이 일어나는가를 자세히 살펴봅시다. 물을 처음 끓이기 시작할 때 물의 온도는 올라갑니다. 즉 물 분자는 열에너지를 흡수하여 점점 빨리 움직이기 시작한다는 것이죠. 물 분자들은 상당히 강한 결합력으로 서로 연결되어 있습니다. 그런데 어느 정도 가열되면 분자들 중 일부는 너무 많은 에너지를 흡수하여 이 결합을 끊고 이웃들로부터 떨어져 나옵니다. 이렇게 기운이 넘치는 분자들은 이웃들을 옆으로 밀쳐내고 자신의 공간을 확보하는데, 바로 이것이 거품입니다. 거품은 기체인 수증기로 되어 있으며 수면으로 떠올라서 터집니다. 수증기는 눈에 보이지 않습니다. 우리 눈에 보이는 '김'은 끓는 표면으로부터 탈출한 수증기가 공기와 접촉하여 약간 식으면서 미세한 물방울로 응축된 결과입니다.

이 복잡한 과정 전체를 가리켜 '비등'이라고 합니다. 여기서 중요한 것은 물이 불의 에너지를 흡수하고 이것을 이용해서 액체에서 기체 상태로 옮겨간다는 사실입니다.

액체 상태의 물을 기체 상태의 수증기로 변화시키는 데는 에너지가 필요합니다. 왜냐하면 물 분자 상호간의 결합을 끊는 데 에너지가 들어가기 때문입니다. 이렇게 분자들끼리 결합하고 있지 않다면 물은 액체가 아니고 기체일 것입니다. 그래서 공간을 자유로이 돌아다니겠죠. 액체는 저마다 분자들끼리 들러붙는 정도가 다르고 따라서 이들을 떼어놓는 데 필요한 에너지가 저마다 다르며 비등점도 각기 다른 것입니다. 물 분자들을 서로 떼어놓으려면 100℃가 필요합니다.

이제 불꽃을 더 크게 해봅시다. 불이 1초당 더 많은 에너지를 내면 매초당 더 많은 물 분자가 결합을 끊고 기체 상태로 되기에 충분한 에너지를 흡수합니다. 그러면 물은 더 격렬하게 끓고 냄비 바닥은 다 말라버릴 것입니다.

그러나 열을 아무리 가해도 물의 온도를 더 올릴 수는 없습니다. 왜냐하면 결합을 끊는 데 필요한 양 이상의 에너지는 모두 수증기로 변해서 대기 중으로 날아가는 물 분자와 함께 사라져버리기 때문입니다. 결합을 끊는 것 이상의 잉여 에너지를 흡수하는 순간, 분자는 평소보다 더 빠른 속도로 튀어나갑니다. 더 높은 온도로 인해 공급된 잉여 에너지는 냄비 안에 남아 있는 물 속에 머물지 못하고 대기 중으로 날아가는 수증기와 동행합니다(297쪽을 보세요). 그러니까 냄비 속에 물이 남아 있는 한 그 물의 온도는 비등점을 넘지 못하는 것입니다. 불꽃을 키운다고 해서 국수가 빨리 익는 것이 아닙니다. 에너지를 아끼세요.

물이 얌전하게 끓고 있을 때와 격렬하게 끓고 있을 때 온도계를 수면 바로 위에 대보면 차이가 없다는 것을 알 수 있습니다. 물의 온도는 항상 같지만 수증기의 온도는 격렬하게 끓을 때 조금 더 높습니다.

냄비 밑의 불을 아무리 세게 해도 물은 더 뜨거워지지 않습니다.

뚜껑이 덮인 냄비와 열린 냄비

뚜껑 덮인 냄비가 빨리 끓더군요. 그러니까 열려 있으면 날아가버릴 열을 뚜껑이 붙들어둔다는 얘기인데 이것은 어떤 열인가요? 물이 끓기 전에는 어차피 김도 안 나니까 잃을 것도 없는데 말이죠.

김은 안 나죠. 그러나 수증기는 올라갑니다. 앞서도 말했듯이 김은 기체가 아니라 미세한 물방울의 모임입니다. 이 김이 보이기 훨씬 전부터 보이지 않는 뜨거운 증기가 만들어집니다. 이것은 결합이 끊어진 물 분자로서 기체처럼 자유로이 날아다닙니다(증기와 기체는 같은 것입니다. 그저 액체였다가 기체가 된 물체를 증기라고 부르는 것뿐입니다).

물이 어디에 있든 그 물위에는 항상 수증기가 좀 있습니다. 습도라는 말 들어보셨죠? 물 표면에는 활동이 왕성해서 이웃들과의 결합을 끊고 대기 중으로 날아가는 물 분자들이 항상 있습니다.

물의 온도가 높을수록 더 많은 수증기가 생깁니다. 왜냐하면 더 많은 물 분자가 운동이 왕성해져서 대기 중으로 날아갈 수 있을 만큼 뜨거워지기 때문입니다. 그러므로 가스레인지의 불꽃이 물을 가열함에 따라 수면 위쪽의 뜨거운 수증기 분자는 늘어나게 되지요.

물의 온도가 올라감에 따라 수증기 분자들은 점차 더 많은 에너지를 갖게 됩니다. 그러므로 우리 입장에서 보면 이 에너지를 잃지 않는 것이 필요합니다. 그래서 뚜껑이 하는 일은 중요합니다. 뚜껑은 대부분의 수증기 분자를 도망가지 못하게 하여 에너지를 아직 갖고 있는 상태에서 냄비로 되돌아가게 합니다. 이렇게 하면 물은 비등점에 더 빨리 도달합니다. 우리가 냄비만 들여다보고 있지만 않는다면 말입니다.

이온과 비등점

끓는 물에 소금을 타면 비등점이 올라간다는 얘기를 읽었습니다. 내가 보기엔 말이 안 되는 것 같은데 이것이 사실이라면 비등점을 올리는 데 필요한 열은 어디서 오는 것일까요?

말이 안 되는 것 같죠? 그러나 사실입니다. 소금이 녹자마자 물은 더 높은 온도에서 끓기 시작합니다. 물 1리터에 소금을 탈 경우, 소금 29g당 0.5℃의 비율로 비등점이 올라갑니다. 대단한 건 아니지만 어쨌든 올라가는 거죠. 그렇기 때문에 스파게티 면을 끓이는 물에 소금을 넣어봤자 면이 눈에 띄게 빨리 삶아지는 것은 아닙니다. 소금을 넣는 것은 단지 맛을 위한 것입니다. 어떤 사람들은 소금을 넣으면 면발이 더 쫄깃쫄깃해진다고도 합니다.

직접 해보세요

프라이팬에 물 1리터를 붓고 끓인 후 온도를 재보세요. 그리고 나서 소금 반 컵을 붓고 저어서 녹입니다. 소금이 완전히 녹은 후 물이 다시 끓기 시작할 때 온도를 재보면 약 2.5℃ 높아진 것을 알 수 있을 것입니다.

그러면 비등점을 올린 열은 어디에서 왔을까요? 방안 공기 중에 있던 소금으로부터 온 게 아닌 것은 분명합니다. 그러나 가스레인지의 불꽃은 물이 실제로 끓는 데 필요한 열보다 훨씬 더 많은 열을 내놓고 있습니다. 이 사실은 느낌만으로도 확실히 알 수 있습니다. 그러므로 물이 비등점을 올려야겠다고 마음만 먹으면 끌어다 쓸 수 있는 열은 얼마든지 있습니다. 여기서 진짜 문제는 왜 물이 그렇게 하느냐는 것입니다.

액체는 그 안의 분자들이 상호간의 결합을 끊고 날아갈 수 있을 정도의 에너지를 얻으면 끓기 시작합니다. 소금(염화나트륨)은 물에 녹으면 전하를 띤 나트륨 입자와 염소 입자로 갈라집니다. 전문용어로 하면 나트륨 이온과 염소 이온이 되는 것입니다. 이렇게 전하를 띤 입자들이 하는 일은 두 가지가 있습니다.

첫째, 이들 때문에 물 속의 입자 수가 늘어나서 물 분자들이 수증기가 되어 물을 박차고 나가는 힘이 약해집니다. 버스나 전철 안에서 내가 내리기 바로 전 정류장에서 사람들이 갑자기 많이 타면 내리기가 힘들어지는 것과 같습니다. 그래서 물 분자들이 탈출을 하려면 더 큰 힘이 필요한 것이고, 그에 따라 비등점이 높아지는 것입니다.

전하를 띤 입자들이 하는 두 번째 일은 물 분자를 주변에 끌어들여 덩어리를 만드는 것입니다. 이들은 물 분자를 잠수복처럼 걸치고 어딜 가든 끌고 다닙니다. 전하를 띤 입자들이 물 분자를 끌어들이는 것은 물 분자도 전하를 띠고 있기 때문입니다. 한쪽은 약한 양전기, 반대쪽은 약한 음전기를 띠고 있습니다(89쪽을 보세요). 전문용어로 말하면 물 분자는 '극성(極性)'을 띠고 있는 것입니다. 양전기를 띤 쪽은 음전기를 띤 염소 이온 쪽으로 끌리고, 음전기 쪽은 양전하를 가진 나트륨 입자 쪽으로 끌립니다.

이렇게 해서 나트륨과 염소 입자는 물 분자 덩어리를 만들고 이 때문에 많은 수의 물 분자가 원래의 물 흐름으로부터 빠져 나옵니다. 이 덩어리진 물 분자들이 끓으려면 우선, 나트륨과 염소 이온으로부터 떨어져 나와야 하는데, 이것은 소금이 없을 때 이웃한 물 분자로부터 떨어져 나오는 것보다 더 어렵습니다. 그래서 더 높은 비등점이 필요한 것입니다.

그러나 소금만 그런 것은 아닙니다. 소금을 넣을 때처럼 반드시 덩어리가 생기는 것은 아니지만 설탕, 포도주, 닭국물 등 무엇이든 물에 녹이기만 하면 방해효과가 발생합니다. 그러니까 학교에서 순수한 물의 비등점은 100℃라고 배웠다고 해서 닭고기 수프도 100℃에서 끓는다고 우기지 마세요. 수프에는 이런저런 것들이 녹아 있기 때문에 비등점이 더 높습니다.

어쨌든 순수한 물은 기상 조건이 맞아야 정확히 100℃에 끓습니다. 물 속에 설탕이 많이 녹아 있으면 더욱 이상한 일이 일어나기도 하지요(74쪽을 보세요).

살짝 끓이기와 천천히 끓이기

스튜 요리의 조리법을 보면 항상 팔팔 끓이지 말고 약한 불로 살짝 끓이라는 주의사항이 따라다니는데(여기서 살짝 끓인다는 것을 영어로는 'to simmer'라고 하는데 이것은 엄밀히 말하면 '끓기 직전까지 가열한다'라는 뜻임—역주) 그 차이가 뭐죠? 살짝 끓이는 것도 결국 천천히 끓이는 것 아닌가요?

이 두 가지는 똑같은 것이 아닙니다. 여기서 '살짝'과 '팔팔'은 거품이 얼마나 세게 일어나느냐의 문제만은 아닙니다. 살짝 끓이는 것은 진짜 끓이는 것보다 약간 낮은 온도를 유지하기 위해서입니다. 왜냐하면 조리 온도가 몇 도만 달라도 요리에는 큰 차이가 생길 수 있기 때문입니다. 굽기와 튀기기와는 달리 많은 물이 존재하는 상태에서 하는 끓이는 요리는 허용되는 온도의 범위가 매우 좁습니다. 그래서 가장 이상적인 온도를 맞추기가 어렵죠.

요리는 결국 복잡한 일련의 화학반응입니다. 그리고 온도는 두 가지 측면에서 모든 화학반응에 영향을 미칩니다. 온도는 어떤 화학반응을 일으킬 것인가를 결정하고 또 그 반응의 속도를 결정합니다. 온도가 요리 속도에 미치는 일반적인 영향에 대해서는 누구나 알고 있습니다. 온도가 높으면 빨리 익죠. 그러나 조리 온도가 조금만 달라져도 음식에는 변화가 일어날 수 있습니다. 왜냐하면 화학반응의 내용이 달라지기 때문입니다.

고기를 끓이거나 삶을 때는 특히 이 온도가 중요해집니다. 온도가 달라짐에 따라 고기는 연해지고, 굳어지고, 마르는 반응(소스에 담가두었을 때도)이 달라집니다. 예를 들어 팔팔 끓이면 굳어지는 과정이 잘 진행되지만 온도를 그보다 약간 낮춰 살짝 끓이면 부드러워집니다. 조리법은 오랜 경험에 따라 어떤 요리에 가장 적합한 방법을 제시해 놓은 것이므로 조리법을 가지고 장난을 치지 않는 것이 좋습니다.

거품이 많이 나는 '팔팔 끓이기' 는 파스타 요리에 이용됩니다. 여기서는 모든 것이 분명합니다. 비등점에서 요리하라는 것이죠. 비등점은 물에 의한 요리에서 온도의 상한선을 설정해 줍니다. 왜냐하면 아무리 팔팔 끓여도 100℃를 넘을 수는 없기 때문입니다(65쪽을 보세요). 표면에서 터지는 이 거품들을 보면 우리가 하는 요리가 대략 100℃에서 진행된다는 것을 알 수 있습니다. 물론 조건에 따라 이 온도가 약간씩 달라지기는 하지만 말입니다(68쪽, 263쪽, 266쪽을 보세요).

그런데 이보다 낮은 온도에서 조리해야 가장 적당한 요리들도 있습니다. 그러면 얼마나 낮아야 할까요? 음식에 따라 다릅니다. 우리가 지켜야 할 하한선이 있다면 대부분의 박테리아를 죽이는 데 필요한 온도인데 그것은 약 82℃입니다. 여기서 문제는 어떻게 하면 이러한 온도를 필요할 때 정확히 맞출 수 있는가 하는 것입니다. 100℃에서는 거품이 나는 게 좋은 증거가 되지만 낮은 온도에서는 그렇지 못합니다. 그렇다고 해서 요리할 때마다 냄비에 온도계를 넣어볼 수도 없는 노릇 아닙니까? 요리책을 쓰는 사람들은 비등점보다 낮은 온도에서 요리를 해야 할 경우 '살짝 끓인다', '아주 살짝 끓인다', '데친다', '약한 불에서 삶는다' 등의 표현을 씁니다. 그게 뭐냐고 물으면 온갖 제스처를 써가며 무슨 뜻이라고 설명을 하려고 하지만 결국 제대로 설명하지 못합니다. 요리 관련 전문서적을 들춰보면 앞서 말한 '살짝 끓이기(to simmer)' 가 57℃부터 시작한다고 되어 있습니다(주의! 위험한 살모넬라균은 60~65℃ 정도가 되지 않으면 죽지 않습니다). 그러니까 살짝 끓이기는 57℃에서 99℃ 사이라면 어떤 온도에서도 가능하다는 얘기입니다.

그러나 '살짝 끓이기'의 표준 온도를 결정한다는 것은 어리석은 짓입니다. 왜냐하면 같은 냄비 안에서도 한 지점과 다른 지점 사이의 온도가 크게 다를 수 있고 요리가 진행되는 매순간마다 온도가 달라질 수 있기 때문입니다. 음식의 온도에 영향을 미치는 요소로는 냄비의 크기, 형태, 두께 등이 있고 냄비가 무엇으로 만들어져 있는가, 뚜껑은 덮여 있는가, 덮여 있다면 얼마나 꽉 덮여 있는가, 불꽃은 일정한가, 냄비 바닥과 불꽃은 어떤 식으로 접촉하고 있는가, 냄비 속의 음식과 물의 양은 얼마나 되는가, 그리고 음식의 종류는 무엇인가 등도 중요한 요소입니다.

살짝 끓이기를 제대로 하는 방법은 한 가지뿐입니다. 온도에 대해서는 생각하지 말고 냄비에서 진행되는 일에만 신경을 쓰는 것입니다. 냄비, 뚜껑, 불을 잘 맞춰서 거품이 '가끔씩만' 올라오도록 합니다. 이렇게 되면 냄비 안의 '평균 온도'가 끓기 직전의 상태가 되는데 우리가 원하는 것은 바로 이것입니다. 가끔 여기저기 뜨거운 부분이 생겨서 거품을 위로 올려보내는데 이걸 보면 냄비가 너무 식지 않았다는 것을 알 수 있습니다. 물이 팔팔 끓을 때는 거의 모든 거품이 위로 올라옵니다. 온도가 비등점보다 낮을 때는 바닥에서 거품이 만들어져도 꼭대기에 도달하기 전에 다시 흡수됩니다. 이것이 바로 살짝 끓이기에서 일어나는 현상입니다.

그러면 포칭(poaching)과 코들링(coddling)은 어떨까요? 포칭은 살짝 끓이기와 같은 뜻인데 생선이나 달걀을 요리할 때 쓰는 용어입니다. 코들링은 재료(보통 달걀)를 물 속에 넣고 비등점까지 끓였다가 불을 끄는 것입니다. 물이 식어감에 따라 온도가 천천히 내려가서 결국 전체적인 평균 온도는 중간 정도의 아주 부드러운 것이 됩니다. 그 결과 부드럽게 반숙된 달걀 요리가 나오는 것입니다.

캔디를 만들 때 일어나는 일

설탕 시럽은 끓일수록 뜨거워지는데 맹물은 안 그렇죠? 그런가요?

캔디를 만드는 사람이 할 법한 질문입니다.

캔디 조리법을 보면 설탕 시럽을 적당한 온도에 이를 때까지 계속 끓이라고 되어 있습니다. 말랑말랑한 단계까지만 가려면 114℃면 되고, 딱딱한 사탕을 만들려면 152℃까지 끓이라는 등의 지시사항이 있습니다(물론 이 온도는 요리책마다 조금씩 다를 수 있습니다). 어쨌든 끓이는 시간이 길수록 시럽은 더욱 걸쭉해지고 온도도 올라갑니다. 그러나 순수한 물은 아무리 끓여도 일정 온도 이상으로 뜨거워지지 않습니다(65쪽을 보세요).

그러니까 부글거리며 끓는 설탕 시럽에서 일어나는 일은 맹물이 끓을 때 일어나는 일과 매우 다릅니다.

무엇인가가(거의 모든 것이 그렇지만) 물 속에 녹아 들어가면 물의 비등점이 올라갑니다. 설탕도 예외는 아닙니다. 그러므로 설탕물은 맹물보다 높은 온도에서 끓습니다. 설탕의 농도가 높을수록, 달리 말하면 녹아 있는 물질의 양이 많을수록 비등점은 높아집니다(68쪽을 보세요).

예를 들어 설탕 두 컵을 물 한 컵에 녹인 용액은(얼마든지 이렇게 녹일 수 있습니다. 102쪽을 보세요) 103℃가 되어야 끓습니다. 그러나 계속 끓임에 따라 물 분자는 수증기 형태로 날아가버리고 설탕물은 더욱 진해집니다. 그래서 물에 대한 설탕의 비율이 더욱 높아집니다. 농도가 짙어질수록 비등점은 올라가기 때문에 오래 끓일수록 설탕물은 뜨거워지는 것입니다. 이것 때문에 캔디의 조리법은 온도를 보고 설탕 시럽이 얼마나 졸았는가를 알 수 있고 따라서 식은 다음에 그것이 단단할까 끈적끈적할까를 예측할 수 있습니다.

설탕 시럽을 아주 오래 끓이면 물은 모두 증발해 버리고 냄비에는 녹은 설탕만이 남습니다. 이때의 온도는 185℃쯤 됩니다. 이렇게 되면 '캐러멜화'가 시작되는데, 이것은 설탕의 분자가 파괴되어 여러 가지 화학물질의 집합체로 변하는 현상을 점잖게 일컫는 말입니다. 캐러멜의 화학 조성은 으스스하지만 맛은 그런대로 괜찮습니다. 색이 밝은 밤색으로 변하는 것은 설탕 속의 탄소 입자가 여러 개 뭉쳐서 더 커졌기 때문입니다. 탄소는 설탕 입자가 분해되어 만들어진 결과입니다. 여기서 더 끓이면 아직 달콤하긴 하지만 결코 먹을 수 없는 시커먼 덩어리, 간단히 말해서 숯이 남습니다.

달걀과 감자의 불협화음

달걀은 오래 익힐수록 단단해집니다. 반면 감자는 오래 익힐수록 부드러워집니다. 왜 똑같이 열을 가했는데 이렇게 다른 결과가 나올까요?

간단히 말하면, 단백질은 가열하면 단단해지고 탄수화물은 연해집니다. 일단 고기는 생각하지 말기로 합시다. 어떤 고깃덩어리가 질긴가 연한가는 그 동물의 근육 조직(78쪽을 보세요), 고기를 떼어낸 부위, 조리 방법에 따라 매우 복잡하게 달라지기 때문입니다. 예를 들어 고기는 조리 과정 중에 처음에 연해졌다가 뒤에 가서 질겨질 수도 있습니다. 그러나 달걀과 감자는 단백질과 탄수화물에 대한 열의 작용만 가지고도 완전히 설명해낼 수가 있습니다.

우선 달걀부터 살펴봅시다. 달걀은 그 역할이 특이한 것만큼이나 성분이 특이합니다. 달걀껍질을 빼고 물을 빼고 나면 남는 것의 반은 단백질이고 반은 지방입니다. 탄수화물은 거의 없습니다. 수분을 제거한 노른자의 70%는 지방이고 수분을 제거한 흰자의 85%는 단백질입니다. 열은 지방의 모습에 크게 영향을 미치지 않습니다. 그러니까 달걀 흰자에 들어 있는 단백질에 초점을 맞추도록 합시다. 우선 단백질 분자가 어떻게 행동하는가를 보지 않으면 답을 얻어낼 수 없다는 것을 아시죠?

알부멘 속에 들어 있는 알부민(말장난을 하는 것이 아닙니다. 달걀 흰자는 알부멘이라 불리며 여기 들어 있는 단백질은 알부민이라고 불립니다)은 긴 끈 모양의 분자로서 느슨한 털실 뭉치처럼 돌돌 말려서 덩어리를 형성하고 있습니다. 가열하면 이 실뭉치들은 일부가 풀어져서 여기저기서 서로 들러붙습니다. 마치 벌레를 여러 마리 용접해서 깡통 속에 넣어놓은 것처럼 볼품없게 뒤엉킨 모습이 되는 것입니다. 전문용어로 말하면 이 분자들은 교차 연결이 되어 있는 것입니다.

어떤 물질의 분자가 엉성한 공 모양에서 서로 뒤엉켜 용접된 모양으로 바뀐다면 이 물질은 당연히 액체로서의 성질을 잃을 것입니다. 그리고 빛조차도 통과할 수 없기 때문에 불투명해지겠지요.

액체인 달걀 흰자는 65℃ 이상으로 가열하면 희고 단단하고 불투명한 젤 상태로 응고됩니다. 가열하는 시간이 길어지고 온도가 높아질수록 이 분자들은 서로에게 더 강하게 엉겨 붙습니다. 그러므로 달걀을 오래 익힐수록 흰자는 굳어집니다. 그러니까 끓이는 시간에 따라 아주 무른 반숙에서부터 중간 정도의 반숙을 거쳐 단단한 완숙에 이르기까지 여러 단계를 거쳐 변합니다. 온도가 높으면 또한 수분이 마르기 때문에 더욱 단단해집니다.

　노른자에서도 단백질은 흰자에서와 마찬가지 방법으로 응고하지만 좀더 높은 온도가 필요합니다. 그리고 노른자에 많이 들어 있는 지방이 단백질 덩어리 사이에서 윤활유 역할을 하기 때문에 흰자에서처럼 결합이 튼튼하지 못합니다. 그래서 아무리 오래 끓여도 노른자는 흰자만큼 굳어지지 않는 것입니다.

　탄수화물을 많이 포함하고 있는 감자 같은 식품에 대해 알아봅시다. 전분과 당분은 쉽게 익습니다. 이들은 더운물에도 잘 녹아 조리 과정에 가속이 붙게 됩니다. 감자를 삶을 때 전분의 일부는 수증기 속으로 녹아 들어갑니다.

　그러나 매우 질기고 물에 녹지 않는 탄수화물 한 가지가 있습니다. 그것은 우리가 먹는 모든 과일과 채소에 들어 있는 셀룰로우즈입니다. 식물의 세포벽은 펙틴과 몇 가지 수용성 탄수화물을 접착제로 하여 연결된 셀룰로우즈 섬유로 만들어져 있습니다. 감자, 양배추, 당근, 셀러리 같은 채소가 그렇게 단단하고 바삭바삭한 것은 바로 이런 구조 때문입니다. 그러나 이 뻣뻣한 친구들도 가열을 하면 금방 풀이 죽어버립니다. 펙틴 접착제가 더운물에 녹아버려서 견고하던 셀룰로우즈 구조는 와해됩니다. 그래서 익힌 채소는 날채소보다 부드러운 것입니다.

생선의 흰살

왜 대부분의 고기는 붉은데 생선의 살만 흰색일까요? 물고기도 피가 있지 않나요? 그리고 생선은 왜 다른 고기보다 그렇게 빨리 익을까요?

네, 생선살은 부드럽습니다. 그렇다고 물고기가 평생 식초에 몸을 담그고 지내는 것은 아닙니다. 생선의 살은 땅을 걷거나 기고 하늘을 나는 동물의 살과는 근본적으로 다릅니다. 여기에는 몇 가지 이유가 있습니다.

우선, 물 속을 헤엄치는 데는 튼튼한 근육질의 몸이 필요하지 않습니다. 초원을 달리거나 공중에서 날갯짓을 하는 것과 비교하면 그렇다는 얘깁니다. 그러므로 물고기의 근육은 다른 동물의 근육처럼 그렇게 잘 발달되어 있지 못합니다. 예를 들어 코끼리는 지구의 인력을 이기고 움직이는 데만도 엄청난 힘을 쏟아야 하기 때문에 근육이 아주 잘 발달되어 있고 따라서 단단합니다. 그러니까 여러분도 이제는 아시겠지만, 코끼리 고기는 약한 불에 오래 끓여야 부드러워집니다.

그러나 더욱 중요한 것은 물고기의 근섬유가 대부분 육상 동물의 근섬유와는 완전히 다르다는 사실입니다. 적으로부터 재빨리 도망치기 위해 물고기는 순발력이 있어야 합니다. 반면, 육상 동물은 오래달리기에 필요한 지구력을 갖춰야 합니다. 그러므로 물고기의 근육은 대부분 빨리 수축하는 섬유로 되어 있습니다(근육은 일반적으로 근섬유가 모여서 된 것입니다). 빨리 수축하는 섬유는 육상 동물의 길고 느리게 수축하는 섬유와는 달리 짧고 가늘어서 끊어지기가 쉽습니다. 달리 말하면 씹기 좋다는 뜻이죠. 이 섬유는 또한 조리시의 열에 의해서 화학적으로 분해되기도 쉽습니다. 물고기는 회를 쳐서 먹어도 좋을 만큼 부드럽지만 쇠고기로 육회를 만들려면 가늘게 썰어야 합니다.

또 한 가지 중요한 이유는 육상 동물과 달리, 거의 중력이 없는 환경에서 산다는 것입니다(239쪽을 보세요). 그래서 물고기들은 연골, 힘줄, 인대처럼 신체 여러 부분을 지탱하고 또 이들을 골격과 연결

시켜주는 연결조직이 거의 필요없습니다. 그러므로 생선살은 거의 순수한 근육이며, 오래 익혀야 연하게 되는 질긴 조직이 없는 것입니다.

이러한 이유 때문에 생선의 살은 그렇게 부드러운 것입니다. 그러므로 생선을 요리할 때 주의할 점은 지나치게 익히지 않는 것입니다. 그러니까 단백질이 엉겨서 불투명하게 될 때까지만 익히는 것인데 이것은 달걀을 익힐 때와 비슷합니다(75쪽을 보세요). 생선도 달걀도 너무 오래 익히면 건조하고 딱딱해집니다.

그러면 생선의 살은 왜 흰색일까요? 우선 물고기는 피가 별로 많지 않습니다. 그리고 그 얼마 안 되는 피도 주로 아가미 근처에 몰려 있습니다. 그러나 물고기든 육상 동물의 고기든 우리 식탁에 오를 때쯤이면 피는 거의 빠져나간 다음입니다. 생선의 살이 흰색인 것은 물고기의 근육 활동이 육상 동물과 다르기 때문입니다. 빨리 수축하는 근섬유는 잠깐씩만 쓰이기 때문에 지구력을 위해 산소를 많이 저장해둘 필요가 없습니다. 육상 동물의 근섬유는 지구력을 위한 산소를 많이 저장해야 하는데 이 산소는 미오글로빈이라는 형태로 저장됩니다. 미오글로빈은 붉은색의 화합물로서 공기나 열에 노출되면 밤색으로 변합니다. 고기가 붉은 것은 피 때문이 아니라 실은 이 미오글로빈 때문입니다(164쪽을 보세요).

버터의 연기

버터를 프라이팬에 놓고 녹이면 어떻게 되죠? 그리고 찌꺼기는 왜 걷어내야 하나요?

그것은 순수한 지방산만을 남기고 나머지를 모두 제거하기 위해 서입니다.

어떤 사람들은 버터가 죄악으로 둘러싸인 지방 덩어리라고 생각 합니다. 그러나 죄악이든 아니든 버터가 지방으로만 되어 있는 것 은 아닙니다. 버터는 유탁액이 고체화된 것으로 크게 세 가지 성분 으로 되어 있습니다. 고체화된 유탁액이란 기름과 물 성분이 안정 되게 혼합된 속에 몇 가지 고체 성분이 들어 있는 것을 말합니다. 버 터를 녹여서 찌꺼기를 걷어낸다는 것은 지방만 따로 분리하고 나머 지는 모두 버린다는 뜻입니다. 이렇게 하는 이유는 버터의 기름으 로 음식물을 튀길 때 높은 온도에서도 타거나 연기가 나지 않게 하 기 위해서입니다. 버터 속의 수분은 조리 온도를 끌어내리며 고체 성분은 타면서 연기를 냅니다.

프라이팬에 버터를 넣고 데우면 121°C쯤에서 연기가 나기 시작하 며 버터 안의 고체 단백질은 타서 밤색이 되기 시작합니다. 이것을 막으려면 연기 나는 온도가 더 높은 식용유를 팬에 부어 버터를 '보 호'하면 됩니다. 더 좋은 방법은 지방 이외의 성분을 모두 제거한 버터를 쓰는 것입니다. 이렇게 만들어진 버터 오일은 177°C까지 연 기가 나지 않으며 고체 성분이 없기 때문에 까맣게 타는 일도 없습 니다. 한 가지 문제는 버터의 맛과 향기가 주로 카세인을 위시한 고 체 단백질에서 나오는데 이것까지 버려야 한다는 사실입니다.

직접 해보세요

버터에서 지방만을 뽑으려면 열을 가능한 한 낮춰서 최대한 천천히 녹이면 됩니 다. 버터는 쉽게 타버린다는 것을 잊지 마세요. 지방, 수분, 고체 성분은 3개의 층으로 분리됩니다. 맨 위에는 카세인층, 중간에 지방층, 바닥에는 수분을 포함한 우유 속의 고형 성분(유장(乳漿))이 자리잡습니다. 맨 위의 찌꺼기를 걷어내고 녹은 지방층을 다른 그릇에 따르시고, 맛있는 카세인층을 버리기가 아까우면 보관해 두었다가 야채 드레싱으로 쓰세요.

이렇게 버터에서 지방을 분리하는 데는 또 하나의 이유가 있습니다. 박테리아는 카세인과 유장에서는 번식하지만 순수한 기름에서는 그렇지 않습니다. 그러므로 버터 오일은 보통 버터보다 더 오래 보존할 수 있습니다. 인도에서는 이렇게 지방만을 순수하게 분리한 버터를 '기(ghee)'라고 부르는데 이것은 냉장고에 넣지 않고도 오래 보존할 수가 있습니다. 그러나 이것도 오래 지나면 냄새가 나는데 그것은 공기가 불포화지방산을 산화시켜버리기 때문입니다. 이때 나는 시큼한 냄새는 세균 번식 때문이 아닙니다. 티베트 사람들은 야크 버터에서 지방을 분리한 후 일부러 시큼하게 만들어 먹습니다.

누가 물어보지는 않았지만……

레스토랑에서 바닷가재 같은 해산물과 함께 나오는 '드론 버터(drawn butter)'는 어떤 것인가요?

이것은 녹은 버터일 뿐입니다. 이 버터는 천천히 녹여서 기름만 따라내는 지방 분리 작업을 거쳤을 수도 있고 아닐 수도 있습니다. 어쩌면 마가린일 수도 있습니다. 가끔 걸쭉하게 만들어서 양념을 쳐놓기도 하죠.

'드론'이란 무엇일까요? 어떤 의미에서 고체인 버터를 액체로 바꾸는 것을 '드로잉'이라고 부를 수 있습니다. 그리고 메뉴에 '드론 버터'라고 써놓으면 왠지 멋있게 보입니다.

베이킹 소다와 베이킹 파우더

찬장을 열어보면 하얀 가루가 두 가지 있습니다. 베이킹 소다하고 베이킹 파우더 인데 이들이 서로 다른 것은 분명합니다. 그런데 이것들은 각각 어떤 성분이며 하는 일은 어떻게 다를까요?

간단히 말하면 이렇습니다. 베이킹 소다는 순수한 한 가지 물질인 반면, 베이킹 파우더는 베이킹 소다에 한 가지를 더 섞어놓은 것입 니다.

(굳이 화학 성분을 이야기하자면 베이킹 소다는 탄산나트륨이고 베 이킹 파우더는 탄산나트륨에 한두 가지 산을 더한 것입니다. 이 산은 타르타르산, 타르타르산수화칼륨, 또는 인산사수화칼슘이고 이 베이킹 파우더가 2단계로 작용할 경우 황산나트륨알루미늄이 첨가됩니다.)

음식물에 웬 화학물질이 이렇게 많이 들어가냐구요? 모든 단백 질, 탄수화물, 지방, 비타민, 미네랄의 화학방정식을 여러분이 아신 다면 더 이상 밥을 먹고 싶지 않을지도 모릅니다. 화학물질은 카우 보이 같은 것입니다. 검은 모자를 쓴 악당과 흰 모자를 쓴 우리 편이 있습니다. 그래서 현명하게 선택을 해야 합니다.

아무리 철저한 자연식품 애호가라 할지라도 베이킹 파우더에 들 어 있는 화학물질에 대해 비난하지는 않습니다. 위에 말한 화학물 질의 이름을 보면 나트륨, 칼륨, 칼슘, 인, 황, 알루미늄 등이 눈에 띕니다. 이들은 인체에 무해할 뿐만 아니라 알루미늄을 제외하면 생존에 반드시 필요한 것들입니다. 그리고 이들 화학물질에 들어 있는 탄소, 산소, 수소 원자들은 열을 가하면 무해한 이산화탄소와 물로 변합니다.

여기서 가장 중요한 것은 탄산나트륨에 들어 있는 탄산염입니다. 탄산염은 열을 가하거나 산과 반응하면 이산화탄소로 변합니다. 이런 이유 때문에 우리는 요리를 할 때 탄산염을 쓰는 것입니다. 탄산염을 넣고 구우면 탄산가스가 발생해 음식(예를 들어 빵)이 부풀어 오릅니다. 이것을 영어로 'leaven'이라고 하는데 어원은 라틴어의 'levere'로 '가볍게 하다' 또는 '일으키다'라는 뜻입니다.

베이킹 소다는 반죽 안에 무수한 이산화탄소 방울을 만들어내서 빵을 부풀립니다. 방울을 둘러싼 반죽이 열에 의해 굳어지면서 방울은 빵 속에 갇힙니다. 그 결과 그저 딱딱하게 굳은 반죽 덩어리가 아니라 가볍고 스펀지 같은 케이크나 비스킷이 오븐에서 나오는 것입니다.

순수한 탄산나트륨인 베이킹 소다는 주변에 산성물질이 있으면 어떤 것이든 반응해서 이산화탄소를 만들어냅니다. 여기서 산은 식초, 요구르트, 전지 우유 등입니다. 산이 없는 상태에서 베이킹 소다에서 이산화탄소를 얻어내려면 270℃까지 가열해야만 합니다. 반면

에 산과 만나는 즉시 반응을 시작합니다. 전지 우유로 만든 팬케이크 반죽에 베이킹 소다를 섞으면 오븐에 넣기도 전에 거품이 생기는 것을 볼 수 있습니다.

직접 해보세요

컵에 탄산나트륨을 넣고 식초를 약간 부어보세요. 이산화탄소 거품이 엄청나게 일어납니다. 식초는 아세트산을 물에 녹인 것입니다.

　베이킹 파우더는 베이킹 소다에 건조 상태의 산을 이미 섞은 것이기 때문에 별도의 산성물질이 필요없습니다. 베이킹 파우더를 적셔주기만 하면 이 두 가지 화학물질은 녹아서 서로 반응하여 이산화탄소를 만들어냅니다.

　베이킹 파우더에 들어가는 산에는 여러 가지가 있습니다. 인산사수화칼슘(라벨에는 보통 인산칼슘이라고 쓰여 있습니다), 타르타르산수화칼슘(타르타르 크림) 같은 것들이 가장 흔히 쓰입니다. 이러한 성분이 용기 안에서 화학반응을 일으켜 못 쓰게 되는 것을 막기 위해 이들은 항상 대량의 전분과 섞여 있습니다. 그래서 전분이 이들을 서로 떼어놓아 반응을 못하게 하는 것이죠. 그리고 뚜껑을 꼭 닫아서 대기 중의 수증기와 반응하는 것도 철저히 막아야 합니다.

직접 해보세요

베이킹 파우더에 물을 조금 부으면 이산화탄소 거품이 마구 일어납니다. 거품이 일어나지 않으면 이 베이킹 파우더는 오랫동안 수분을 흡수해서 못 쓰게 된 것입니다. 버리고 새것을 사세요.

우리는 베이킹 파우더가 반죽과 섞이는 동시에 이산화탄소 거품을 다 내놓기를 바라지는 않습니다. 오히려 필요한 것은 반죽이 어느 정도 굳어진 다음에 이산화탄소가 발생해서 반죽 안에 갇히는 것입니다. 그래서 우리는 베이킹 파우더가 '2단계'로 작용하도록 만듭니다. 그러니까 섞일 때 약간의 기체를 내놓고 나머지는 오븐에서 온도가 충분히 올라간 다음에 내놓는 것입니다. 2단계 베이킹 파우더(요즘 나오는 제품은 거의 모두 2단계입니다)는 고온에서 작용하는 산인 황산나트륨알루미늄을 포함하고 있습니다.

빵을 굽는 것은 매우 복잡한 일입니다. 단순한 부풀리기보다 훨씬 많은 화학반응이 일어납니다. 경험을 통해 우리는 조리법마다 그에 적합한 부풀리기 물질이 있다는 것을 알았습니다. 팬케이크, 비스킷을 비롯해서 헤아릴 수 없이 많은 빵과 케이크에 각각 적합한 물질이 있습니다. 그리고 수많은 시행착오를 거치면서 우리는 거품이 가장 효과적으로 방출되는 시간과 온도를 알아냈습니다. 그러니까 요리책에 지시된 조리법을 마음대로 바꾸지 마세요. 부풀지 않은 팬케이크를 좋아하는 사람은 아무도 없으니까요.

녹는 것과 안 녹는 것

설탕은 녹는데 소금은 왜 녹지 않을까요?

소금이 녹지 않는다니요? 고체는 무엇이든 온도만 충분히 높여주면 녹습니다. 용암은 녹은 바위 아닙니까? 소금을 녹이려면 온도만

801℃까지 올려주면 됩니다. 이렇게 한다면 오븐이 시뻘겋게 달아 부엌 전체가 아름다운 붉은색으로 빛날 것입니다. 오븐은 1,480℃까지 녹지 않습니다.

물론 위의 질문에 담긴 뜻은 설탕이 소금보다 훨씬 쉽게, 그러니까 더 낮은 온도에서 녹는다는 것이겠죠. 설탕은 185℃면 녹습니다. 그런데 왜 그럴까요? 둘 다 하얀 입자로 되어 있고 어느 집 찬장에서든 흔히 찾아볼 수 있다는 공통점을 갖는데 왜 이렇게 다를까요? 물론 이들은 각각 순수한 물질로 되어 있고 겉모습도 비슷하지만 계통은 아주 다릅니다.

현재 알려진 화합물의 수는 1,100만 개이며 각각 저마다의 특징을 갖고 있습니다. 완전히 미쳐버리기 전에 이 엄청나게 다양한 물질의 세계에서 질서를 세우기 위해 화학자들은 일단 이들을 크게 두 부류로 나누었습니다. 유기물과 무기물이 그것입니다.

유기물은 탄소를 포함하는 물질입니다. 유기물은 주로 생물체 안에 들어 있으며 과거에 생물이었던 것(석탄과 석유)에도 들어 있습니다.

무기화합물은 말하자면 유기화합물이 아닌 모든 것입니다. 대부분의 식품, 약품, 그리고 설탕을 위시한 일상생활의 물질들은 유기물이고 모든 바위, 소금을 위시한 각종 미네랄은 무기물입니다.

유기물 전체에 작용하는 물리적 특성과 무기물 전체에 작용하는 물리적 특성이 있다고 한다면 이런 것입니다. 유기물은 일반적으로 부드럽고 무기물은 단단합니다. 그 이유는 유기물을 만드는 분자들은 전기적으로 중성인 원자들의 모임인 반면, 무기물 분자들은 대개 이온, 즉 전기를 띤 원자의 집단으로 이루어져 있기 때문입니다. 서로 반대 전기를 띤 입자들끼리 잡아당기는 힘은 전기적으로 중성인 분자들이 서로 끄는 힘보다 더 강합니다. 2배에서 최고 20배까지 강합니다. 그러므로 무기물은 깨뜨리기(입자들을 서로 떼어놓기)가 더 힘듭니다. 나무를 베는 것보다 돌을 깨뜨리는 것이 훨씬 더 힘들다는 것을 아실 것입니다.

물질이 녹을 때는 어떤 일이 일어날까요? 이것도 결국 입자들을 떼어놓는 과정입니다. 분자들은 열 때문에 움직임이 활발해져서 상호간의 결합을 끊고 이웃한 분자 위로, 옆으로 흐르기 시작합니다. 액체 상태가 되는 것이죠. 당연한 얘기지만 무기물보다 결합이 느슨한 유기물 분자들은 더 낮은 온도에서 액체가 됩니다. 상호간의 결합을 끊기 위해 심하게 닦달할 필요가 없기 때문입니다. 그래서 일반적으로 유기물은 무기물보다 낮은 온도에서 녹습니다.

설탕(자당)은 중성의 분자들로 이루어진 전형적인 유기화합물입니다. 소금(염화나트륨)은 나트륨 이온과 염소 이온으로 된 전형적인 무기화합물입니다. 그러므로 설탕이 소금보다 훨씬 쉽게 녹는 것은 놀랄 일이 아닙니다.

다른 모든 것들과 마찬가지로 여기서도 모든 것은 분자입니다.

누가 물어보지는 않았지만……

순물질이 저마다 녹는점이 다르다면 액체에서 고체로 되는 점도 다 다른가요?

그렇습니다. 사실 두 가지의 온도는 같습니다. 고체화가 되는 과정을 우리는 '결빙'이라고도 부릅니다. 물이 0℃에서 '결빙'한다는 것은 0℃에서 '용융'한다는 것과 같은 말입니다. 이렇게 어는점과 녹는점이 똑같은 이유는 이리저리 돌아다니는 액체 분자가 갖고 있는 에너지가 일정한 값까지 떨어져야 하기 때문입니다. 그래야 어떤 자리에 고정되어 단단한 결정을 형성할 수 있습니다. 반면에 이 결합을 끊고 다시 자유로이 헤엄쳐 다닐 수 있으려면 아까 잃었던 양만큼의 에너지를 도로 찾아와야 합니다.

그러므로 결빙과 용융 사이를 왔다갔다할 때는 일정한 양의 에너지가 반드시 출입을 하게 됩니다. 순수한 물의 경우 이 값은 1g당 80cal입니다. 그러니까 1g의 얼음을 녹이려면 80cal의 열을 투입해야 합니다. 반대로 물 1g을 얼리려면 80cal의 에너지를 빼앗아와야 합니다.

화학자들은 이 두 가지를 '녹을 때의 열'과 '얼 때의 열'로 구별하지 않고 그냥 '융해열'이라고 부릅니다. 그런데 더욱 골치 아픈 것은, 실온에서 액체인 물질을 고체로 만들기 위해 온도를 내릴 때 고체로 변하는 점을 어는점이라고 부르는 반면, 그것을 액체로 만들기 위해 가열할 때 녹기 시작하는 점을 녹는점이라고 부릅니다. 과학자들과 한 번 따져보세요.

전자레인지의 비밀

전자레인지가 윙윙거리며 돌아갈 때 어떤 일이 일어나나요? 전자레인지는 정말로 음식을 속부터 익히기 시작하나요? 어떤 요리책에 보면 전자레인지는 음식의 분자들을 서로 마찰시켜 그 열로 익힌다고 하는데, 사실인가요? 요리책이 과연 훌륭한 과학 교과서인지 아닌지 모르겠군요.

의심을 품는 것은 당연합니다. 두 가지 다 틀렸으니까요.

우선 마찰이란 무엇인가요? 2개의 물체를 서로 문지르면 이 물체들은 자기들에게 가해지는 힘에 저항합니다. 이것을 이기기 위해 우리는 근육의 힘을 쓰는 것이고 이 힘의 일부가 열로 바뀌는 것이죠. 열은 무엇일까요? 분자의 운동에 불과합니다. 전자레인지가 하는 일은 어떤 분자들을 움직이게 하는 것이고 일단 운동을 시작하면 뜨거워집니다. 그게 전부죠. 마찰을 일으키는 것이 아닙니다. 도대체 분자에게 있어서 '문지르기' 란 어떤 것일까요? 무엇으로 분자를 문지를 수 있을까요? 원자 하나로? 아니면 작대기로?

속부터 익힌다구요? 얼마든지 가능하죠. 고기 150kg 정도를 갈아서 커다란 덩어리로 만들고 가운데를 파낸 뒤 그 안에 전자레인지를 집어넣습니다. 그리고 걸레 자루를 이용해서 스위치를 눌러 레인지를 켭니다. 전자레인지를 이용해서 음식을 속부터 익히는 방법은 이것뿐입니다.

보통의 오븐(전자레인지가 아닌)에서 열은 당연히 음식의 표면으로부터 안쪽을 향해 들어갑니다. 그래서 스테이크를 썰어서 보면 한가운데가 불그스름한 것입니다. 여기서 열은 전도에 의해서 이동해야 합니다. 전도는, 뜨겁고 빨리 움직이는 분자가 느린 분자와 계속 충돌해서 일어나는 과정인데 속도가 상당히 느립니다. 그리고 고기와 감자는 열전도성이 상당히 떨어지는 물질입니다.

전자레인지에서 쓰이는 마이크로웨이브도 밖에서부터 파고 들어가지만 속까지 즉시 침투한다는 점이 다릅니다. 마이크로웨이브는 '전자파'로서 여러 가지 파장의 빛이나 전파와 본질적으로 같은 것입니다(277쪽을 보세요). 그러니까 주파수가 매우 높은 전파에 불과합니다. 1초에 20억 번 진동하므로 2,000메가헤르츠가 되는데 이것은 FM라디오 전파의 20배쯤 되는 주파수입니다.

마이크로웨이브는 대부분의 물질을 그냥 통과하지만 마이크로웨이브 주파수의 에너지를 잘 흡수하는 물질을 만나면 흡수됩니다. 이렇게 일단 흡수가 되면 음식의 몇 센티미터 깊이까지 파고 들어가는데 그 과정에서 여기에 반응하는 물질을 모두 가열하고 익히는 것입니다. 그러니까 마이크로웨이브의 에너지를 잘 흡수하는 분자들일수록 더 쉽게 가열됩니다.

이렇게 마이크로웨이브를 흡수하는 분자들은 어떤 분자들일까요? 무엇보다도 먼저 물 분자가 있습니다. 모든 음식은 물을 포함하고 있으므로 정도의 차이는 있지만 모두가 마이크로웨이브를 흡수합니다. 물 다음으로 마이크로웨이브의 흡수성이 좋은 것이 지방이고 탄수화물과 단백질은 성능이 다소 떨어져 3위와 4위를 차지합니다. 그러므로 음식에서 수분과 지방을 많이 포함한 부분이 먼저 뜨거워집니다. 그리고 나면 전도에 의해 다른 부분도 데워집니다. 그 래서 요리책에 보면 전자레인지 조리가 끝나고 몇 분 뒤에 랩을 벗기라는 지시사항이 가끔 나오는 것입니다. 이렇게 해야 뜨거운 김과 더워진 지방의 열이 음식 전체에 골고루 퍼집니다.

그러면 왜 물과 지방은 마이크로웨이브의 에너지를 잘 흡수할까요? 이들의 분자는 '극성(極性)'을 띠고 있습니다. 전기적으로 균일하지 않다는 뜻입니다. 이런 분자 안의 전자들은 한쪽 끝에 더 오래 머물러 있습니다. 그래서 그쪽 끝은 약간의 음전하를 띠고 반대쪽 끝은 약간의 양전하(전자가 부족한 상태)를 띱니다.

이렇게 된 분자들은 2개의 극을 가진 전자석처럼 됩니다. 마이크로웨이브가 진동하면(주파수가 20억 헤르츠이므로 1초에 20억 번 전기장이 반대 극으로 변합니다) 극성을 띤 분자들도 1초에 20억 번씩 방향을 바꾸며 줄을 서야 합니다. 이렇게 되면 지나치게 활발한 분자들, 그러니까 지나치게 뜨거운 분자들이 생깁니다. 이렇게 뒤집기를 하는 과정에서 이 분자들은 극성이 있든 없든 이웃한 분자들과 부딪칩니다. 이웃들도 덩달아 뜨거워지는 것이죠.

(질소와 산소로 된) 공기 분자, 종이, 유리, 세라믹 등의 분자들과 '전자레인지에 넣어도 되는' 플라스틱의 분자들은 전기적으로 균일합니다. 극성이 없죠. 따라서 이리저리 뒤집으며 난리를 치지도 않고 마이크로웨이브의 에너지를 흡수하지도 않습니다.

금속은 전혀 다릅니다. 금속은 거울처럼 마이크로웨이브를 반사합니다(레이더파는 마이크로웨이브입니다. 비행기, 과속으로 달리는 자동차는 모두 레이더파를 반사합니다). 그래서 마이크로웨이브는 전자레인지 안에서 이리저리 퉁겨져 다니고 이 과정에서 에너지가 위험한 수준까지 축적되어 스파크가 일어나기 시작합니다. 아주 얇고 조그마한 호일 조각을 제외하면 금속은 결코 전자레인지에 들어가서는 안 됩니다.

그러면 전자레인지를 가동할 때 나는 윙윙거리는 소리는 뭐냐고
요? 마이크로웨이브를 공간 전체에 골고루 내보내기 위해 금속 팬
이 돌아가면서 내는 소리입니다.

유태인의 소금

왜 어떤 요리책에 보면 코셔 소금(코셔는 정결하다는 뜻으로, 유태 율법에 따라
깨끗하고 먹을 수 있다고 인정된 모든 식품을 말함—역주)을 쓰라고 되어 있나
요? 이것은 유태인이 아닌 이방인의 소금과 어떻게 다릅니까?

소금은 본질적으로 어떤 종파와도 관계가 없다는 사실은 굳이 지
적할 필요가 없을 것입니다. 코셔 소금은 물론 바다에서 나는 것이
고 공장에서 가공하는 과정에서 엄격한 유태 율법에 합격했다는 확
인을 받은 것이지만, 라비(유태 성직자)가 이것을 공인했다고 해서
맛이 달라지는 것은 아닙니다. 이것은 미사 중에 사제가 성체를 축
성했다고 해서 밀떡의 맛이 달라지지 않는 것과도 같습니다.

화학적으로 볼 때 코셔 소금은 다른 모든 소금과 똑같습니다. 이
것은 순수한 염화나트륨으로, 식염은 97.5% 이상의 염화나트륨을
함유해야 한다는 미국 법률에 따라 만들어졌습니다. 코셔 소금과
'세속적' 소금 사이에 어떤 차이가 있다면 코셔 소금이 좀더 입자가
굵고 얇은 판 모양으로 되어 있다는 것뿐입니다.

코셔 소금은 쇠고기나 닭고기 표면에 소금을 뿌리는 정화(淨化)

의식에 사용됩니다.

　이 소금은 제례 의식용 외에도 쓸모가 있습니다. 그것은 입자가 굵어서인데 요리책에 이 소금을 쓰라는 얘기가 나오는 것은 순전히 입자의 크기 때문입니다. 코셔 소금과 일반 소금의 맛이 다르다고 주장하는 요리 '전문가' 들은 모두 정중히 모셔다가 소금 가는 일을 시켜야 할 것입니다.

직접 해보세요

일반 식탁염 한 알갱이를 확대경으로 들여다보세요. 화학 교육을 상당히 받은 사람이 아니라면 소금 입자가 매우 규칙적이라는 데 놀랄 것입니다. 사실 소금 입자는 조그만 정육면체입니다. 물론 대부분은 다른 입자들과 이리저리 부딪치는 바람에 날카로운 모서리가 떨어져 나갔을 것입니다. 어떤 알갱이들은 워낙 시달려서 아예 공 모양 비슷하게 된 것들도 있을 겁니다. 그러나 잘 보면 이들이 당초에는 정육면체였다는 사실을 분명히 알 수 있습니다.

이렇게 정육면체가 되는 것은 소금 입자를 만드는 나트륨과 염소 원자가 기하학적으로 배열되기 때문입니다. 화학 선생이라도 반 학기 정도 걸려야 설명을 할 수 있는 복잡한 이유 때문에(설명이라는 걸 할 수 있다면) 나트륨과 염소 원자가 결합하여 염화나트륨을 만들 때는 항상 완벽한 정사각형이 생깁니다(이렇게 되는 것은 이들의 전하와 상대적 크기와 관계가 있습니다).

무수한 나트륨과 염소 원자가 서로 만나 눈에 보일 정도로 큰 3차원 소금 결정을 만들 때, 그 모습이 원자가 하나씩 모여 만든 원래 모습인 정사각형을 닮는 것은 당연합니다. 정육면체는 사실 정사각형을 3차원으로 만든 것이니까요.

보통 소금의 정육면체 알갱이는 소금통의 구멍을 통해 매끄럽게 쏟아져 나옵니다. 그런데 코셔 소금은 정화 의식에서 고기에 뿌릴 때 표면에 잘 붙어 있어야 합니다. 물론 각각의 염화나트륨 분자는 코셔 소금에서도 예외 없이 정사각형이지만 입자 전체는 좀더 불규칙한 겉모습을 하고 있습니다. 바닷물을 천천히 말려 얻은 이 소금은 파도의 꼭대기 같은 모양으로 되어 있어 고기 표면에 잘 들러붙습니다. 유태 율법에 따르면 바다에서 소금을 얻는 것이 암염으로부터 얻는 것보다 더 자연스럽다는 것입니다. 암염으로부터 소금을 얻으려면 이것을 먼저 물에 녹인 후 다시 끓여서 남은 결정을 가공해야 합니다. 대부분의 식탁염은 이렇게 만들어집니다.

직접 해보세요

코셔 소금을 확대경으로 보면 정육면체가 아닌 불규칙한 판 모양의 결정이 보일 것입니다.

요리사들도 코셔 소금을 좋아합니다. 입자가 크기 때문에 손가락으로 집어서 냄비에 던져 넣기가 쉽죠. 이렇게 하면 손끝의 감각만으로 소금의 양이 적당한지를 판단할 수 있습니다. 그러나 냄비에서 녹는 순간, 입자의 모습과 크기는 아무 의미가 없어집니다.

임금님의 소금

식품 전문지를 보면 바닷물로 만든 소금은 암염으로 만든 것보다 다음과 같은 이유에서 뛰어나다고 하더군요. 첫째, 미네랄이 풍부하고, 둘째, 정제되지 않았기 때문에 좀더 자연에 가깝고, 셋째, 맛이 싱싱하고 뚜렷하다는 것입니다. 맞는 이야기일까요?

다 거짓말입니다.

바닷물로 만든 소금이라는 표시를 붙여 슈퍼마켓과 건강식품 코너에서 파는 제품은 보통 소금보다 미네랄이 더 풍부한 것도 아니고, 정제 과정을 덜 거친 것도 아니고, 맛도 보통 소금과 다를 것이 없습니다. 그런데도 값은 4배에서 심지어 20배까지 더 비쌉니다. 그리고 이 분야를 잘 아는 사람들의 말에 의하면 원산지 표시를 할 의무가 없고 거짓말을 하는 업체들도 있기 때문에 바닷물로 만들지 않았을 가능성도 얼마든지 있습니다(코셔 소금은 라비가 직접 감시를 하기 때문에 그럴 염려는 없습니다).

자연식품 옹호자들은 계속해서 바다 소금을 선호해 왔습니다. 이 사람들은 최근에 나온 건강식품이라면 무엇이든 아무 근거도 없이 믿어버리는 것 같습니다. 그런데 몇 년 전부터 믿을 만한 요리책과 전문 잡지들까지도 근거 없는 바다 소금 예찬론에 전염이 된 모양입니다. 식품 전문가들도 이 잘못된 유행에 휩쓸릴 지경이 되었으니 이제 뭔가 대책을 세워야 되겠습니다. 이것이야말로 전형적인 '벌거벗은 임금님' 의 예입니다. 오늘날 바다 소금과 보통 소금의 차이를 모르겠다고 솔직히 말하는 것은 입맛도 둔한데다가 자연에 역행하는 사람이라고 고백하는 것과도 같습니다.

암염은 수백만 년 전 기후 변화에 의해 바다 또는 거대한 염수호가 말라붙은 뒤 남은 소금 덩이가 땅 속에 묻혀 생긴 것입니다. 그러니까 우리가 먹는 소금은 모두 바다에서 온 것입니다. 다만 옛날 바다냐 요즘 바다냐가 다를 뿐이지요. 그러면 오늘날의 바다 소금 (ocean salt)은 암염보다 더 많은 미네랄을 함유하고 있을까요? 그렇습니다. 'ocean salt' 가 바닷물에서 수분을 모두 증발시키고 남은 끈적끈적한 회색의 고체 성분을 뜻한다면 말입니다. 이 볼품없는 물건을 우리는 '해양 고형분' 이라고 부릅니다.

해양 고형분 중 소금에 해당하는 염화나트륨은 78%에 불과합니다. 나머지의 99%는 마그네슘과 칼슘 화합물입니다. 이것말고도 아주 적은 양이긴 하지만 75가지 정도의 화학원소가 포함되어 있습니다. 포도 한 알에 들어 있는 철분을 이 해양 고형분으로부터 섭취하려면 100g 이상을 먹어야 합니다. 또 포도 한 알에 들어 있는 인을 여기서 섭취하려면 900g 정도를 먹어야 합니다. 미국인들이 하루에 보통 14g 정도의 소금을 먹는다고 생각할 때 이 해양 고형분은 영양소의 측면에서 모래만한 가치도 없습니다.

그러나 슈퍼마켓에서 파는 바다 소금이 정말로 바다에서 추출한 것이라고 하더라도 거기 진열된 물건은 가공이 안 된 해양 고형분도 아닙니다. 이 제품도 암염만큼이나 철저한 정제 과정을 거칩니다. 왜냐하면 미연방 규정에 따라 모든 식탁염은 염화나트륨 함량이 97.5% 이상 되어야 하기 때문입니다. 실제로 이 값은 99% 정도가 됩니다. 한 가지 예외는 프랑스에서 수입되는 바다 소금의 한 종류인데 이것도 미네랄 함량은 해양 고형분보다 훨씬 떨어집니다.

염전에서는 태양이 바닷물 대부분을 증발시킵니다. 여기서 결정의 형태로 만들어지는 것은 '천일염'이라고 불리는데 천일염은 남아 있는 액체 성분으로부터 분리됩니다. 그런데 어떤 화합물이든 액체 속에서 고체의 결정을 만들면 그 과정에서 불순물이 거의 모두 제거됩니다. 그래서 화학자들은 어떤 물질을 정화하기 위해 일부러 결정을 만들어내기도 합니다. 따라서 거의 모든 칼슘, 마그네슘, 그리고 바다 소금 라벨에 흔히 써 있는 이른바 '희귀한 미네랄 영양소'는 결정이 형성되고 남은 찌꺼기에 있는 것입니다. 일본에서는 이 찌꺼기를 가공해서 일본 특유의 쌉쌀한 소스인 '니가리'를 만들지만 미국에서는 이것을 버리거나 아니면 화학공장에 팝니다. 화학공장에서는 남은 미네랄을 뽑아서 여러 가지 목적에 씁니다.

이야기는 여기서 끝나는 것이 아닙니다. 다음 단계로 바다 소금은 세척 과정을 거칩니다. 여기서 염화나트륨보다 물에 더 잘 녹는 염화칼슘과 염화마그네슘이 제거됩니다. 그리고 마지막으로 바다 소금 옹호자들에게 미안한 이야기를 하나 더 해야겠군요. 이렇게 만들어진 소금은 불을 땐 가마에서 건조됩니다. 이때 무엇으로 불을 땔까요? 석탄이나 석유입니다. 바다 소금 옹호자들에게는 더욱 안된 얘기이군요.

여러 과정을 거쳐 건강식품 코너 진열대에 올라앉은 제품은 당초의 해양 고형분에 들어 있던 미네랄의 10분의 1 정도를 포함하고 있을 뿐입니다. 이제 포도 한 알에 들어 있는 인을 섭취하려면 이 소금 9kg을 섭취해야 할 판입니다.

또 한 가지, 바다 소금에는 '바다의 향기'라고 불리는 요오드가 많이 포함되어 있다는 잘못된 생각이 퍼져 있습니다. 이것은 더 큰 거짓말입니다. 요오드를 많이 포함한 해초들이 있기는 하지만, 이들은 물로부터 요오드를 추출해 내어 몸에 저장하는 것입니다. 이것은 조개류가 칼슘을 뽑아내어 껍질을 만드는 것과도 같습니다. 이 해초 이야기는 너무 널리 알려져 있어서 사람들은 바닷물이 마치 거대한 요오드 냄비라도 되는 것처럼 생각합니다. 그러나 단위 무게로 따져 보면 버터같이 엉뚱한 물건도 해양 고형분의 24배에 달하는 요오드를 갖고 있습니다. 땅에서 왔든 바다에서 왔든 요오드가 들어 있다는 식탁염에는 해양 고형분의 65배에 해당하는 요오드가 포함되어 있는데 이것은 공장에서 집어넣은 것입니다.

맛이 다르다는 것도 전혀 근거가 없는 얘기입니다. 음식 전문가라는 사람들의 얘기를 들어보면 바다 소금은 보통 소금보다 맛이 더 짜고, 선명하고, 섬세하고, 쓰고 덜 화학적(맛이 '화학적'이라는 것이 무엇인지 모르겠지만)이라는 것입니다. 방금 늘어놓은 것 중에서 그나마 진실이라고 할 수 있는 것은 쓴맛과 짠맛에 관한 이야기뿐이고, 나머지는 모두 사기입니다.

해양 고형분에 들어 있는 염화마그네슘과 염화칼륨은 실제로 쓴맛이 납니다. 그래서 어떤 사람들은 슈퍼에서 산 바다 소금도 약간 쓴맛이 난다는 잘못된 상상을 하는 것입니다. 마그네슘과 칼슘 화합물은 가공 과정에서 모두 제거됩니다(한 가지 예외는 앞서 말한 프랑스산 소금입니다).

이상하게 들릴지 모르지만 여러 가지 소금의 '짠 정도'는 이야기 해볼 만합니다. 물론 종류에 관계없이 모두 순수한 염화나트륨이긴 하지만 말입니다. 왜냐하면 입자의 형태와 크기가 제품마다 다를 수 있기 때문입니다. 이 형태와 크기는 가공 과정에서 짠물(바닷물이든 암염을 녹인 물이든)로부터 어떻게 결정을 만들어내는가에 달려 있습니다. 모양은 정육면체, 피라미드형, 불규칙한 판 모양 등 다양합니다.

암염으로부터 만든 보통 소금은 작은 정육면체의 결정인데 그에 반해 많은 종류의 바다 소금(다 그런 것은 결코 아니지만)은 판 모양의 결정을 하고 있습니다(92쪽을 보세요). 납작한 판은 정육면체보다 빨리 녹기 때문에 결정 몇 알갱이를 혀끝에 올려놓으면 짠맛을 더 빨리 느낄 수도 있습니다. 납작한 바다 소금과 육면체의 결정인 암염의 맛을 시험하는 사람은 전자가 조금 더 짠 것이 결정의 모양 때문이 아니라 바다에서 왔기 때문이라고 주장할지도 모릅니다.

소금의 맛을 시험하는 것은 아무리 정성을 들여 한다 해도 무의미합니다. 왜냐하면 우리는 소금을 직접 먹는 일이 없기 때문입니다. 소금은 조리 중에, 또는 식탁에 나온 뒤에 음식에 뿌려지는 것입니다. 어떤 경우이든 소금은 식품에 닿는 순간 녹아버리고 따라서 결정의 모습으로 인한 맛의 차이는 모두 사라집니다. 스튜가 끓고 있는 냄비에 소금 한 숟가락을 넣었다고 합시다. 그러면 물 속에 완전히 녹아버린 소금의 맛을 구별하는 것이 가능할까요?

요리를 하다가 아니면 식사 중에 소금을 칠 때, 어떤 종류의 소금을 넣든 결과는 똑같습니다. 식품 전문가가 바다 소금 예찬론을 늘어놓는 것을 들으면 방금 읽은 것을 되살려보세요. 그리고 보통 소금이 바다 소금보다 훨씬 싸다는 것도 잊지 마세요.

후춧가루와 소금

어떤 레스토랑의 음식맛은 그 집의 페퍼 밀(통후추를 넣고 윗부분을 돌려 갈아서 즉석에서 후춧가루를 만들어내는 장치. 보통 방망이처럼 생겼음―역주) 크기에 반비례한다는 말을 들었습니다. 그렇다면 솔트 밀(페퍼 밀과 같은 방법으로 소금을 가는 장치―역주)은 어떤가요? 어떤 집에서는 '방금 간 소금'을 뿌리기 위해 솔트 밀을 쓴다더군요. 그게 좋은 점이 있나요?

있습니다. 솔트 밀을 만들어서 미식가인 척하는 어피들의 허영심을 자극하여 돈을 버는 사람들에게는 아주 좋지요. 그밖에 사람들에게는 사기일 뿐입니다. 후춧가루는 즉석에서 가는 것이 좋습니다. 그러나 소금은 바로 갈아봐야 아무 소용이 없습니다. 운동은 좀 되겠군요.

즉석에서 갈아낸 검은 후추나 흰 후추(같은 나무의 열매이지만 처리 과정에 따라 이렇게 불립니다)는 깡통에 든 회색의 가루 후추보다 분명히 뛰어납니다. 이것은 후추의 향기를 내는 성분이 휘발성이기 때문입니다. 말린 후추 열매를 깨뜨리면 향기의 성분이 조금씩 대기 중으로 날아가버립니다. 따라서 페퍼 밀은 부엌과 식탁의 필수품입니다. 필요할 때마다 후추의 완벽한 향을 낼 수 있으니까요.

그러나 소금의 경우는 완전히 다릅니다. 물론, 소금과 후추는 요리책에 항상 같이 등장하기 때문에 떼려야 뗄 수 없는 관계라고 생각하는 사람도 많겠지만 말입니다. 그리고 바로 이 점 때문에 솔트 밀 업자들이 우리를 속일 수 있는 것입니다. 소금은 그 자리에서 '신선하게' 갈아내건 찬장에 처박아두건 달라질 것이 없습니다. 어쨌든 우리 집 찬장에 들어오기 전에 이미 이 소금은 수백만 년간 염광에서 잠을 잤는데도 전혀 상하지 않았으니까요.

염화나트륨으로 되어 있는 소금은 물론 식물성이 아니라 광물성입니다. 사실 소금은 유일하게 '먹을 수 있는 돌'입니다. 소금은 처음부터 끝까지 나트륨 원자와 염소 원자로 되어 있고 그밖의 것은 아무것도 없습니다. 사실 소금 한 조각은 여러 가지 면에서 유리 한 조각과 비슷합니다. 깨뜨리면 여러 개의 조각으로 갈라지지만 파편들은 크기와 모습만 다를 뿐 모든 면에서 처음의 큰 조각과 똑같습니다. 안에 무언가를 품고 있다가 내보내는 것도 아니고 갈아도 달라질 것은 전혀 없습니다. 크기만 작아질 뿐이지요. 소금은 입자가 크든 작든 마음에 드는 것을 사면 되고 직접 갈 필요는 없습니다. 그리고 이런 소금은 업자들이 솔트 밀용으로 일부러 큰 덩어리로 만든 소금보다 10배 또는 20배 쌉니다.

누가 물어보지는 않았지만……

솔트셀러(saltcellar)라는 이름은 어디서 왔을까요?

이것은 saltseller를 잘못 쓴 것이 아닙니다. 물론 솔트셀러는 식탁 위에 놓인 소금 접시로, 아무나 이것을 갖다 공짜로 뿌리거나 뿌린 만큼 돈을 내는 것이라고 생각할 수도 있을 것입니다. 어쨌든 이 단어 뒷부분의 cellar는 불어의 salière를 영어식으로 바꾼 것인데 이것 자체가 '소금 접시'라는 뜻입니다. 그러나 영어밖에 못하는 사람에게 "cellar 좀 건네주세요"라고 말하면 무슨 뜻인지 몰라 멍하니 쳐다볼 것이므로 앞에 'salt'를 붙여 saltcellar라는 단어를 만든 것입니다. 물론 엄밀히 말하면 '소금 접시'가 아니고 '소금 소금 접시'가 되어버렸지만 말입니다.

물 한 컵에 설탕 두 컵 녹이기

요리책에 보면 물 한 컵에 설탕 두 컵을 녹이라고 되어 있는데, 이것이 정말 가능한가요?

한 번 해보기는 하셨습니까?

직접 해보세요

냄비에 물 한 컵을 부은 후 설탕 두 컵을 넣고(설탕 두 컵을 넣은 후 물 한 컵을 부어도 됩니다) 약한 불로 데우면서 저어보세요. 설탕이 모두 녹을 것입니다.

'블리벳(blivet)'이라는 것이 있습니다. 5파운드짜리 자루에 들어 있는 10파운드짜리 물건이라는 뜻이지요. 이것은 몇 세기에 걸쳐 어린이들을 웃겨온 이야기이지만 한 컵의 물에 설탕을 녹이는 것은 한 컵짜리 자루에 설탕 두 컵을 밀어넣는 것과는 다릅니다. 그 이유는 아주 간단합니다. 설탕 분자는 물 분자 사이의 공간으로 들어갈 수가 있기 때문에 별도로 자리를 만들어줄 필요가 없습니다.

현미경 수준에서 보면 물은 분자들이 빈틈없이 꽉 짜인 구조로 되어 있지 않습니다. 모래 한 무더기처럼 사이사이에 공간이 있지요. 그러나 물은 무질서하게 쌓인 분자의 더미라기보다는 분자의 한쪽 끝이 서로 연결되어 뒤엉킨 실타래가 약간 엉성한 격자 모양을 하고 있는 모습으로 되어 있습니다. 물에 녹은 입자들은 이 엉성한 격자 구조 여기저기에 뚫린 구멍으로 들어갈 수가 있습니다. 이것은 설탕 분자뿐만 아니라 그밖의 수많은 분자들도 마찬가지입니다. 그래서 물은 다양한 물질을 잘 녹이는 좋은 용매인 것입니다.

또 한 가지 중요한 것은 설탕 두 컵이라고 해도 실제의 양은 그보다 훨씬 적다는 사실입니다. 설탕 분자는 물 분자보다 훨씬 무겁고 부피도 크기 때문에 한 컵이라고 해도 그렇게 많지는 않습니다. 거기다가 액체인 물과는 달리 설탕은 입자로 되어 있기 때문에 컵 안에 촘촘히 들어앉을 수가 없습니다. 정말 놀라운 것은 설탕 한 컵에 들어 있는 분자 수는 물 한 컵에 든 분자 수의 25분의 1밖에 되지 않는다는 사실입니다. 그러므로 물 한 컵에 설탕 두 컵을 녹여 봐야 물 분자 12개에 설탕 분자 하나꼴이니까 별것 아니지요.

한마디로 말하면……

물 한 컵에 설탕 두 컵을 녹일 수 있는 것은 사실입니다. 그러나 실험을 해보시려면 제과점 아저씨나 바텐더 아저씨가 쓰는 설탕은 쓰지 마세요. 여기에는 전분이 들어 있어 모든 것이 달라붙습니다.

기적의 프라이팬

표면에 코팅이 된 프라이팬에는 아무것도 들러붙지 않는데 왜 그럴까요? 어떤 물질이 다른 물질을 모두 밀어낸다는 것이 이상하지 않나요? 생각해 보세요. 어떤 물질이 다른 물질에 들러붙거나 붙지 않는 이유는 무엇일까요?

손바닥도 마주쳐야 소리가 나는 것처럼 물질도 두 가지가 있어야 들러붙든 말든 하겠지요. 그러니까 '붙는' 물질과 '붙음을 당하는' 물질이 있어야 한다는 얘기입니다. 두 가지 물질의 성질을 모두 생각해 봐야 할 것입니다. 그런데 '붙음을 당하는' 물질이 무엇이든 상관없이 본질적으로 '안 붙는' 것이 존재할까요?

이 문제는 1938년 듀퐁사의 화학자인 로이 플런켓에 의해 해결되었습니다. 그는 폴리테트라플로로에틸렌이라는 물질을 개발했는데 이것은 곧 테플론이라는 이름으로 상품화되었습니다. 이제부터 이것을 PTFE라고 부르겠습니다. PTFE는 매우 쌀쌀한 화합물로 어떤 물질과도 친밀한 관계를 오래 유지하려 하지 않습니다.

이 물질은 윤활유가 필요없는 베어링 등 여러 가지 공업적 용도로 사용이 되다가 1960년대에 들어서서 프라이팬 코팅 재료로 부엌에 진출했습니다. 테플론 프라이팬은 쉽게 닦이는데 애초에 더러워지지 않기 때문입니다. 여기서는 음식이 타지 않습니다. 지방이라면 벌벌 떠는 요즘 사람들에게 테플론은 복음입니다. 기름을 아주 조금만 써도 요리를 할 수 있으니까요.

'안 붙음' 주제에 의한 변주곡들은 오늘날 여러 가지 제목으로 연주되고 있지만 그 주제는 변함없이 PTFE입니다. 또 한 가지 중요한 것은 PTFE의 코팅이 어떻게 하면 팬에 잘 들러붙게 하는가입니다. 여러분도 상상할 수 있겠지만 이것은 쉬운 일이 아닙니다.

어떤 물체가 다른 물체에 들러붙는다는 것은 무슨 뜻일까요? 둘 사이에 어떤 '당김'이 있어야 한다는 것은 분명합니다. 들러붙는 정도는 이러한 당김이 얼마나 강한가, 그리고 얼마나 지속되는가에 달려 있습니다. 접착제는 다양한 물질과 강력하고 지속적인 당김을 형성하도록 고안된 물질입니다.

어린이가 막대사탕에 매달리는 것, 그리고 달걀이 프라이팬에 들러붙는 것 같은 현상은 당기는 힘이 비교적 약한 것이며 따라서 약간의 물리적 조치로 해결을 할 수가 있습니다.

그런데 약간의 물리력을 가해도 떨어지지 않는 것은 화학적으로 해결해야 합니다. 구두에 껌이 붙었을 때 일단 큰 덩어리는 손으로 떼어내고 나머지는 페인트용 신나(광물성 용제)로 녹여서 떼면 됩니다. 그러므로 물질들이 서로 들러붙는 것은(그리고 나중에 떨어지는 것은) 주로 물리적 또는 화학적 이유 때문이라고 결론을 내릴 수 있을 것입니다.

왜 달걀은 스테인리스 스틸이나 알루미늄 프라이팬에 붙는 것일까요? 우선 금속의 표면에는 미세한 틈이 많이 벌어져 있습니다. 표면을 거울처럼 닦아놓지 않는다면 말입니다. 게다가 프라이팬을 사용함에 따라 크고 작은 홈집이 생깁니다. 굳어지는 달걀 흰자는 이러한 틈새와 홈집을 잡고 늘어집니다. 이것이 물리적으로 붙는 것입니다. 이러한 문제를 최소화하기 위해 기름을 쓰는 것입니다. 기름은 틈새를 채우고 얇은 액체의 막을 형성해서 달걀을 그 위에 띄웁니다. 기름이 아닌 다른 액체를 써도 되지만 물은 팬의 열 때문에 금방 증발해 버리므로 많이 붓지 않으면 소용이 없습니다. 이렇게 되면 달걀 프라이가 아니라 반숙이 나오겠지요.

반면에 붙지 않는 코팅의 표면은 현미경의 수준에서 볼 때 대단히 매끄럽습니다. 틈새가 전혀 없기 때문에 음식이 잡고 늘어질 데가 없는 것입니다. 물론 대부분의 플라스틱이 이러한 성질을 갖고 있지만 PTFE는 열에도 잘 견딥니다.

물리적인 붙음에 관해서는 이 정도로 족합니다. 그러나 들러붙기에서는 화학적인 이유가 더 중요합니다. 분자들은 서로 당기기를 좋아하는 경향이 있습니다. 결국 화학이란 이것을 연구하는 학문입니다. 프라이팬 표면의 원자나 분자는 음식에 있는 분자들과 일종의 결합을 이루는 경우가 있습니다. 여기서 의문은 이런 것입니다.

테플론이든 실버스톤이든 프라이팬 코팅 재료의 분자들은 어떻게 해서 거의 모든 분자들과 반응을 하지 않고 그렇게 얌전히 있는 것일까요? 답은 화합물로서 PTFE가 갖는 특이한 성질에서 찾을 수 있습니다.

PTFE는 중합체(폴리머)입니다. 중합체는 똑같은 분자가 많이 모여서 거대한 분자 덩어리를 이룬 물질입니다. PTFE의 분자는 탄소 원자와 플루오르 원자 두 가지로만 되어 있고, 플루오르 원자 4개와 탄소 원자 2개가 결합된 형태를 하고 있습니다. 이렇게 6개의 원자로 된 분자 수천 개가 한데 모여 분자 덩어리를 이룹니다. 이 덩어리는 긴 탄소 원자의 사슬에 플루오르 원자가 촘촘히 박혀 있어서 마치 지네처럼 보입니다.

여러 가지 원자 중에서도 플루오르는 일단 탄소 원자와 결합하여 안정을 찾기만 하면 다른 어떤 것과도 반응하려 하지 않습니다. 그러므로 지네의 발처럼 비죽비죽 튀어나온 플루오르 원자는 탄소 원자를 유혹하려는 모든 물질로부터 탄소 원자를 보호하는 갑옷 같은 역할을 합니다. 유혹을 하는 것이 달걀이든, 돼지고기든, 머핀이든 실패하기는 마찬가지입니다.

게다가 PTFE는 어떤 액체도 스며들지 못하게 합니다. 기름이나 물을 코팅된 프라이팬에 떨어뜨려보세요. 액체가 어떤 물질에 스며들지 못하면 어떤 화학물질이 그 액체에 녹아 있든, 그것이 얼마나 강력하든 간에 상관없이 표면에 화학변화를 일으킬 수 있을 만큼 오래 머물지 못합니다. 그래서 PTFE는 어떤 화학물질과도 반응하지 않는 것입니다.

그런데 한 가지 문제가 있지요? 그렇습니다. 그러면 도대체 어떻게 해서 PTFE는 프라이팬 표면에 붙어 있을까요? 이것은 화학적이라기보다는 물리적인 기술입니다. 팬의 표면을 아주 거칠게 해서

PTFE의 코팅이 잡고 늘어지게 하는 것이지요. 들러붙지 않는 프라이팬 메이커들 사이의 차이는 코팅 재료의 차이가 아니라 표면을 거칠게 만드는 기술의 차이입니다.

누가 물어보지는 않았지만……

음식물이 들러붙지 않게 하는 쿠킹 스프레이는 어떻게 해서 저지방 요리를 하도록 해주나요?

이 스프레이는 쿠킹오일을 알코올에 녹여서 간편한 에어로졸 깡통에 넣은 것일 뿐입니다. 그러니까 병에 든 식용유를 아무렇게나 따르기보다는 얇은 막이 한 겹 씌어질 정도로만 기름을 두르자는 말입니다. 알코올은 증발하고 기름막만 팬에 남죠. 이 기름막 덕에 붙지 않게 요리를 할 수 있고 막이 워낙 얇기 때문에 기름의 양이 적어 저칼로리 요리가 가능하다는 얘기입니다.

버터나 마가린 한 숟가락에는 11g 정도의 지방과 100Cal의 열량이 들어 있습니다. 반면에 쿠킹스프레이 라벨을 읽어보면 '한 번 뿌리는 데 2Cal 이하'라고 쓰여 있습니다. 여기서 '한 번'은 3분의 1초 정도 쏘는 것을 의미하며, 메이커에 따르면 지름 25cm 되는 프라이팬의 3분의 1 정도를 덮을 수 있는 양입니다. 그러나 여러분의 손가락이 빌리 더 키드(미국 서부시대의 유명한 총잡이. 권총을 빨리 뽑아 쏘는 것으로 유명했음—역주)처럼 훈련이 되어 있지 않아도, 그리고 프라이팬 전체를 덮을 만큼 많이 쏘아도 지방의 양은 여전히 매우 적습니다.

여러분이 신중한 타입이라면 붙지 않는 프라이팬에 이 스프레이를 조금 뿌려보세요. 뿌리지 않는 것보다 요리가 더 노릇노릇하게 잘 될 것입니다.

설탕의 보존 능력

잼에 넣은 설탕은 어떻게 과일을 상하지 않게 보존할까요? 설탕이 어떻게든 박테리아를 죽이는 것 같은데, 설탕이 살충제라고 생각해본 적은 없거든요. 그리고 설탕이 박테리아를 죽인다면 어째서 우리에겐 전혀 해가 없는 것일까요?

설탕만 특별히 보존 능력이 있는 것은 아닙니다. 딸기잼에 설탕 대신 소금을 넣어도 똑같이 오래 보존할 수 있습니다. 더 오래 가겠지요. 한 번 맛을 본 사람은 다시는 먹으려 하지 않을 테니까요. 소금은 수천 년간 생선과 고기를 보존하는 데 쓰여왔습니다. 연어를 처리해서 '그래블랙스(gravlax)'라는 것으로 만들기도 하는데 이때 쓰이는 것이 소금과 설탕의 혼합물입니다.

설탕과 소금은 미생물을 죽이거나 무력화시켜서 음식을 상하지 않게 하는 데 뛰어나지만, 그러려면 농도가 아주 짙어야 합니다. 이들을 음식물 표면에 대충 뿌려서는 효과를 기대할 수 없습니다. 그러나 설탕이나 소금의 양이 충분해서 음식 속의 물에 녹아 농도가 20~25%가 넘으면 대부분의 박테리아, 이스트, 곰팡이 등은 살아남지 못합니다. 그렇다고 해서 이들이 당뇨병이나 고혈압으로 죽는 것은 아닙니다.

설탕과 소금은 박테리아의 몸으로부터 물을 모두 빨아내서(탈수라고 합니다) 말려 죽이거나 무력화시킵니다. 물이 없으면 어떤 것도 살 수 없고 박테리아와 같은 단세포 생물도 예외는 아닙니다.

그러면 설탕물이나 소금물이 어떻게 박테리아로부터 물을 빼낼까요? 그것은 '삼투작용'에 의해서입니다.

삼투는 사실 아주 특별한 종류의 흐름 한 가지만을 말합니다. 그것은 물이 얇은 막을 통해 이쪽에서 저쪽으로 흘러가는 것이고, 삼투가 일어나려면 막을 사이에 두고 농도의 차이가 있어야 합니다. 이 막은 '반투막'이어야 합니다. 무슨 말인가 하면 물 분자는 통과시켜도 다른 분자는 통과시키지 않는 막이어야 한다는 뜻입니다. 동식물의 체내에 있는 여러 가지 기관들을 서로 분리해 주는 막도 이 반투막입니다. 우리 몸에서는 적혈구를 둘러싼 벽과 모세혈관 벽도 모두 반투막입니다.

삼투에서는 물 분자가 한쪽에서 다른 쪽으로 이동하며 반대 방향으로는 이동하지 않습니다. 어떤 의미에서 삼투막은 물 분자가 지나가는 일방 통행로입니다. 이 일방 통행로의 방향은 막 양쪽에 있는 용액의 농도에 따라 결정됩니다. 물은 농도가 낮은 쪽에서 높은 쪽으로 흐릅니다. 그러면 딸기잼 속에 숨은 못된 박테리아의 몸에서 어떻게 삼투가 일어나는지를 살펴봅시다.

박테리아는 본질적으로 반투막으로 된 세포막에 둘러싸인 작은 원형질 덩어리입니다. 박테리아 원형질은 주로 물로 되어 있고 단백질을 위시한 많은 화학물질이 녹아 있습니다. 이 물질들은 박테리아에게는 엄청나게 중요하지만 지금의 우리에게는 별 관심 대상이 아닙니다.

이제 반투막에 싸인 이 원형질 덩어리를 진한 소금물이나 설탕물에 빠뜨려봅시다. 그러면 갑자기 세포 바깥쪽의 액체 농도가 안쪽의 농도보다 높아집니다. 이것은 바깥쪽 액체 속에 자유로이 움직이는 물 분자 수가 상대적으로 적다는 얘기입니다. 왜냐하면 녹아 있는 성분(소금이나 설탕) 때문에 물 분자의 운동이 방해를 받기 때문입니다.

이렇게 되면 얇은 반투막을 사이에 두고 자유로운 물 분자 농도에 불균형이 생깁니다. 자연은 불균형을 싫어하기 때문에 가능하면 균형 상태를 회복하려고 합니다. 여기서는 안쪽에 있는 자유로운 물 분자가 바깥쪽으로 이동해 가면 균형을 되찾을 수 있습니다. 그리고 실제로 이렇게 됩니다.

삼투는 마치 농도가 낮은 쪽에서 높은 쪽을 향해 내리누르는 압력이 존재하는 것처럼 진행됩니다. 과학자들은 이 압력을 '삼투압'이라고 부르며 기체의 압력을 다루는 것과 같은 방법으로 다룹니다.

운 나쁜 우리의 박테리아 얘기를 다시 해보면, 이들은 물을 모두 빼앗기고 죽어버립니다. 죽지 않는다고 하더라도 너무 약해져서 더 이상 번식을 할 수 없게 됩니다. 어느 쪽이든 우리의 건강에는 피해가 없습니다.

같은 이유로 배가 난파되어 구명보트나 뗏목을 타고 바다 위를 떠도는 사람은 지천으로 널린 바닷물을 전혀 마실 수가 없습니다. 마시면 치명적인 탈수 현상이 올 테니까요.

민물고기를 바닷물에 넣어도 같은 현상이 일어납니다. 삼투로 인해 물은 물고기로부터 빠져나와 바닷물로 들어가고 물고기는 탈수로 죽을 수도 있습니다. 물고기의 최후치고는 좀 이상하죠?

음식물 속의 철분

아주 강한 자석을 쓰면 시금치를 끌어올릴 수 있나요?

철로 된 깡통에 들어 있지 않는 한 불가능합니다. 알루미늄 깡통에 든 것도 끌어올릴 수 없습니다. 시금치에 철분이 많이 들어 있기는 하지만, 그렇다고 자석으로 끌어당길 수 있는 형태로 존재하는 것은 아닙니다.

철은 금속 상태(292쪽을 보세요)에 있을 때 자성을 띕니다. 자석에 끌린다는 것이죠. 그러나 다른 원소와 화학적으로 결합되어 있을 때는 그렇지가 않습니다. 냉장고 문은 금속 상태의 철판으로 되어 있기 때문에 피자집에서 준 병따개 등 자석이 달려 있는 것이면 무엇이든 붙여놓을 수 있지만, 철의 녹은 화합물이기 때문에 자성을 띠지 않습니다. 시금치에서도 마찬가지입니다. 시금치 안의 철분은 다행히도 조그마한 금속 조각이 아닙니다. 이 철분은 여러 가지 다른 원소와 복잡한 화합물을 이루고 있기 때문에 자성을 띠지 않는 것입니다.

그런데 왜 철분이 든 식품 하면 시금치부터 생각나는 것일까요? 뽀빠이의 공이 가장 클 것입니다. 60년 동안 뽀빠이는 도덕성과 어리석음을 시금치와 결합해 놓은 것이 궁극적으로 승리한다는 것을 전세계 사람들에게 보여주었던 것입니다.

사실 시금치 안의 철분도 크게 다를 것이 없습니다. 많은 녹색 채소나 여러 가지 색깔의 식품도 상당한 양의 철분을 포함하고 있습니다. 100g의 햄버거에는 100g의 시금치와 같은 양의 철분이 들어 있습니다. 그렇다면 어떻게 시금치가 뽀빠이를 영웅으로 만든 반면, 햄버거는 윔피를 약골로 만들었을까요?

뽀빠이는 미국의 엄마들이 어린이들에게 채소, 특히 시금치를 먹일 수 있도록 도와주었을 뿐입니다. 어린이들이 시금치를 싫어하는 것은 시큼한 옥살산의 맛 때문입니다(어린이에게 입이 오므라질 정도로 옥살산이 많이 들어 있는 장군풀을 한 번 먹여보세요). 아빠가 아이의 우상이 될 정도로 탄탄한 근육질이 아닌 경우 엄마들은 항상 뽀빠이를 대용품으로 쓸 수 있었던 것입니다.

미네랄에 관해서는 이 정도로 해둡시다. 그런데 뽀빠이의 엄청난 힘은 어디에서 나올까요? 왜 뽀빠이는 호박이나 무우 대신 하필 시금치를 입에 털어 넣을까요? 뽀빠이를 만들어낸 엘지 세가는 왜 시금치를 뽀빠이의 등록상표로 택했을까요?

바로 철분 때문입니다. 혈액 속에 철분이 부족한 사람은 얼굴색이 창백하고 몸이 약해 보입니다. '빈혈이 있는' 이라는 뜻의 영어 형용사 'anemic' 은 '약하다' 또는 '나른하다' 라는 뜻에서 왔습니다. 물론 빈혈이 아닌 사람이 철분을 많이 섭취하면 강해진다는 뜻은 아닙니다. 그러나 만화의 주인공이 굳이 논리에 구애될 필요가 있을까요?

3. 차고에서

차는 가만두어도 녹이 습니다.
시동이 안 걸리기도 하구요.
타이어가 터질 때도 있고 가끔 눈길에서 미끄러져
가로수를 들이받고 (안 깨진다던) 앞유리가 깨지기도 합니다.
이런 일들의 과학적 배경을 알면 좀 위안이 되지 않을까요?
아, 물론 좀 진정이 되신 다음에 말이죠.
우리와 자동차와의 뜨거운 사랑에 관한
현상 몇 가지를 같이 살펴봅시다.

딜레마

날씨가 추우면 자동차의 배터리 성능이 시원찮아집니다. 아주 추워지면 시동이 걸리지 않습니다. 그런데 회중전등에 넣는 배터리(건전지)는 냉장고에 넣어두는 것이 좋다고 하더군요. 왜 똑같은 것을 차갑게 하는데 어떤 때는 좋고 어떤 때는 나쁜가요?

건전지를 냉장고에 넣어두라는 말은 꼭 차가울 때 쓰라는 말은 아닙니다. 냉장고에서 방금 꺼낸 건전지는 겨울 아침의 자동차 배터리처럼 신통찮을 수도 있습니다. 차가우면 둘 다 작동이 잘 안 됩니다. 배터리로부터 적당한 양의 전력을 꺼내 쓰려면 실온 근처의 온도가 좋습니다.

배터리(자동차 배터리든 건전지든)는 화학반응에 의해 전기, 즉 전자의 흐름을 만들어냅니다(56쪽을 보세요). 모든 화학반응은 온도가 낮을수록 속도가 느려집니다(202쪽을 보세요). 배터리를 실온보다 훨씬 낮은 온도에 두면 1초에 내놓을 수 있는 전자의 수(전류)가 크게 줄어듭니다. 이것은 자동차 배터리든 건전지든 다를 것이 없습니다. 차가운 건전지를 워크맨에 넣고 틀어보세요. '알레그로 비바체(빠르고 생기 있게)'라는 지시어가 붙어 있는 곡이 '렌토(느리게)'로 들릴 것입니다. 그러므로 건전지의 냉기가 사라진 다음에 워크맨에 넣으세요. 건전지가 차가울 때 넣으면 워크맨 안에 이슬이 맺혀 기계가 손상될 수 있습니다.

낮은 온도 때문에 문제가 생기는 것은 배터리가 전류, 그러니까 수요에 알맞은 충분한 전자의 흐름을 만들어내는 능력입니다. 사실 배터리가 전자를 밀어내는 힘(전압)은 추위에 별 영향을 받지 않습니다.

또 한 가지, 배터리는 스위치가 꺼져 있을 때도 조금씩 전자를 내놓습니다. 쓰지 않을 때도 계속 방전이 된다는 뜻입니다. 이렇게 되면 배터리 안의 화학물질이 자꾸 소모됩니다. 그런데 차게 해두면 이 미미한 화학반응조차 느려지고 따라서 배터리의 힘을 더 잘 보존할 수 있습니다. 하지만 요즘 나오는 알칼리 전지는 워낙 보존 기간이 길어서 냉장을 하든 안 하든 별 차이가 없습니다.

자동차 배터리에 들어 있는 화학물질은 액체(황산)이기 때문에 더욱 추위에 약합니다. 스위치가 켜져서 전류가 흘러 나가려면 원자(정확히 말하면 이온)들이 황산 속을 헤엄쳐서 양극과 음극 사이를 왔다갔다할 수 있어야 합니다. 온도가 낮으면 이 과정이 느려지기 때문에 배터리가 전류를 만들어내는 힘도 약해지는 것입니다.

구닥다리 정비사들은 자동차 배터리를 선반에 올려놓지 않고 콘크리트 바닥에 오래 놓아두면 "콘크리트가 전기를 몽땅 빨아먹는다"고 자신 있게 말할 것입니다. 그런데 차가운 콘크리트 바닥이 빨아먹는 것은 전기가 아니고 열입니다.

우리가 정말로 주의해야 할 것은 우리의 지갑으로부터 돈을 '빨아먹는' 엉터리 정비사입니다.

안전 유리

자동차 앞유리는 깨지더라도 유리 조각이 마구 날리지 않도록 되어 있습니다. 그런데 이 유리는 깨지면 왜 그렇게 잘게 부서지는 것일까요? 유리를 어떻게 만들면 그렇게 되나요?

파편이 날리지 않게 하는 것은 어렵지 않습니다. 자동차 앞유리는 샌드위치 모양으로 되어 있습니다. 두 겹의 유리가 빵이고 그 사이에 들어 있는 탄력성 플라스틱이 햄입니다. 볼링공이 앞유리를 때렸다고 합시다. 그러면 유리 조각은 튀겨 나가지 않고 대부분 플라스틱에 붙어 있습니다. 그런데 왜 공에 맞으면 보통 유리처럼 큰 조각 몇 개로 깨지지 않고 잘게 부서지는가 하는 것은 완전히 또 다른 문제입니다. 이것은 유리가 제조 과정에서 어떻게 '전처리' 되는가에 달려 있습니다. 전처리는 유리를 더욱 강하게 만들기 위해 재료를 가공하는 것입니다.

당연한 얘기지만 자동차의 앞유리는 보통 유리보다 더 강해야 합니다. 어떤 물질을 강하게 만들려면 프리스트레싱(prestressing)이라는 작업을 합니다. 힘을 가한다는 뜻인데, 자동차 앞유리도 이렇게 해서 만듭니다.

녹은 유리를 가공해서 자동차 앞유리의 형태를 갖춘 후 아주 뜨거울 때 표면(오직 표면만)을 순간적으로 냉각시킵니다. 이렇게 하면 뜨거울 때의 분자구조가 표면에서 그대로 유지됩니다. 이 분자구조는 실온에서의 분자구조보다 더 팽창된 모습을 하고 있습니다. 그런 뒤 유리를 천천히 식히면 표면은 뜨거울 때의 분자구조로 남아 있고 내부는 천천히 식어 실온에서의 분자구조로 됩니다. 그래서 상반된 두 힘, 즉 한편으로는 당기고 한편으로는 누르는 힘이 유리 한 장에 갇히는 것이죠. 이렇게 밀고 끄는 힘이 팽팽하게 긴장해서 유리가 더욱 강해지는 것입니다.

이러한 대치 상태는 유리에 금이 가거나 홈집이 생기는 동시에 깨집니다. 갇혀 있던 에너지가 방출되면서 홈집은 순식간에 연쇄반응처럼 유리 전체에 퍼집니다. 표면 전체가 긴장 상태에 있기 때문에 금이나 홈집은 전체에 골고루 전달됩니다. 그래서 수많은 자갈 모양의 조그만 파편이 생기는 것입니다.

누가 물어보지는 않았지만······

콘크리트도 프리스트레싱을 한다고 하는데 이것은 무엇인가요?

프리스트레싱이 된 콘크리트(엔지니어들은 보통 PC라고 부르는데, 퍼스널 컴퓨터와는 전혀 상관이 없습니다)는 자동차 앞유리처럼 열처리를 해서 만드는 것이 아닙니다. PC는 콘크리트가 굳어지기 전에 바짝 잡아늘인 강철 케이블을 집어넣어서 만듭니다. 나중에 콘크리트가 굳은 후 압력을 풀면 케이블은 도로 줄어들려고 하지만 콘크리트 때문에 그럴 수가 없습니다. 이로 인해 굳어진 콘크리트는 계속해서 압축력을 받습니다. 그러니까 처음에 케이블을 잡아당길 때 들어갔던 에너지가 압축력이라는 형태로 구조 전체 안에 얼어붙어서 이 PC제품을 더욱 강하게 해주는 것입니다. 이것이 가능한 이유는 콘크리트가 압축력에는 매우 강한 반면, 인장력에는 약하기 때문입니다.

녹과의 싸움

우리 주변의 모든 사물은 녹이 습니다. 우리는 공구, 잔디 깎는 기계, 베란다 난간에 이르기까지 대부분의 공구를 사포로 갈고 기름을 치고, 페인트를 칠하며 녹과의 싸움을 벌입니다. 자동차도 마찬가지죠. 그런데 어떻게 해서 녹이 스는지를 알면 녹을 방지할 수도 있을 것 같군요.

철+산소+물=녹

이것이 의문에 대한 답입니다. 이 세 가지가 있으면 녹은 슬게 되어 있습니다. 셋 중 하나만 빠지면 녹은 슬지 않습니다.

생물체에게는 다행한 일이고 공구나 자동차에는 불행한 일입니다만 산소와 수증기는 대기 중 어디에나 있습니다. 그리고 다행이든 불행이든 지름이 수천 킬로미터에 달하는 지구의 내부는 90%가 철로 되어 있습니다. 심지어 태양과 별에도 철이 들어 있습니다.

우리가 광물을 캐는 지구 표면에서 철은 현재 알려진 88개 금속 원소 중 가장 많습니다. 따라서 철은 금속 중 가장 값이 싸고 가장 널리 이용됩니다. 선철로도 쓰이고, 강철(안에 탄소 알갱이가 든 철), 또는 여러 가지 합금의 형태로 사용되는 것입니다.

그래서 우리는 철, 산소, 물로부터 도저히 도망칠 수가 없습니다. 그러니까 문제가 생기는 것도 당연합니다. 그러나 우리만 고민하는 것이 아닙니다. 인류는 선사시대부터 철에 녹이 스는 것 때문에 골치를 앓아왔으니까요.

주범은 산소입니다. '산화'라는 과정을 통해 산소는 대부분의 금속과 반응하여 '산화물'을 만듭니다. 그리고 녹은 산화철의 일종입니다. 적당한 조건만 주어지면 산소는 수많은 금속과 반응하지만, 그중 흔한 것이 알루미늄, 크롬, 구리, 납, 마그네슘, 수은, 니켈, 백금, 은, 주석, 우라늄, 아연 등입니다.

우리가 잘 아는 금속 중에서 산소의 공격을 모두 막아낼 수 있는 금속은 금뿐입니다. 이런 성질을 갖춘데다가 희귀하고 색까지 특이하기 때문에 금이 그토록 귀한 대접을 받는 것입니다.

(금으로 된 액세서리에서 '녹을 빼준다'고 선전하는 세척제 광고는 사기입니다. 금은 녹이 슬지 않습니다. 단순히 때가 탄 것으로, 비눗물만으로도 얼마든지 제거할 수 있습니다.)

산화가 된다고 해서 다른 금속들도 모두 철처럼 부식되고 흉해지고 파괴되는 것은 아닙니다. 왜냐하면 다른 금속들은 산소가 계속해서 파먹어 들어오는 것을 방지하는 수단을 갖추고 있기 때문입니다. 예를 들어, 산소는 알루미늄과 매우 활발히 반응하지만 일단 반응이 일어나면 표면에 산화알루미늄의 얇은 막이 생깁니다. 이 막은 워낙 치밀해서 공기조차 통과하지 못하므로, 결과적으로 산소에 의해 내부가 잠식되는 것을 막을 수 있죠. 다른 금속, 예를 들어 구리 같은 것은 산소와의 반응 속도가 너무 느려 표면이 좀 거무스름해질 뿐입니다(192쪽을 보세요). 여기서도 산화물의 코팅이 내부를 보호해 줍니다.

그런데 산소와 물이 철을 공격할 때 생겨나는 검붉은 산화철은 그처럼 치밀하지 못합니다. 경험을 통해 아시겠지만 산화철은 켜가 되어 부스러집니다. 그러면 철의 표면이 또 드러나서 녹슬기가 끝없이 계속됩니다. 산화철은 분자구조 때문에 결합이 약하고 부스러지기 쉽습니다. 이것은 우리 힘으로 어쩔 수가 없습니다. 그러나 녹의 분자구조를 더 단단하고 잘 들러붙는 코팅으로 바꿔주는 제품도 있습니다. 철물점에 가보세요.

가정에서 할 수 있는 일은 철로 된 물건이 습기나 산소에 오래 노출되지 않도록 보관하는 것입니다. 공구를 젖은 상태로 두지 마세요. 공기가 안 통하는 비닐 자루에 넣을 수 있는 것은 무엇이든 넣어두세요. 자루 안의 산소와 수증기를 다 소모하고 나면 산화반응은 멈춰버립니다. 안됐지만 페인트칠말고 가정에서 할 수 있는 일은 이 정도뿐입니다.

철은 물 속에 집어넣는다 하더라도 물에 녹아 있는 산소가 없으면 녹슬지 않습니다. 녹아 있는 산소를 모두 몰아내기 위해 물을 몇 분 동안 팔팔 끓인 후 유리병에 넣어 뚜껑을 덮고 하룻밤을 지냅니다. 또 다른 유리병에는 수돗물을 붓습니다. 각각의 병에 쇠못을 하나씩 넣고 이틀쯤 후에 들여다보세요. 끓인 물 속의 못이 훨씬 덜 녹슬었을 것입니다(끓인다고 해서 산소가 모두 없어지는 것은 아니니까요).

누가 물어보지는 않았지만……

바닷가에 가거나 겨울에 염화칼슘을 뿌린 길을 운행해서 소금기에 노출되면 차에 녹이 더 빨리 습니다. 왜 그런가요?

철과 산소가 나란히 놓여 원자 수준에서 조그만 배터리를 형성하면 녹이 습니다. 무슨 말인가 하면 산소 원자가 철 원자로부터 전자를 빼앗는데 이것은 바로 배터리 안에서 일어나는 과정이기도 합니다. 한 물질이 다른 물질로부터 전자를 탈취하는 과정인 것입니다(56쪽을 보세요). 전자가 철 원자로부터 산소 분자로 건너가는 것을 도와주는 물질은 무엇이든 녹을 빨리 슬게 하는 물질입니다.

소금도 이런 물질인데, 왜냐하면 소금이 물에 녹으면 좋은 전기 전도체가 되기 때문입니다. 따라서 소금은 전자에 굶주린 산소 원자가 철 원자의 전자를 빼앗아가는 것을 도와 결국 녹이 슬게 합니다.

꼼꼼쟁이 코너

녹이 스는 것을 원자 수준에서 들여다보면 상당히 복잡한 과정입니다. 이 과정에서 소금은 전하를 띤 철 원자(간단히 말해서 철 이온)가 원하는 곳으로 갈 수 있도록 도와줍니다. 게다가 소금(염화나트륨) 속의 염소는 제나름대로 철과 반응합니다. 그러나 여기서는 이것까지 상세하게 다루지는 않겠습니다. 어쨌든 내 말을 믿으세요. 소금물 속으로 차를 몰지 마십시오.

순수한 부동액이 더 빨리 어는 이유

날씨가 아주 추워진다기에 라디에이터의 냉각수를 모두 빼고 100% 부동액을 부었어요. 물과 50:50으로 섞지 않고 말이죠. 어떤 정비사가 그러는데 100% 부동액은 50:50짜리보다 더 쉽게 언다더군요. 어떻게 그럴 수 있나요?

이상하게 생각되겠지만 정비사의 말이 맞습니다. 부동액은 에틸렌글리콜로 되어 있는데 물과 에틸렌글리콜을 반반씩 섞으면 영하 37℃까지 얼지 않습니다. 반면 순수한 부동액은 영하 12℃에서 업니다. 왜 그런가를 살펴보겠습니다.

물에다 무엇이든 섞으면 빙점이 0℃보다 아래로 내려갑니다. 이론상 에틸렌글리콜뿐만이 아니라 소금, 설탕, 시럽, 배터리액 등 아무거나 넣어도 빙점은 좀 떨어지겠지만 이런 것들을 써서는 안 됩니다.

자동차가 처음 발명되었을 때 실제로 설탕과 꿀이 부동액으로 쓰이기도 했습니다. 나중에 알코올이 널리 쓰였지만 알코올은 너무 빨리 끓어오른다는 결점이 있습니다. 오늘날은 끓어오르지 않는 무색 액체인 에틸렌글리콜을 씁니다. 시중에서 파는 부동액에는 녹 방지제와 밝은 녹색의 염료가 들어 있습니다. 이렇게 색을 내는 것은 냉각 계통이 샐 경우 새는 위치를 쉽게 찾기 위한 것이기도 하고,

기술적으로 뛰어난 제품이라는 인상을 주기 위한 것이기도 합니다.

물 속에 어떤 물질을 녹이면 어는 것을 막을 수 있습니다. 이런 힘은 액체(물)와 고체(얼음) 사이의 분자 배열상의 근본적 차이와 관계가 있습니다.

다른 모든 액체와 마찬가지로 물에서도 분자들은 참기름을 발라 놓은 고깃조각들처럼 서로 미끄러지며 자유로이 돌아다닙니다. 분자 상호간에는 느슨한 결합력이 작용하지만 고체에서처럼 분자들이 고정된 위치에 있는 것은 아닙니다. 그래서 액체는 부을 수가 있지만 고체는 그렇지 못한 것입니다.

액체인 물이 얼려면 분자의 운동 속도가 떨어져서 그 위치가 얼음의 결정 구조 안의 한 점으로 고정되어야 합니다. 이러한 위치를 찾는 시간이 충분하면, 그러니까 천천히 냉각을 해서 분자의 운동 속도가 천천히 줄어들면 상당히 큰 얼음 덩어리를 만들 수 있습니다. 우리가 두려워하는 것은 바로 이것입니다. 왜냐하면 물은 얼면 부피가 커져서(256쪽을 보세요) 압력이 늘고 따라서 엔진 블록의 냉각수 관에 금이 갈 수 있습니다.

에틸렌글리콜 같은 이물질은 이러한 냉각 과정을 두 가지 측면에서 망쳐버립니다. 우선, 물 분자가 들어앉을 자리를 먼저 차지해 버려 얼음이 결정을 형성하는 데 필요한 정확한 위치로 물 분자가 이동하는 것을 방해합니다. 훈련 중인 군인들이 대열을 짜려고 하는데 민간인들이 중간에 끼여든다고 상상해 보세요. 이렇게 해서 이물질의 분자들은 얼음 결정이 크고 균일하게 형성되는 것을 막습니다. 설령 언다고 하더라도 빙수의 얼음처럼 되므로 엔진을 망가뜨리는 거대하고 단단한 빙산이 생기지 않는 것입니다.

이물질의 주요 기능은 정상적인 결빙 온도보다 더 차가워져도 얼지 않게 해주는 것입니다. 여기서 에틸렌글리콜 분자들은 물을 '회석'하여 얼음 결정을 만드는 데 필요한 물 분자의 수를 줄입니다. 이렇게 되면 물 분자들이 한자리에 모여 결정을 형성하기가 힘들어집니다. 이 때문에 충분한 수의 물 분자들이 얼음 결정에서 한자리를 차지하려면 온도가 더욱 떨어져 분자의 운동이 더욱 느려져야 하는 것입니다.

그러면 왜 순수한 에틸렌글리콜은 이것을 물과 반씩 섞은 것보다 더 높은 온도에서 얼까요? 이것은 에틸렌글리콜의 분자가 물 분자의 동결을 방해하는 것처럼 물 분자도 에틸렌글리콜이 어는 것을 방해하기 때문입니다. 에틸렌글리콜이 물의 빙점을 낮추는 것처럼 물도 에틸렌글리콜의 빙점을 낮춥니다. 그래서 에틸렌글리콜은 물과 섞으면 순수 에틸렌글리콜보다 더 낮은 온도에서 업니다. 그러니까 물이 부동액이 어는 것을 방지한다고 말할 수 있습니다.

누가 물어보지는 않았지만……

부동액 라벨에 보면 어는 것뿐만 아니라 끓는 것도 방지한다고 쓰여 있습니다. 끓는 게 어는 것하고 무슨 상관이 있죠?

물 속에 녹아 있는 물질은 물 분자의 활동을 방해해서 어는점을 낮출 뿐만 아니라, 물 분자가 대기 중으로 날아가기 어렵게 만들어 끓는점도 높입니다(68쪽을 보세요). 에틸렌글리콜에 녹아 있으면 냉각수는 더 높은 온도가 되어야 끓습니다. 50 : 50 냉각수는 108℃가 되어야 끓습니다. 오늘날의 자동차에서 이것은 그리 큰 이점은 아닙니다. 왜냐하면 현대식 냉각 계통은 높은 압력하에서 작동하고 압력이 높아지면 물과 에틸렌글리콜의 끓는점이 1기압하에서보다 훨씬 올라가기 때문입니다(263쪽을 보세요).

자동차의 냉각 계통에서 순수한 부동액은 물과의 혼합물보다 더 빨리 업니다. 부동액이 어는 것을 물이 막아주기 때문이죠.

자동차로 스키 타기 — 두번 다시 못할 짓

저는 추운 지역에 사는데 우리 집은 가파른 언덕 위에 있습니다. 길이 얼면 모래를 뿌려서 타이어의 구동력을 높이곤 합니다. 그런데 지난번에는 모래도 소용이 없더군요. 오히려 볼베어링처럼 타이어를 더 미끄러지게 만들어 사고가 날 뻔했어요. 왜 이런 일이 일어났을까요?

엄청 추운 날이었죠? 아마 영하 18℃ 이하였을 겁니다. 그게 문제예요. 너무 추우면 모래도 소용이 없습니다.

구동력에 도움을 주려면 모래 알갱이가 얼음에 박혀 매끄러운 얼음 표면을 우툴두툴하게 만들어야 합니다. 간단히 말하면 '샌드페이퍼'를 깔아주는 것이죠. 위에서 누르는 자동차의 무게 때문에 모래는 이런 작용을 할 수 있습니다. 타이어가 모래 알갱이를 얼음에 대고 누르면 모래 바로 밑의 얼음이 약간 녹으면서 알갱이가 파고 듭니다. 그러면 모래 알갱이 주변의 물이 다시 얼어붙습니다.

압력을 가하면 얼음이 녹는 이유는 얼음이 물보다 부피가 큰 형태이기 때문입니다. 그래서 압력을 가하면 부피가 더 작은 형태인 물로 돌아갑니다(267쪽을 보세요). 이렇게 압력으로 녹이는 효과가 없으면 모래 알갱이는 얼음으로 파고들지 못합니다.

그런데 날이 추워질수록 얼음을 녹이는 데는 더 큰 압력이 필요합니다. 왜냐하면 얼음 결정에 들어앉은 물 분자들이 더 단단하게 자리를 차지하고 있기 때문에 이것을 끌어내서 돌아다니게 만들기가 더 어렵기 때문입니다. 물론 자동차는 상당히 무겁고 따라서 모래에 엄청난 압력을 가하지만 영하 18℃ 이하라면 그 무게로도 불충분한 경우가 생깁니다.

자동차 타이어보다 구두가 나을 수도 있습니다. 고무로 된 타이어는 탄력성이 있기 때문에 압력을 효과적으로 전달하지 못합니다. 그러나 사람의 체중은 차 무게의 몇 분의 1밖에 되지 않지만 구두 뒤축은 타이어보다 단단하기 때문에 단위면적당 가해지는 압력은 타이어보다 큽니다. 그래서 앞서 말한 과정을 밟아 모래알이 얼음 속으로 파고들 것입니다.

소금과 얼음

길이 얼어붙으면 소금을 뿌립니다. 그런데 소금이 열을 내는 것도 아닌데 어떻게 얼음이 녹죠? 이것은 소금이 물의 빙점을 낮추기 때문이라는데 그게 얼음하고 무슨 상관이 있나요? 이미 얼었는데 말이죠.

누가 뭐라고 하든 길 위의 얼음은 '녹는' 것이 아닙니다(독자들의 이해를 돕기 위해 '용융되다(melt)'와 '용해되다(dissolve)'를 구분하기로 한다. 쉬운 우리말로는 둘 다 '녹다'이지만, 엄밀한 의미에서 용융은 열을 가해서 고체를 액체로 만드는 것이다. 얼음이 녹는 것, 용광

로에서 철광석이 녹는 것이 그 예이다. 반면 용해는 소금이나 설탕 같은 고체가 물 같은 액체 분자 사이사이에 섞이는 것이다. 우리말에서 이것을 둘 다 '녹다' 라고 부르는 것처럼 영어에서도 두 가지 경우에 다 melt를 쓰는 때가 많다─역주). 이것은 설탕이 커피에 '녹는' 것이 아닌 것과도 같습니다. 사람들은 보통 용융과 용해를 혼동합니다. 이런 식이죠. "우산 같은 것 필요없어. 비 맞는다고 용융되지 않으니까." 이미 아셨겠지만 용융을 시키려면 열이 필요합니다. 물론 가열하면 얼음도 설탕도 용융됩니다(85쪽을 보세요). 그러나 소금은 얼음을 용융시키지 않습니다. 커피 속의 설탕처럼 용해시키는 것입니다.

사람들은 소금을 뿌리면 길의 얼음이 녹는 것을 보고 '용융' 이라고 생각합니다. 얼음은 사라지고 액체인 소금물만 남으니까요. 그리고 영어의 melt라는 동사는 '얼음은 가고 물이 온다' 라는 의미로 영국인의 조상들이 만들어낸 단어입니다. 그러나 과학 선생이나 과학 교과서라면 이런 언어의 함정에 빠져서는 안 됩니다.

여러분도 학창시절에 '소금은 물의 어는점을 낮춘다' 라고 배웠을 것입니다. 그러나 엄밀히 따지면 이것도 옳은 말이 아닙니다. 소금을 뿌린다고 해서 물의 본질적 특성인 동결과 용융이 일어나는 온도 자체가 달라지는 것은 아닙니다. 물의 어는점(녹는점도 같음. 87쪽을 보세요)은 변함없이 0℃입니다. 과거에도 그랬고 앞으로도 그럴 것입니다. 그러니까 정확히 말하면 '소금물' 이 '맹물' 보다 더 낮은 온도에서 언다고 해야 합니다(122쪽을 보세요).

길에 소금을 뿌리면 먼저 소금이 얼음에서 소금물을 만듭니다. 이렇게 해서 생긴 소금물은 액체 상태로 남아 있습니다. 왜냐하면 '소금물' 의 어는점(물의 어는점이 아닙니다)은 주변 공기의 온도보다 낮기 때문입니다. 복잡한 얘기처럼 들리지만 이 현상을 제대로 이해하려면 반드시 짚고 넘어가야 할 부분입니다.

우선, 소금은 어떻게 해서 얼음에서 소금물을 만들까요? 소금(염화나트륨) 속의 나트륨과 염소 원자(정확히 말해서 나트륨과 염소 이온)는 물 분자와의 친화력이 아주 강합니다. 그래서 식탁염을 만드는 회사에서는 응고방지제를 넣습니다. 이것이 없으면 소금통 속에서 소금이 굳어버려 아무리 흔들어도 조그만 구멍으로 나오지 않습니다. 소금 한 알갱이가 얼음 표면에 떨어지면 소금 속의 나트륨과 염소 원자는 물 분자들을 얼음 표면에서 끌어냅니다. 그리고 나서 이 물 속에 스스로 녹아 들어가 얼음 결정 주변에 조그만 소금물 반죽을 만듭니다. 소금물은 어는점이 주변 공기보다 낮기 때문에 이 반죽은 액체 상태를 유지합니다.

이제 소금물 속에 녹아 들어간 나트륨과 염소 원자는 아마존 강에 뛰어든 동물을 떼지어 뜯어먹는 피라냐떼처럼 얼음의 표면을 계속 파고 들어갑니다. 이것이 진행되는 동안 얼음은 계속해서 소금물 속에 용해되고 이에 따라 더 많은 소금물이 생깁니다. 그래서 얼음이 모두 사라져버리거나, 소금물 반죽이 너무 묽어져서 어는점이 주변 공기의 온도보다 높아져 결국 얼어버리게 됩니다. 그러나 소금물은 얼어도 단단한 결정을 이루지 않고 질퍽질퍽해질 뿐입니다. 어쨌든 도로상의 얼음을 제거한다는 목적은 달성하는 것이죠.

한마디로 말하면 ……

소금은 얼음을 용융시키지 않습니다.

오리의 깃털

물과 기름은 왜 섞이지 않을까요?

　물은 대부분의 것과 잘 섞입니다(스카치 위스키와도). 물은 여러 가지 물질과 잘 섞이고, 이들과 친화력이 있고, 양팔을 벌려 이들을 얼싸안기도 합니다. 간단히 말하면 다른 어떤 액체보다도 잘 '녹인다'는 뜻이죠(이제부터 '녹다'는 '용해되다'의 뜻임—역주).

　그런데 물이 아주 싫어하고 거부하는 물질의 집단이 하나 있습니다. 그것은 기름 종류입니다. 물은 기름을 녹이기는커녕 가까이 가서 적시지도 않습니다. 오리의 등에 물을 부으면 깃털에 묻은 기름 때문에 방울져 흘러내립니다. 오리가 잠수를 해도 깃털은 물에 젖지 않습니다.

　파티에 사람들을 초대하면 공통점이 있는 사람들끼리 자연스럽게 그룹을 이루듯이 분자들도 뭔가 공통점을 지닌 것들끼리 잘 섞입니다. 그런데 물 분자와 기름 분자는 문자 그대로 공통점이 없습니다. 아시는 바와 같이 물은 수소 원자 2개와 산소 원자 1개 등 3개의 원자로 되어 있습니다. 반면에 기름은 많은 탄소와 수소 원자로 된 큰 분자로 되어 있고 산소는 전혀 없습니다. 그러니까 아무리 가까이 붙여놓아도 이 둘이 만나 서로 합쳐지는 일은 없을 거라는 얘깁니다.

　그러면 기름은 뭘 잘못했기에 세상에서 가장 풍부한 액체인 물의 세계로부터 쫓겨났을까요? 물이 어떻게 해서 수많은 물질을 녹일 수 있는 강력한 용제가 되었는가를 알면 우리는 간단한 사실을 또한 알게 됩니다. 기름은 물에 녹기 위해 필요한 것을 갖고 있지 못하다는 사실입니다.

다른 액체에서와 마찬가지로 순수한 물에서도 분자들은 서로 끄는 힘에 의해 묶여 있습니다. 이런 힘이 없다면 분자들은 모두 공중으로 날아가버려 더 이상 액체 상태가 유지되지 못하고 기체 상태가 되어버릴 것이기 때문입니다. 분자들 사이에 이러한 인력은 물에서는 좀더 특이합니다. 그것은 물 분자들이 '극성'을 갖고 있기 때문입니다. 물 분자들은 작은 막대자석에 비유될 수 있습니다. 그러나 막대자석이 남극과 북극이라는 '자극(磁極)'을 갖고 있는 반면, 물 분자들은 양극과 음극이라는 '전극(電極)'을 갖고 있습니다. 다시 말해서 양전하를 띤 부분과 음전하를 띤 부분이 있다는 뜻입니다(89쪽을 보세요).

한 컵의 물이 있다고 합시다. 이 속에는 보이지 않는 자석들이 꽉 들어차 있습니다. 그러니까 물 분자들은 자기들처럼 분자가 자석으로 된 물질 이외의 것에는 별 관심이 없다는 것을 알 수 있습니다. 자석은 자석에만 끌립니다. 물론 쇠에도 끌린다고 하시겠지요. 그러나 그 쇳조각 안에는 조그만 자석들이 무수히 들어 있는 것입니다(292쪽을 보세요).

전극을 가진 원자나 분자로 된 물질만이 물의 관심을 끌 수 있습니다. 일단 물은 이러한 물질을 적시고 둘러싼 후 결국 녹입니다. 이러한 조건을 갖추고 있으므로 물과 잘 섞이는 물질은 매우 많습니다. 그러나 기름을 이루는 크고 긴 분자들은 극성이 전혀 없기 때문에 물과 절대로 친해질 수가 없습니다.

'용해'는 가장 흔히 볼 수 있는 혼합의 과정입니다. 어떤 물질의 분자가 하나씩 다른 물질의 분자 사이에 들어가 섞이는 것입니다. 용해에 관한 한 '유유상종(類類相從)'이라는 결론을 내릴 수밖에 없습니다. 한자 숙어에 약한 화학자들은 '비슷한 것들끼리 녹인다'라고 말합니다. 그러니까 물과 비슷한 분자구조로 되어 있는 물질만이 물과 섞이기를 좋아한다는 뜻입니다. 기름과 비슷한 분자가 기름을 좋아하는 것은 당연하겠죠.

이 얘기를 더욱 확장하면 이렇습니다. 어떤 물질이 뭔가에 녹는다면 물 또는 기름 중 하나에만 녹지, 둘 다에 녹지는 않으리라는 것입니다. 이 생각은 대부분 맞아떨어집니다. 소금과 설탕은 물에 녹습니다(다음 '꼼꼼쟁이 코너'를 보세요). 휘발유, 윤활유, 왁스는 기름에 녹습니다. 그러나 그 반대로는 결코 되지 않습니다.

꼼꼼쟁이 코너

극성이 있는 분자들, 그러니까 '자석'들끼리 끌어당기는 힘 외에 물 분자들 사이에는 또 한 가지의 중요한 인력이 작용합니다. 이것을 '수소 결합'이라고 부릅니다. 복잡하게 얘기할 게 아니라 어떤 분자에 산소 원자 1개와 수소 원자 1개가 있으면 생기는 결합이라고 해둡시다. 이 산소 원자 1개와 수소 원자 1개는 이른바 하이드록시기(OH)를 만들어 분자의 한쪽 끝을 형성합니다. 물 분자가 바로 이런 모습을 하고 있고 이로 이해 이들은 극성에 의한 인력뿐만 아니라 수소 결합력에 의해 뭉쳐 있는 것입니다.

'비슷한 것들끼리 녹인다'는 이론에 따라 수소 결합을 가진 물질들은 물에 녹기 쉽습니다. 설탕이 좋은 예입니다. 설탕이 물에 녹는 것은 분자가 자석으로 되어 있기 때문이 아니라, 물과 비슷한 하이드록시기로 되어 있고 따라서 물 분자와 수소 결합을 하기 때문입니다. 설탕 분자에는 8개의 하이드록시기가 들어 있습니다.

기름 분자는 극성도 없고 수소 결합도 하지 않는다면 이들을 묶어놓는 힘은 무엇일까요? 그것은 완전히 다른 분자 상호간의 인력으로 '판 데르 발스 인력'이라고 불립니다. 이게 뭔지를 알기 위해 굳이 머리를 굴리지는 맙시다. 정 알고 싶은 분은 133쪽을 보세요. 극성이 기름 분자와는 상극인 것처럼 이 결합은 물 분자와 상극입니다. 물이 기름을 싫어하는 만큼 기름도 물을 싫어하는 것이죠.

미끄러운 기름

기름은 왜 좋은 윤활제가 되죠?

간단합니다. 미끄러우니까요. 그런데 왜 기름으로 인해 어떤 물질이 미끄러워지는 걸까요?

모든 액체는 어느 정도 미끄럽습니다. 물에 젖은 마룻바닥이나 고속도로가 미끄러워서 위험하다는 것은 누구나 다 압니다. 그러나 물은 엔진이나 기계의 윤활유로 쓰이지는 않습니다. 왜냐하면 충분히 미끄럽지도 않고 곧 증발해 버리기 때문이죠.

기름이 물보다 훨씬 더 미끄러운 것은 분자들이 물 분자들보다 서로 미끄러지며 스쳐 지나가기 쉬운 구조로 되어 있기 때문입니다(결국 분자의 장난이라는 것, 이미 알고 계셨죠?). 그리고 액체라는 것은 분자들의 덩어리이므로 분자가 미끄러지면 다른 것들도 미끄러집니다. 구슬 깔린 바닥에 들어서면 넘어질 수밖에 없겠죠?

물 분자들은 기름 분자들처럼 쉽게 미끄러지지 않습니다. 왜냐하면 상당히 강한 힘으로 서로 끌어당기기 때문입니다(129쪽을 보세요). 물 분자와 같은 방식으로 서로 끄는 분자들은 주로 산소를 포함하고 있습니다. H_2O에서 O는 바로 산소입니다. 그러나 기름 분자, 그러니까 석유라고 불리는 끈적끈적하고 검은 화학물질의 주성분인 탄화수소 분자들은 수소와 탄소 원자로만 되어 있습니다. 산소 원자는 전혀 없죠. 그러므로 이들은 잘 붙어 있지 않고 서로 잘 미끄러집니다. 그래서 좋은 윤활유가 되는 것이죠.

꼼꼼쟁이 코너

기름 분자들은 나름대로 서로 뭉치는 방법들이 있습니다. 어떻게든 서로 붙어 있지 않으면 모두 기체가 되어 날아가버릴 것이고 그 순간, 우리 문명을 떠받치는 모든 기계들은 시커먼 연기를 내며 끼익 하는 소리와 함께 멈춰버릴 것입니다.

기름 분자들은 이른바 '판 데르 발스 인력'이라는 힘에 의해 뭉쳐 있습니다. 이것을 설명할 때 화학자들은 팔을 마구 흔들어대며 '전자 구름'이라는 말을 웅얼댑니다. 잘 들어보면 이렇습니다. 원자 여러 개가 모여 하나의 분자를 이룰 때 이들은 갖고 있는 전자를 공동 투자해서 커다란 전자 구름을 만들고 이 전자 구름이 분자 주변 전체를 빙빙 돈다는 것이죠. 포도송이 주변을 맴도는 작은 벌레떼를 상상해 보시면 됩니다. 그러므로 2개의 분자가 서로 접근하면 먼저 전자 구름들끼리 접촉이 이루어집니다. 벌레떼가 벌레떼를 만나는 것이죠.

여기까지는 좋습니다. 이 그림이 틀렸다고 하는 사람은 없습니다. 사실 화학자들은 이 그림을 이용해서 분자 상호간의 작용을 잘 설명해 왔습니다. 그런데 한 가지 이상한 점이 있습니다. 전자 구름 속의 전자들은 모두 똑같이 음전하를 띠고 있고 따라서 서로 밀어내야 하는데도 이들은 서로 끌어당기면서 분자들을 묶어놓습니다. 이것을 처음 주장한 사람은 판 데르 발스 교수였고, 이것으로 그는 1910년 노벨상을 탔습니다.

어찌됐든 기름 분자들, 특히 커다란 전자 구름을 끌고다니는 큰 분자들이 대기 중으로 달아나지 못하도록 묶어놓는 힘은 바로 판 데르 발스 인력입니다. 그러나 이들의 결합은 흐늘흐늘한 전자 구름에 의존하고 있기 때문에 분자들은 서로 잘 미끄러집니다.

타이어 펌프

자전거용 공기 펌프로 자전거 타이어에 압력 60파운드까지 바람을 넣는 것은 아무것도 아닙니다. 그런데 같은 펌프로 자동차 타이어에 바람을 넣으려면 30파운드만 넣어도 지쳐 떨어집니다. 왜 그렇죠?

문제는 압력뿐만이 아닙니다. 공기의 양을 생각해야죠. 똑같이 1파운드의 압력을 올리려고 해도 자동차 타이어의 경우는 펌프질을 더 여러 번 해야 합니다.

사람들이 흔히 '공기 1파운드' 라고 하는 것은 공기의 양을 말하는 것이 아닙니다. 버터 1파운드와는 다르다는 뜻입니다. 이것은 압력입니다. 더 정확히 말해서 1평방 인치(약 6cm²)에 몇 파운드(1파운드는 약 450g)의 압력이 걸리느냐의 문제입니다. 이것을 나타내는 단위는 psi(pounds per square inch)입니다. 이 압력은 타이어 안에 있는 무수한 공기 분자가 타이어 내벽에 끊임없이 부딪치면서 만들어내는 힘입니다. 공기 분자를 많이 밀어넣을수록 이들은 더 자주 부딪치고 따라서 압력도 높아집니다. 그래서 공기를 더 넣으면 압력이 커지는 것입니다.

앞의 질문에서 지적된 것처럼 30psi 타이어보다 60psi 타이어에 바람 넣기가 더 힘들어야 합니다. 그것은 타이어 안에 있는 공기 분자가 바람을 불어넣는 밸브도 예외없이 때리기 때문에 더 많은 분자를 밀어넣기가 그만큼 더 힘듭니다. 그러므로 60psi짜리 자전거 타이어를 부풀릴 때 펌프질 한 번에 들어가는 힘이 30psi 때보다 더 커야 함은 분명합니다. 그러니까 자동차 타이어에 바람을 넣을 때의 2배의 힘으로 손잡이를 내리눌러야 한다는 뜻이죠.

그런데 왜 자동차 타이어에 바람을 넣으면 지칠까요?

일반 자동차 타이어의 내부 공간은 자전거 타이어의 6~8배 정도입니다. 같은 압력을 내리면, 그러니까 단위면적당 같은 회수만큼 분자들이 타이어 내벽을 때리게 하려면 자동차 타이어에는 6~8배의 공기 분자를 밀어넣어야 합니다. 그러므로 똑같이 1psi를 얻으려면 자동차 타이어의 경우 6~8배의 펌프질을 해야 합니다. 물론 펌프질 한 번에 드는 힘은 반밖에 되지 않지만 횟수가 6~8배이므로 3~4배의 일을 해야 한다는 결론이 나오는 것입니다.

공기를 밀어넣으면 왜 열이 날까

펌프로 자전거 타이어에 공기를 밀어넣으면 타이어의 공기주입구 부근이 뜨거워집니다. 아마 좁은 통로로 공기가 밀려 들어가다보니 마찰 때문에 그런 모양입니다. 그런데 정비공장에 가서 공기를 넣으면 주입구가 뜨거워지지 않거든요. 왜 그렇죠?

마찰 때문은 아닙니다. 왜냐하면 어느 쪽이든 거의 같은 양의 공기가 타이어로 들어가기 때문입니다. 뜨거워지는 이유는 공기(기타 모든 기체)를 압축하면(좁은 공간에 억지로 밀어넣으면) 열이 나기 때문입니다.

여러분이 펌프질을 해서 공기를 넣을 때 펌프는 공기를 압축합니다. 그러나 정비공장에서는 이미 압축해 놓은 공기를 씁니다. 이 공기도 처음 압축되었을 때는 뜨거웠습니다. 그러나 시간이 감에 따라 천천히 식습니다. 다 식은 다음에 우리가 바람 빠진 타이어를 끌고 나타난 것이죠. 정비공장에서는 저장해 두었던 압축 공기 일부를 빼서 쓴 것뿐입니다. 이 과정에서는 압축이 일어나지 않았기 때문에 열도 나지 않습니다.

기체를 압축하면 왜 뜨거워질까요?

기체 분자들은 자유롭습니다. 그리고 주어진 공간 안에서 될 수 있는 대로 널리 퍼져 분자끼리 서로 떨어져 있어야 합니다. 이들을 타이어같이 좁은 공간 안으로 몰아넣으려면 이렇게 퍼져 나가려는 힘을 억누를 수 있는 힘으로 이들을 밀어내야 하는 것입니다. 펌프질을 하는 경우 이러한 힘은 근육에서 나옵니다.

이런 에너지를 흡수한 분자들은 어떻게 될까요? 멀리 가지는 못하고 에너지는 넘쳐나므로 빨리 돌아다닐 수밖에 없습니다. 속도가 빠른 분자는 뜨거운 분자입니다. 사실 열은 고속으로 움직이는 입자일 뿐입니다(297쪽을 보세요). 그러므로 근육의 힘이 타이어 안에 있는 공기가 가진 열로 변하는 것이죠.

누가 물어보지는 않았지만……

공기를 압축하면 뜨거워집니다. 팽창하면 차가워질까요?

물론입니다. 아까 정비공장에서 일어난 일이 바로 그것입니다. 압축 공기 탱크 안에 있던 공기가 빠져나가면 온도가 내려갑니다.

　기체는 왜 팽창하면 차가워질까요? 기체 분자들이 갑자기 큰 공간으로 확산되면 이들은 어떻게든 그 큰 공간을 가득 채워야 합니다. 대기 중으로 방출되면 완전히 분산되죠. 이 과정에서 분자들은 에너지를 잃고 속도가 떨어집니다. 그리고 느리게 움직이는 기체 분자는 온도가 낮습니다.

직접 해보세요

습기가 많은 날 비행기를 타면 이륙할 때 비행기의 날개를 잘 보세요. 비행기는 이륙시에 압력을 가장 많이 받습니다. 자세히 보면 날개 윗면 근처에 안개의 층이 생기는 것을 알 수 있습니다. 이것은 팽창에 따른 냉각의 예입니다. 날개 윗면을 통과하는 공기와 아랫면을 통과하는 공기를 비교해 보면 팽창한 것을 알 수 있습니다(이것은 베르누이의 정리 때문입니다. 아무 조종사에게나 물어보세요). 팽창한 공기는 온도가 내려가 주변의 수증기를 물방울로 만들고 이로 인해 눈에 보이는 안개의 층이 생기는 것입니다.

일산화탄소와 이산화탄소

일산화탄소와 이산화탄소의 차이는 무엇인가요? 일산화탄소는 산소가 1개이고 이산화탄소는 2개라는 건 알겠는데 말이죠. 어쨌든 그건 좋은데, 둘 다 독성이 있나요? 자동차 배기가스, 석유 난로, 담배 연기는 이것들과 무슨 관계가 있나요?

둘 다 위험하지만 위험을 미치는 방식이 다릅니다.

대기 중에는 아주 적은 양이지만 이산화탄소가 있습니다(205쪽의 '누가 물어보지는 않았지만······'을 보세요). 대기 중의 이산화탄소는 화산, 동물성 및 식물성 물질의 분해, 석탄과 석유의 연소에서 만들어집니다. 맥주 깡통을 딸 때도 나오긴 하지만 TV 맥주 광고에서처럼 엄청난 양이 나오는 것은 아니기 때문에 이산화탄소의 주요 발생 원인은 결코 아닙니다. 그럼에도 불구하고 미국에서만도 매년 110억 파운드(50억 kg 또는 500만 톤)의 이산화탄소가 생산되고, 이들 중 상당 부분은 미국인이 소비하는 80억 상자의 청량음료와 1억 8천만 배럴의 맥주에 들어갔다가 다시 대기 중으로 방출됩니다.

이산화탄소 자체가 독성이 없는 것만은 분명합니다. 한 가지 문제는 연소나 호흡에 전혀 도움이 안 될 뿐만 아니라(170쪽을 보세요) 경우에 따라 불을 끄기도 하지만 사람의 생명을 끊기도 합니다. 이산화탄소는 공기보다 무겁기 때문에 낮은 데로 내려가 고입니다. 그러면 눈에 보이지 않는 이산화탄소 담요가 생겨서 그 밑에 깔려 있는 모든 것은 질식해 버립니다. 1986년 아프리카의 카메룬에서 일어난 일이 바로 이것입니다. 니오스 호수에서 600톤짜리 이산화탄소 거품(화산 활동으로 생김)이 올라와 주변으로 퍼져 나가 1,700

명의 사람과 수많은 동물이 질식사했습니다.

조그만 유리컵 안에 든 초(종교의식에 사용하는 봉헌용 초)에 불을 켜보세요. 굳이 기도를 할 필요는 없습니다. 큰 잔에 베이킹 소다를 넣고 식초를 좀 부어 이산화탄소를 만듭니다. 이산화탄소 거품이 올라와 잔을 채우기 시작하면 그것을 촛불 위로 가져가 마치 보이지 않는 액체를 따르는 것처럼 잔을 기울여 보세요. 밑에 있는 진짜 액체가 쏟아지지 않도록 주의하세요. 잔 밖으로 넘쳐흐르는 보이지 않는 이산화탄소 때문에 촛불이 꺼질 것입니다.

반면에 일산화탄소는 정말 무서운 놈입니다. 극소량으로도 치명적입니다. 이것을 들이마시면 폐에서 곧장 혈관으로 들어가 헤모글로빈과 즉각 결합하여 세포에 산소를 공급하는 헤모글로빈의 활동을 방해합니다. 이렇게 산소가 없어지면 결국 죽습니다. 일산화탄소는 미국에서 유독 물질에 의한 사망 중 1위를 차지하고 있습니다.

자동차의 휘발유, 난로의 석유, 담배 등 탄소를 포함한 물질이 대기 중에서 타면 항상 어느 정도의 일산화탄소가 생겨납니다. 그러나 공기의 공급이 무한하면 이 물질들은 완전연소하여 2개의 산소 원자와 하나의 탄소 원자로 된 이산화탄소로 바뀝니다. 그러나 실제 상황에서는 항상 산소가 공급되는 속도를 제한하는 조건들이 생깁니다. 그래서 탄소 원자의 일부는 2개의 산소 원자가 아니라 하나의 산소 원자밖에는 잡지 못하는 경우가 언제나 생깁니다. 그래서 '이' 산화탄소가 아니라 '일' 산화탄소가 생기는 것입니다.

미국에서는 매년 자동차 엔진에서 1억5천만 톤의 일산화탄소가 쏟아져 나옵니다. 길이 막히면 대기 중의 일산화탄소 농도는 위험할 정도는 아니지만 피로, 두통, 구토 등을 느낄 정도까지 올라가기도 합니다. 석유 난로, 가스 난로, 가스 물 끓이기, 가스레인지, 가스 오븐, 목탄 난로, 숯불 고기 구이, 담배 등은 모두 일산화탄소를 만들어내는데 이것은 모두 밖으로 배출되어야 하며 통풍이 잘 되는 곳에서 사용해야 합니다.

그러니까 담배도 피우지 마시고 운전도 하지 마십시오. 특히 석유 난로를 켜놓은 실내에서는 담배를 피우지 마세요.

천 마리의 비둘기

어떤 트럭 운전사가 있었습니다. 그는 세워둔 유개트럭으로 다가가 방망이로 벽을 두들기기 시작했습니다. 지나가는 사람이 왜 그러냐고 물었더니 이렇게 대답했습니다. "차가 너무 무거워요. 비둘기를 2천 마리나 실었거든요. 그래서 반쯤은 깨워서 공중에 띄워놓아야 한답니다." 이건 우스갯소리지만, 이렇게 하면 정말로 트럭이 가벼워질까요?

정말 구닥다리 개그군요. 하지만 여기에는 과학적인 함정이 숨어 있습니다.

답부터 말하면 '가벼워지지 않는다'입니다.

이렇게 한 번 생각해 보세요. 트럭은 이런저런 물건으로 가득 차 있는 상자입니다. 상자의 무게는 일정합니다. 그 상자에 실린 것이 금덩어리건 모래건, 거위 깃털이건, 비둘기건, 나비건 간에 두들긴다고 무게가 가벼워질까요? 그렇지 않습니다. 어떤 물질의 무게는 그 안에 들어 있는 분자의 무게를 다 더한 것과 같습니다. 배치를 어떻게 바꾸든 이것은 달라지지 않습니다.

그러나 상자 안의 물건이 바닥에 붙어 있는 것이 아니고 나비나 비둘기처럼 공중에 떠 있는 것이라면 생각에 혼란이 올 수도 있겠죠. 공중에 떠 있는 물건의 무게는 어떻게 해서 아래쪽으로 전달이 될까요?

공기를 통해 전달이 됩니다.

매우 얇고 보이지 않기는 하지만 공기도 결국 물질입니다(195쪽을 보세요). 다른 모든 물질과 마찬가지로 공기도 분자로 되어 있고 따라서 무게도 있습니다. 정확히 말하면 해면상에서 1입방 피트(약 28리터)에 1.16온스(약 30g)입니다. 방망이 소리에 놀라 공중으로 뛰어오른 비둘기는 날개로 공기를 아래로 밀어내어 공중에 떠 있습니다(물론 새가 나는 과정은 이것보다 훨씬 복잡하지만 어쨌든 날개를 퍼덕일 것이라는 뜻입니다).

날개가 아래쪽으로 압력을 가함에 따라 이 압력은 공기를 통해 분자 단위로 바닥에 전달됩니다(트럭 안에 들어가 있으면 바람이 일어나는 것을 느낄 수 있겠죠). 이렇게 눌린 공기는 트럭의 벽, 바닥, 천장 등 접촉하는 모든 면에 압력을 전달합니다. 그러므로 비둘기의 날갯짓으로 인해 생긴 압력은 그대로 트럭 안에 남아 있으므로 저울의 눈금은 변하지 않는 것입니다.

그러나 이렇게 생각할 수도 있습니다. 놀란 비둘기가 바닥을 박차고 날아오르는 순간, 그 힘 때문에 트럭이 한순간 무거워지지 않을까요? 그리고 날개가 퍼덕이는 것 때문에 아래쪽으로 향하는 압력이 생겨 결국 트럭의 무게가 한순간 더 무거워지지 않을까요?

둘 다 맞는 얘기이긴 합니다. 그러나 아이작 뉴턴에 의하면 모든 운동에는 같은 크기의 반작용이 생깁니다. 그러므로 아래쪽으로 미는 힘 때문에 순간적으로 생긴 무게는 비둘기가 위로 날아오르는 힘에 의해 상쇄됩니다. 생각해 보세요. 애당초 비둘기가 날갯짓을 하는 것은 바로 이것 때문이 아닐까요.

더 좋은 방법은 트럭 바닥에 배수구를 설치하고 고양이를 트럭 안으로 들여보내는 것이죠. 그러면 비둘기가 고양이의 공격을 피하느라고 진땀을 흘릴 테니 그 땀을 배수구로 쏟아내는 것입니다.

꼼꼼쟁이 코너

그런데 말이죠, 비둘기는 땀을 흘리지 않습니다.

4. 시장에서

노점상에서부터 화려한 진열장이
눈길을 끄는 백화점에 이르기까지,
거래가 이루어지는 곳에서 사람들이 하는 일은 같습니다.
팔고 사는 것이죠. 파는 사람은 자기 물건에 대해
속속들이 알고 있으므로 유리한 입장에 있는 반면,
사는 사람들은 제품에 대해 정확히 모르는데다가
광고의 홍수와 요란한 포장에 현혹되어
물건을 제대로 보지도 못하는 경우가 많습니다.
이번 장에서는 광고를 벗겨낸 제품의 실상을 들여다보겠습니다.
슈퍼마켓, 철물점, 약국, 레스토랑 등을 둘러볼 텐데
한두 번쯤은 커피숍에서 쉬기도 해야겠죠.

진짜 사기꾼

'자연 해동 트레이'는 어떻게 해동을 시키나요? 냉동식품을 빨리 녹인다는데 전기도 배터리도 쓰지 않거든요. 그러면 허공에서 열을 얻어오나요?

이 트레이가 가장 잘 하는 일은 여러분의 주머니에서 돈을 빼가는 일입니다. 이것은 단순한 금속판으로서 놀라운 첨단 기술도 우주시대의 기적도 아닙니다.

모든 물질 중 금속은 열을 가장 잘 전달합니다. 그래서 냉동된 햄버거를 금속판에 올려놓으면 이 금속은 제 본성에 따라 방안의 온기를 얼어붙은 햄버거에 전달하고 따라서 상대적으로 짧은 시간 안에 해동이 되는 것이죠. 그것뿐입니다. 철판에 손을 대면 차갑게 느껴지죠? 이것은 철판의 온도가 우리 체온보다 낮은 방안 온도와 비슷한데다가 열전도가 잘 되어 피부로부터 열을 빨리 빼앗아가기 때문입니다. 자연 해동 트레이도 다를 것이 전혀 없습니다. 냉동식품을 그냥 공기 중에 두면 아주 느리게 해동됩니다. 왜냐하면 공기는 열전도성이 가장 낮은 물질이기 때문입니다.

이른바 '기적의 자연 해동 트레이'는 '최첨단 초전도 합금'으로 만들어졌다고 떠들어대지만 사실은 알루미늄판에 불과합니다. 그러나 알루미늄의 열전도율도 은(가장 뛰어난 열전도체)에 비하면 반밖에 안 됩니다(51쪽을 보세요). 알루미늄은 1파운드에 40센트밖에 하지 않지만 이것을 가공해서 만든 무게 2파운드의 자연 해동 트레이는 15~20달러짜리 상품으로 둔갑합니다.

아, 한 가지가 빠졌군요. 이 해동 트레이의 사용설명서를 보면 매번 쓰기 전에 약 1분 정도 뜨거운 물을 부어주고 해동이 반쯤 진행되었을 때 한 번 더 이렇게 하라고 되어 있습니다. 이걸 보면 사기 당하는 기분입니다.

그런데 사람들은 업자들이 직접 해보라고 권하는 시험에 다들 속 아넘어갑니다. 그 시험은 이런 것입니다. 기적의 트레이 위에 얼음 조각을 하나 놓고 같은 크기의 얼음 조각 하나를 도마 위에 놓습니다. 그러면 놀라운 일이 벌어집니다. 트레이 위의 얼음은 빨리 녹는데 도마 위의 얼음은 우물쭈물하며 그대로 쭈그리고 앉아 있는 것입니다. 이 정도면 감탄할 만하죠?

어떻게 해서 이런 일이 벌어질까요? 트레이 업자들은 우리가 쓰는 도마가 플라스틱으로 되어 있다는 것을 알고 있습니다. 플라스틱은 열전도가 잘 되지 않을 뿐만 아니라 단열재의 역할도 합니다. 그러므로 얼음은 플라스틱 같은 단열재보다는 금속 같은 전도체 위에서 더 빨리 녹는 것입니다. 이런 실험을 한 번 해보세요. 트레이 위에 얼음 조각을 놓고 또 하나의 얼음 조각을 두꺼운 프라이팬 위에 놓습니다(물론 이 프라이팬은 가열되지 않은 것이어야 합니다). 그러면 양쪽 다 걸리는 시간은 똑같다는 것을 알 수 있습니다.

직접 해보세요

냉동식품의 포장을 풀어서 가열되지 않은 상태의 두꺼운 프라이팬 위에 놓아보세요. 더 빨리 효과를 보려면 프라이팬을 더운물로 데우면 됩니다(불로 가열하지 마세요). 주철로 된 제품을 제외하면 프라이팬은 열전도가 잘 되도록 만들어져 있습니다. 그러니까 철로 된 것을 제외하면 어느 정도 두꺼운 프라이팬은 기적의 트레이만큼이나 해동을 잘 시켜줄 것입니다(철의 열전도율은 알루미늄의 3분의 1밖에 되지 않습니다).

물론 은쟁반이 있다면 일은 더욱 쉬워집니다. 할머니한테서 물려 받은 은쟁반 혹시 없으세요? 단순한 도금 제품이 아니라면 92.5% 의 은으로 되어 있을 겁니다. 쓸데없이 비싼 알루미늄 트레이보다 그 은쟁반이 2배나 효율적입니다.

병목의 안개

제가 이제까지 딴 맥주병이 수만 개는 될 겁니다. 직업이 바텐더거든요. 그런데 뚜껑을 딸 때마다 병목 근처에 뿌연 안개가 생기고 어떤 때는 병 주둥이 밖으로 나오기까지 합니다. 왜 이런 일이 생기죠?

　병목의 안개는 자연의 안개와 다를 것이 없습니다. 낮은 온도 때 문에 대기 중에 있던 수증기가 미세한 물방울로 응결되었지만 크기 가 너무 작아 비처럼 땅으로 떨어지지 않는 것―이것이 안개입니 다. 안개의 물방울이 공중에 떠 있는 것은 공기 분자가 끊임없이 충 돌하기 때문입니다. 안개가 하얗게 보이는 것은 빛의 모든 파장을 균등하게 반사하기 때문입니다(60쪽을 보세요).

　그럼 이 안개가 왜 가만히 있다가 병만 따면 나타나는지가 궁금하 신 거죠? 따기 전이나 후나 차갑기는 마찬가지인데 말이죠. 병을 열 면 어떤 일이 생기기에 안개가 만들어질까요?

　따지 않은 맥주병 꼭대기의 공간에는 이산화탄소, 공기, 수증기 등이 높은 압력으로 뒤섞여 있습니다. 이들은 모두 기체입니다. 이 중 수증기 속에 들어 있는 물 분자들은 기체 상태에 만족합니다. 구태여 서로 뭉쳐서 미세한 안개 물방울을 만들 필요를 느끼지 않는다는 뜻입니다. 그 이유는 애당초 이 물 분자들이 맥주의 표면으로부터 튀어나온 것이기 때문입니다. 그런데 맥주의 낮은 온도 때문에 이렇게 위쪽 공간으로 튀어나올 만큼 충분한 에너지를 가진 물 분자의 수는 한정되어 있습니다(65쪽을 보세요). 이것을 전문용어로는 수증기와 액체가 그 온도에서 '평형'을 이루고 있다고 말합니다. 사람이 뚜껑을 열어 압력을 풀어버리기 전까지는 물 분자들이 기체 상태로 있으려고 합니다.

압력을 풀어주면 압축된 기체는 갑자기 팽창합니다. 기체는 팽창하면 에너지의 일부를 잃고 냉각됩니다(173쪽의 '누가 물어보지는 않았지만……'을 보세요).

병뚜껑을 열면 기체들은 물 분자가 응축될 만큼 충분히 냉각됩니다. 그래서 안개가 생기는 것입니다.

맥주를 금방 따르지 않고 바에 앉아 있는 손님 앞에 놓으면 안개가 병 주둥이로부터 피어올라 병 외벽을 타고 흘러내리는 것이 보일 때도 있습니다. 맥주에 녹아 있던 이산화탄소가 밖으로 나가면서 병 주둥이 부근의 따뜻한 공기를 만나 팽창합니다. 팽창하면서 이산화탄소는 안개를 밀어 올립니다. 이산화탄소는 공기보다 무겁기 때문에 병 밖으로 나가는 즉시 폭포(눈에 보이진 않지만)처럼 밑으로 쏟아져 내리고 이 과정에서 약간의 안개를 함께 끌고 가는 것입니다.

좀 비싼 레스토랑에서 일하는 바텐더라면 맥주뿐만 아니라 샴페인도 따보았을 것입니다. 그때도 같은 현상이 생기는데 이유는 맥주와 마찬가지입니다.

음식물의 칼로리는 어떻게 측정할까

식품을 사면 포장지에 몇 칼로리짜리라고 쓰여 있습니다. 칼로리가 에너지의 단위인 것은 알지만 사람들은 어떤 식품 몇 그램 안에 들어 있는 에너지의 양을 어떻게 알까요? 흰쥐에게 식품을 먹이고 쳇바퀴를 얼마나 오래 돌리나를 관찰해서 계산하나요?

음식물 속의 에너지가 단순히 운동을 하거나 뛰어다니는 데 쓰인다고는 생각하지 맙시다. 우리 몸은 식품을 통해 들어온 에너지를 운동을 하는 데만 쓰는 것이 아니고, 음식 자체를 소화하고 대사하는 데, 매일 마모되는 세포를 끊임없이 수리하는 데, 몸이 자라는 데, 우리 몸의 균형과 정상 상태를 유지하는 데 필요한 무수히 복잡한 화학반응을 진행시키는 데도 쓰는 것입니다. 그런데 식품을 통해 들어온 칼로리를 사용하는 방법은 사람마다 크게 다릅니다. 그래서 다이어트 산업이 그렇게 번창하는 것입니다.

1Cal(킬로칼로리. 영어로 표기할 때는 대문자 C를 써서 Calorie로 씀―역주)는 영양학자들이 주로 쓰는 단위인데, 물 1,000g(1kg)의 온도를 1℃ 높이는 데 필요한 에너지입니다. 화학자들이 쓰는 칼로리는 소문자 c를 써서 calorie로 표기하는데 1Cal의 1,000분의 1입니다. 그러나 이 책을 제외하고는 대문자 C를 쓴 칼로리를 별로 구경하지 못할 것입니다(88쪽을 보세요).

사람들은 흔히 운동을 해서 '칼로리를 태운다'라고 말합니다. 물론 이것은 정확한 표현이 아닙니다. 에너지는 불에 타는 것이 아니기 때문입니다. 그러나 요리에 서투른 사람은 자주 저지르는 일이겠지만 '음식'을 태울 수는 있습니다. 석탄이 탈 때 에너지를 내놓듯 음식이 타면 에너지가 나옵니다. 이것을 통해 전문가들은 어떤 식품의 칼로리 값을 계산하는 것입니다. 이들은 실제로 식품을 불에 태워 몇 칼로리의 열이 발생하는가를 측정합니다.

석탄을 태우면 산소와 결합하면서 에너지와 이산화탄소가 나옵니다. 마찬가지로 우리 몸도 음식물을 태우는데 이것을 대사작용이라고 합니다. 물론 대사 과정은 연소보다 훨씬 느리고 다행히도 불꽃이 나오지 않습니다. 그러나 결과는 마찬가지입니다. 식품과 산소가 결합해도 에너지와 이산화탄소가 나오는 것입니다. 놀랍게도 우리가 대사작용을 통해 얻는 에너지의 양은 그 식품을 불에 태웠을 때 나오는 에너지의 양과 똑같습니다.

영양학자들은 수분을 모두 빼낸 식품의 무게를 단 후 고압 산소로 가득 찬 강철통 안에 넣고 식품을 완전히 물 속에 담근 뒤 전기의 힘으로 내용물에 불을 붙인 후 수온이 얼마나 올라갔는가를 측정합니다. 이렇게 해서 이들은 칼로리의 양을 계산할 수 있는 것입니다. 물 1kg당 1℃가 올라갔다면 1Cal의 열이 방출되었음을 알 수 있는 것입니다.

눈에 보이는 모든 식품에 이렇게 불을 질러보고 나서 사람들은 단백질이 그 종류에 관계없이, 그리고 어떤 식품에 들어 있는가에 관계없이 1g당 같은 칼로리를 내는 것을 알았습니다. 지방과 탄수화물의 경우도 마찬가지입니다. 단백질과 탄수화물에는 1g당 4Cal, 지방에는 9Cal의 열량이 들어 있습니다. 그래서 오늘날은 식품을 직접 태우는 번거로운 일을 하지 않습니다. 성분을 분석해서 몇 그램의 단백질, 지방, 탄수화물이 들어 있는가를 알면 칼로리 계산은 간단하니까요.

식품이 산소와 결합하여 에너지와 이산화탄소로 바뀔 때, 실험실에서 급격히 연소하든 사람의 몸 속에서 천천히 소화되든 상관없이 같은 양의 에너지, 그러니까 같은 값의 칼로리를 내놓는다는 것은 놀라운 일입니다.

그건 화학의 일반적인 원칙입니다. 어떤 화학변화 과정에서도 어떤 물질을 조건 A로부터 B로 옮겨놓을 때 발생하는 화학적 에너지의 변화량은 변화 경로에 관계없이 같습니다. 에너지의 양은 고도에 비유할 수 있습니다. 에너지 값이 크면 고도가 높은 것이죠. 고도 A의 언덕에서 출발해서 고도 B의 봉우리로 올라갔다면 고도(위치 에너지의 값)의 변화량은 어떤 경로로 갔는가에 상관없이 B-A가 됩니다.

옥수수로 감미료 만들기

캔에 든 식품의 성분 표시를 읽어보면 '콘시럽', '과당이 많이 들어 있는 콘시럽', '콘스위트너(감미료)' 라는 말이 나옵니다. 그런데 정작 스위트콘을 사면 별로 달지가 않습니다. 그런데 달지 않은 콘(옥수수)에서 어떻게 콘시럽 같은 감미료가 나오죠?

옥수수에는 전분이 들어 있습니다. 그리고 전분이야말로 콘시럽의 원료입니다. 화학의 마술을 이용하면 옥수수 전분을 당분으로 둔갑시킬 수 있는 것이죠.

옥수수 한 톨에서 수분을 제거하고 난 나머지의 82%는 당, 전분, 셀룰로우즈 등의 유기화합물, 즉 탄수화물로 되어 있습니다. 셀룰로우즈는 식물의 세포벽을 만드는 질긴 물질로 옥수수알의 껍질에 들어 있습니다. 옥수수 자체가 달지 않다는 사실에서도 알 수 있지만 당분은 그렇게 많지 않습니다. 그래서 옥수수 한 알의 주성분은 전분인 것입니다.

미국이 생산하는 옥수수의 양은 사탕수수 양의 5,000배 정도입니다. 그리고 미국이 수입하는 설탕 중 상당 부분이 열대 지역의 나라로부터 오는데 이들은 정치적으로 안정된 것도 아니고 미국에 우호적인 것도 아닙니다. 그러니까 미국 식품업자들은 옥수수 전분으로부터 설탕을 만들어낼 수 있다면 매우 안심이 될 것입니다. 사실 안심해도 됩니다.

당분과 전분은 화학적으로 아주 가까운 사촌간입니다. 사실 전분의 분자는 수백 개 혹은 수천 개의 포도당 분자가 한데 뭉쳐 만들어진 것이고 포도당은 기본적인 당분 중 하나인 것입니다. 그러므로 원칙적으로 옥수수에 들어 있는 전분 분자를 잘게 쪼갤 수만 있으면 수많은 포도당 분자를 얻을 수가 있습니다. 맥아당 분자도 좀 만들어낼 수 있는데 맥아당은 2개의 포도당 분자가 합쳐진 것입니다. 이들뿐만 아니라 수십 개의 포도당 분자가 모여 생겨난 더 큰 분자들도 얻을 수 있습니다. 이 큰 분자들은 작은 분자들처럼 서로 쉽게 미끄러지며 흘러갈 수가 없기 때문에 이들의 혼합물은 걸쭉한 시럽의 모습을 하고 있습니다.

거의 모든 산, 다양한 동식물성 효소는 전분 분자를 잘게 쪼개서 여러 가지 당이 혼합되어 있는 시럽으로 만드는 일을 할 수 있습니다. 침 속에 있는 효소가 하는 일이 바로 이런 것입니다(효소는 특정한 화학반응이 잘 일어나도록 도와주는 천연 물질입니다. 효소가 없다면 생명체들이 주요 기능을 제대로 발휘하지 못할 것입니다).

직접 해보세요

전분으로 되어 있는 크래커 한 조각을 몇 분간 씹어보세요. 단맛이 느껴질 것입니다.

포도당과 맥아당은 당도(달콤한 정도)가 각각 자당의 70%와 30% 밖에 되지 않습니다. 자당은 사탕수수에서 나오는 달콤한 당으로 우리가 보통 설탕이라고 부르는 물질이 바로 이것입니다. 그러므로 이제까지 이야기한 것과 같은 방법으로 옥수수의 전분을 분해해서 만든 시럽은 '진짜 설탕' 과 비교할 때 단맛이 60%밖에는 되지 않을 것입니다. 식품가공업자들은 또 하나의 효소를 써서 포도당의 일부를 과당으로 바꿔 이 문제를 해결합니다. 과당은 자당보다 더욱 달콤한 물질입니다. 그래서 '과당이 많이 들어 있는 콘시럽' 이라는 문구를 라벨에서 찾아볼 수 있는 것입니다.

그런데 문제가 또 하나 있습니다. 포도당, 맥아당, 과당으로 된 콘시럽은 미국 식품업계로서는 경비 절감의 구세주였겠지만, 전통적인 단맛의 왕자인 설탕과 비교할 때 맛과 향이 뒤떨어졌습니다. 과일잼이나 청량음료는 맛이 옛날과 같지 않습니다. 옛날이라는 것은 식품업체들이 사탕수수에서 나온 설탕을 포기하고 좀더 구하기 쉬운 콘스위트너로 전환하기 이전을 말합니다. 라벨을 주의 깊게 읽는 소비자인 독자 여러분이 할 수 있는 일은 자당 함량이 가장 높은 재료로 가당이 된 제품을 사는 것입니다. 이런 상품의 라벨에는 감미료를 써넣는 자리에 그냥 '설탕'이라고만 되어 있습니다.

1980년 이전에 만들어진 코카콜라 병을 찾을 수 있다면 내 말을 이해할 것입니다. 바로 1980년에 코카콜라는 미국 내에 있는 병입 공장에서 설탕을 콘스위트너로 대체했으니까요. 아직도 사탕수수가 싼 나라에서는 콜라에 설탕을 씁니다. 남미를 여행할 기회가 있거든 코카콜라 몇 병을 사오세요. 하지만 세관원이 듣는 데서 '코카콜라'라는 말을 해서는 안 됩니다.

누룩 없는 빵

누룩 없는 빵은 왜 주름진 골판지 같은 모습을 하고 있나요? 단순히 전통 때문인가요?

아니오. 실질적인 이유가 있습니다. 유태 율법에 따르면 유월절이라는 명절에는 이스트, 베이킹 소다, 베이킹 파우더처럼 부풀리는 물질을 써서 만든 빵을 먹지 못하도록 되어 있습니다. 그래서 밀가루와 물만으로 누룩 없는 빵을 만듭니다. 그래서 이 기간 중에 빵굽는 사람들은 속임수를 약간 써서 다른 요소를 집어넣어 빵맛을 좀 다양하게 만듭니다.

밀가루와 물을 믹서에 넣고 그냥 마구 섞어 반죽을 만들면 공기방울이 반죽 속에 들어갑니다. 이 반죽을 얇게 펴서 아주 뜨거운 오븐(누룩 없는 빵은 400~500℃에서 굽습니다)에 넣으면 공기방울이 모두 터져 오븐 내부는 코셔 소금 조각 같은 밀가루 파편으로 가득 차버릴 것입니다.

그래서 반죽이 굳기 전에 빵집 아저씨는 못이 비죽비죽 튀어나와 있는 바퀴 사이로 반죽을 통과시켜 공기방울을 모두 터뜨려버립니다. 누룩 없는 빵 표면에 쟁기로 간 듯한 구멍이 있는 것은 이 못자국 때문입니다. 물론 못과 못 사이의 공간에 있던 공기방울은 터지지 않은 채로 구워지지만 크기가 작기 때문에 큰 문제를 일으키지 않고, 오히려 주변보다 더 빨리 구워져 재미있는 모양을 만드는 것입니다.

직접 해보세요

크래커 표면을 보면 줄줄이 구멍이 뚫려 있는 것을 볼 수 있습니다.

크래커의 경우도 누룩 없는 빵과 마찬가지입니다. 터지는 것을 막기 위해 구멍을 뚫는 것이죠. 그러나 보통 크래커는 그렇게 구멍을 많이 뚫을 필요가 없습니다. 왜냐하면 반죽에 이스트가 들어갔기 때문에 기포가 아주 작은데다가(82쪽을 보세요), 굽는 온도도 그렇게 높지 않기 때문입니다.

핫팩과 콜드팩

야구를 하다가 발목을 삐었는데 누군가가 약국으로 달려가서 콜드팩을 사왔어요. 콜드팩을 누르고 흔들었더니 아주 차가워지더군요. 안에 무엇이 들었기에 금방 그렇게 되죠?

콜드팩 안에는 질산암모늄 결정과 물이 들어 있는데 물은 쉽게 터질 수 있는 주머니에 보관돼 있습니다. 팩을 누르면 물주머니가 터지고, 흔들어주면 질산암모늄이 물에 녹습니다.

어떤 화학물질이 물에 녹으면 열을 흡수하거나(차가워지거나) 아니면 내놓습니다(뜨거워집니다). 질산암모늄은 열을 흡수하는 타입입니다. 물에서 열을 빼앗아가니까 물이 차가워지는 것이죠. 그리고 열을 빼앗아가는 정도가 보통이 아닙니다. 콜드팩은 0℃ 가까이까지 차가워질 수 있습니다.

어디를 어떻게 다쳤느냐에 따라 찜질을 뜨겁게 해야 할 때가 있고 차갑게 해야 할 때도 있기 때문에 콜드팩만큼이나 핫팩도 많이 팔립니다. 핫팩은 물에 녹으면 열을 내놓는 화학물질로 되어 있는데 이들은 염화칼슘이나 황산마그네슘입니다.

그런데 왜 어떤 화학물질은 물에 녹는 단순한 과정을 거치면서 열을 흡수하거나 내놓을까요? 어쨌든 집에서도 우리는 2개의 흔한 화학물질 결정을 자주 물에 녹입니다. 소금과 설탕이죠. 하지만 설탕을 넣었다고 뜨거운 커피가 식거나 아이스티가 미지근해지지는 않습니다. 설탕과 소금은 예외라서 그렇습니다.

화학물질이 물에 녹을 때는 2단계의 변화 과정을 거칩니다. 우선 화학물질의 단단한 결정 구조가 풀어지고 이렇게 풀어져서 흩어진 화학물질과 물 사이에 반응이 일어납니다. 1단계는 항상 열을 흡수하고 2단계는 항상 열을 냅니다.

질산암모늄의 경우처럼 2단계에서 내놓는 열보다 1단계에서 흡수하는 열이 많으면 전체적으로는 차가워집니다. 염화칼슘이나 황산마그네슘처럼 반대의 경우라면 전체적으로 뜨거워지죠. 소금과 설탕에서는 주고받는 열의 양이 똑같습니다. 그래서 열이 서로 상쇄되기 때문에 온도 변화가 거의 없는 것입니다.

꼼꼼쟁이 코너

고체 결정이 물에 녹을 때 일어나는 과정을 자세히 들여다보면 이렇습니다.

결정은 입자들이 기하학적인 3차원 배열에 따라 늘어선 단단한 물질입니다. 여기서 입자는 원자, 이온(전기를 띤 원자), 분자 등 물질에 따라 다릅니다. 그냥 통틀어 입자라고 부르기로 합시다.

1단계 : 입자들은 먼저 결정 속의 위치에서 벗어나 해방되어야 합니다. 그래야 물 속을 자유로이 헤엄쳐 다닐 수 있습니다. 그런데 단단한 결정 구조를 깨뜨리려면 에너지가 필요합니다. 누군가 망치질을 해서 입자들을 흐뜨려놓아야 한다는 것이죠. 그러므로 해체되는 과정에서 결정은 물로부터 에너지를 얻어옵니다. 그래서 물은 차가워지는 것이죠.

2단계 : 풀려났다고 해서 입자들은 고고하게 혼자서 헤엄쳐 다니지 않습니다. 이들은 물 분자에 강하게 끌립니다(68쪽을 보세요). 끌리지 않는다면 애당초 녹지 않았을 것입니다. 그러므로 풀어지자마자 물 분자들은 새로 들어온 분자를 향해 일제히 달려듭니다. 자석이 널려 있는 물 속에 잠수함이 들어가면 자석들은 일제히 잠수함 표면에 들러붙을 것입니다. 이 자석(그러니까 분자)이 뭔가에 끌리면 그쪽으로 달려가는 과정에서 에너지를 내놓습니다. 이렇게 방출된 에너지가 물을 데우는 것입니다.

남은 문제는 어느 단계의 효과가 더 큰가 하는 것입니다. 결정이 풀어질 때의 흡열 효과냐, 아니면 물 분자가 입자에 끌릴 때의 발열 효과냐에 달린 것이죠. 흡열 효과가 크면 결정이 녹음에 따라 물은 차가워질 것입니다. 그것이 질산암모늄의 경우입니다. 발열 효과가 크면 결정이 녹음에 따라 물이 따뜻해집니다. 염화칼슘과 황산마그네슘의 경우죠.

설탕과 소금은 우연히도 그 효과의 정도가 같아서 서로 상쇄가 됩니다. 그러므로 이들이 물에 녹을 때는 흡열 또는 발열 효과가 나타나지 않는 것입니다(그런데 아주 미미하기는 하지만 소금은 녹을 때 물을 조금 식힙니다).

직접 해보세요

질산암모늄은 흔히 볼 수 있는 비료의 성분이고 염화칼슘은 건조제로 쓰입니다. 축축한 옷장이나 지하실의 습기를 제거할 때 쓰이죠. 그러니까 가정이나 농가에서 쉽게 구할 수 있는 것들입니다. 질산암모늄을 물에 넣고 저어보세요. 아주 차가워질 것입니다. 염화칼슘을 물에 넣고 저으면 아주 뜨거워집니다. 뚜껑을 씌우고 흔들지는 마세요. 열 때문에 물이 뿜어져 나올 수도 있으니까요. 양은 물 한 컵에 두 숟가락 정도면 충분합니다.

냉동실에서 음식이 마르는 이유

'냉동실 안에서 탄다'는 우스꽝스런 얘기를 누가 시작했죠? 그리고 '냉동실 안에서 타버린' 식품에는 어떤 변화가 생기죠?

네, 물론 우스꽝스럽긴 하지만 전혀 말이 안 되는 것도 아닙니다. 비상시에 대비해서 냉동실에 오래 숨겨둔 돼지고기를 생각해 보세요. 바싹 마르고 시들시들하죠? 꼭 그을린 것 같지 않던가요? 믿거나 말거나지만 '그을린다'는 것은 열로 그을린 것에 국한되지 않습니다. 시들거나 마르는 것도 의미하죠. 냉동실에서 일어난 사건은 바로 이것입니다. 말라버린 거죠.

그러면 어떻게 해서 냉기 때문에 음식이 마르고 시들 수 있을까요? 돼지고기 표면의 '타버린' 것 같은 얼룩은 마치 물기를 빨아내 버린 것처럼 말라버립니다. 사실 그렇습니다. 그런데 냉동식품 안에 들어 있는 물은 어떤 상태로 존재할까요? 물론 얼음 상태입니다. 그렇기 때문에 문제의 돼지고기가 냉동실에서 상당히 오랫동안(여러분이 가능하다고 생각하는 것보다 훨씬 더 오래) 낮잠을 자고 있을 때 뭔가가 고기 표면으로부터 얼음 분자(그러니까 물 분자)를 빼내 갔다고 결론을 내릴 수밖에 없습니다.

하지만 고체 얼음 결정의 형태로 고기 깊숙이 박혀 있던 물 분자가 어떻게 다른 곳으로 이동할 수 있을까요? 물 분자는 가능하기만 하면 더 나은 환경으로 스스로 이동해 갑니다. 물 분자에 있어서 더 나은 환경이란 가능한 한 차가운 지점입니다. 그 지점의 에너지 값이 가장 낮기 때문이죠. 다른 조건이 동일할 경우 자연은 항상 입자들을 가장 낮은 에너지 상태에 두려고 합니다. 그러니까 물을 끓이면 냄비 속이 높은 에너지 상태가 되기 때문에 물 분자들이 수증기가 되어 달아나는 것입니다.

그러므로 음식물을 완전 방수 포장을 해두지 않는 이상 물 분자들은 음식 표면의 얼음 분자로부터 더 차가운 부분, 예를 들어 냉동실 벽 같은 곳으로 이동해 갑니다. 이렇게 되면 물은 음식물에서 빠져나가고, 냉동실은 서리 제거 기능을 통해 이 물을 밖으로 배출해 버립니다. 그 결과 음식물의 표면은 마르고, 주름지고, 색이 변하는 것입니다.

그렇다고 하룻밤 사이에 이렇게 되지는 않습니다. 이것은 아주 느린 과정이고 음식물을 방수 재료로 완전히 싸버리면 거의 일어나지 않게 할 수 있습니다. 그리고 같은 비닐 백이라도 효과가 더 좋은 것들이 있습니다. 가장 좋은 것은 진공 상태에서 밀폐된 두꺼운 비닐 포장(미국에는 '크라이오백'이라는 이름의 상품이 있다—역주)입니다. 이 포장은 물 분자를 통과시키지 않을 뿐만 아니라 음식물과 포장지 사이에 공간이 거의 없기 때문에 효과가 더 좋습니다. 음식물과 포장지 사이에 공기가 들어 있으면 물 분자가 음식에서 빠져나와 포장지 안에 붙습니다. 앞서 말한 냉장고 내벽에 붙는 것과 같은 이치입니다. 그래서 정도는 덜하지만 음식이 '타는' 것입니다.

원칙1: 냉동실에 식품을 오래 두려면 다음과 같은 방법으로 타는 것을 방지하세요. 1) 물을 통과시키지 않는 재료로 된 냉동실용 포장재로 2) 공간을 남기지 말고 꼭꼭 싸두세요.

원칙2: 이미 냉동된 식품을 살 때는 포장지 안쪽에 서리가 끼지 않았나 살펴보세요. 이 서리는 어디서 왔을까요? 물론 식품에서 나왔죠. 그러므로 이 물건은 너무 오래 두어서 '타버렸거나' 아니면 해동되었다가 다시 냉동된 것입니다(그러면 고기의 육즙이 나와버립니다). 딴 데 가서 사세요.

굴 껍질 속의 칼슘

건강식품 코너에 있는 **칼슘보충제** 중에 반은 '천연 굴 껍질'을 갈아서 만든 것이 더군요. 굴 껍질 안의 **칼슘**이 특별히 좋은 점이라도 있나요?

거트루드 스타인이 화학자였다면 이렇게 말했을 겁니다. "탄산칼슘은 탄산칼슘이고 탄산칼슘이다." 굴과 여러 가지 조개들이 탄산칼슘을 재료로 껍질을 만드는 것은 분명합니다. 그러나 화학적으로 말하면 칼슘보충제 병 안에 들어 있는 탄산칼슘이 굴 껍질에서 왔든 석회석에서 왔든 별 상관이 없습니다. 석회석도 역시 탄산칼슘으로 되어 있으니까요. 둘 중 어느 한쪽이 더 '자연식품'인 것도 아닙니다(여기서 자연이 무슨 뜻이든). 굴 껍질에는 광물질이 아닌 것들도 약간 들어 있기 때문에 다른 데서 얻은 탄산칼슘의 순도가 오히려 높을 수도 있습니다.

칼슘보충제는 탄산칼슘 이외의 화학적 형태로도 만들어집니다(라벨을 읽어보세요). 그러나 어떤 것이든 무게 비율로 볼 때 탄산칼슘보다 칼슘을 많이 포함하고 있는 것은 없습니다. 우리가 필요로 하는 것은 칼슘이므로 다른 성분에는 신경쓸 필요가 없습니다. 무게로 볼 때 탄산칼슘에서 칼슘이 차지하는 비중은 40%, 구연산칼슘에서는 21%, 유산칼슘에서는 13%, 글루콘산칼슘에서는 9%에 불과합니다. 이제 같은 값이면 어느 것이 제일 좋은 것인지 스스로 판단하십시오.

화학조미료의 원리는 무엇일까

MSG(조미료)는 무엇인가요? 그리고 MSG를 음식에 넣으면 어떻게 되나요? 라벨을 읽어보면 '맛을 좋게 하는 것'이라고 되어 있는데 어떻게 한 가지 물질이 무수히 다른 맛을 다 좋게 할 수 있는 거죠?

이상하게 들리겠지만 여기에는 분명히 뭔가가 있습니다. MSG가 맛을 좋게 한다는 것은 엄밀히 말해 맛이 더 나아지게 한다는 것은 아닙니다. 이것이 하는 일은 이미 있는 맛(맛있든, 무미건조하든, 역겹든)을 강하게, 그러니까 증폭하는 일입니다. 식품가공업체들은 이러한 물질을 가리켜 '강화제'라고 부릅니다.

이것은 어떻게 작용할까요? 어떤 전문가들은 상승효과 때문이라고 합니다. 두 가지의 효과가 있다고 합시다. 이 두 가지가 동시에 작용하면 각각 따로 작용했을 때의 효과를 합친 것보다 더 큰 결과가 나오는 것이 상승효과입니다. 달리 말하면 전체는 부분의 합보다 크다는 것이지요. 강화제 자체는 아무런 맛도 없지만, 맛을 가진 것과 합쳐지면 우리 입안에서는 그 맛이 더 강한 것으로 인식된다는 뜻입니다.

정확히 어떻게 해서 이런 강화제가 우리의 미뢰를 속여서 맛이 더 강하다고 느끼게 만드는가는 아직도 연구 중입니다. 어떤 이론에 따르면 강화제가 특정한 맛의 분자로 하여금 그 맛을 느끼는 우리 혀의 부위에 더 오래 또는 더 강하게 들러붙게 만든다고 합니다. MSG는 짠맛과 쓴맛을 강하게 하는 데 특별한 재주가 있습니다.

MSG는 글루타민산으로부터 만들어진 글루타민산나트륨(monosodium glutamate)의 약자입니다. 이 물질은 단백질을 구성하는 흔한 아미노산 중 하나입니다. 그리고 강화제는 이것 하나뿐만이 아닙니다. 업계에서 5′-IMP와 5′-GMP라고 부르는 물질들도 같은 효과를 냅니다. 세 가지 모두 버섯이나 해초 같은 식물에서 발견되는 천연 아미노산의 파생물들입니다.

이렇게 식물에서 추출한 물질들이 맛을 좋게 한다는 것은 수천 년 전부터 알려져 있었습니다. 예를 들어 일본 사람들은 오랫동안 해초를 이용해서 된장국의 미묘한 맛을 살려냈습니다. 일본은 순도 높은 MSG의 생산 대국입니다. 흰색의 결정질 분말인 MSG는 과거 수십 년간 엄청난 양이 팔려 나갔습니다. 이것은 주로 식품을 가공할 때 들어가지만 중국 식당에서는 주방에서 조리를 할 때 쓰이는 경우도 많습니다.

최근 MSG는 비난의 화살 때문에 어려움을 겪기도 했습니다. 여러 가지로 조사해본 결과, 이 문제(굳이 이것을 문제라고 부를 수 있다면)는 MSG 자체에 어떤 해로운 기능이 있기 때문이 아니라 MSG에 지나치게 민감한 사람들이 있기 때문이라는 것이 알려졌습니다. 지나치게 많이 먹지만 않으면 해롭지는 않다는 거죠. 어쨌든 지나치게 많이 먹어서 좋은 물질은 거의 없습니다.

미식품의약국은 식품 라벨상에 MSG 함량을 따로 표기할 것을 의무화하지는 않았습니다. 그러나 '콤부 추출물', '글루타빈', '아지노모토(일본 제품)' 등의 이름은 찾아볼 수 있는데 이들은 결국 MSG와 그 친척들의 별명에 불과합니다. '수화식물 단백질'도 마찬가지입니다. 이것은 식물 단백질을 글루타민산 등의 아미노산으로 분해해 놓은 것입니다.

이것들말고 다른 강화제들도 있는데 이들은 이스트에서 추출됩니다. 이스트로 만든 20여 가지의 강화제를 만들어 식품가공업체들에게 파는 회사가 있습니다. 이들은 쇠고기맛, 닭고기맛, 치즈맛, 짠맛 등을 냅니다. 이런 것들은 포장지에 '이스트 추출물', '이스트 영양소', '천연 향료' 등의 이름으로 나타납니다. 그런데 방금 말한 맛들은 엄밀히 말하면 '맛'이 아닙니다(엄밀한 의미의 맛은 짠맛, 단맛, 쓴맛, 신맛 4가지뿐임 — 역주). 그리고 이들은 MSG도 아닙니다.

덜 익힌 스테이크에서 나오는 붉은 액체

나는 스테이크를 래어(가장 덜 익힌 것)로 먹습니다. 그런데 잘난 척하는 친구들이 날 보고 피가 뚝뚝 떨어지는 고기를 먹는다고 비웃더군요. 어떻게 하죠?

아무것도 하지 마세요. 그냥 웃으세요. 그들이 틀린 거니까요.

물론 그 사람들이 웰던 스테이크를 좋아한다는 것 자체는 잘못된 것이 아닙니다. 어쨌든 웰던파들은 래어파를 야만인으로 보는 잘못된 경향이 있습니다. 웰던파의 잘못은 래어파의 접시에 묻은 액체를 피라고 보는 것입니다. 그것은 전혀 피가 아닙니다.

다음 번에 또 무례한 웰던파와 식탁에 마주앉게 되면 피라는 것은 살아 있는 동물의 동맥과 정맥을 흐르는 붉은 액체라고 점잖게 말해 주세요. 도살장에서는 소가 도살됨과 동시에 피를 모두 빼냅니다. 남은 것은 심장과 허파 안에 갇혀 있는 피뿐입니다. 그런데 심장과 허파를 스테이크로 해서 먹는 사람은 아마 없을 것입니다.

우리가 레스토랑에서 스테이크를 주문하면 접시에 담겨 나오는 것은 혈액을 운반하는 순환기 계통의 부분이 아니라 근섬유의 덩어리입니다. 피가 붉은색인 것은 산소를 운반하는 단백질인 헤모글로빈을 포함하고 있기 때문입니다. 근육이 붉은색인 것은 미오글로빈이라는 화학물질 때문인데 이것은 근육 자체 내에 산소를 저장하는 단백질로서 근육이 갑작스럽게 운동할 때 필요한 산소를 즉석에서 공급해 줍니다. 두 가지 다 빨갛고 익히면 밤색이 되는 것은 우연일 뿐입니다(그런데 사실 자연에 우연이란 없습니다. 모든 것은 이유가 있죠. 여기서 이유는 헤모글로빈과 미오글로빈이 철을 포함하는 서로 비슷한 단백질이기 때문입니다).

미오글로빈의 함량은 고기마다 다릅니다. 왜냐하면 갑작스런 운동시에 필요로 하는 산소의 양이 동물마다 다르기 때문입니다. (게으른) 돼지의 고기는 쇠고기보다 미오글로빈이 적고, 닭고기는 더 적으며, 물고기는 더더욱 적습니다(79쪽을 보세요). 그래서 붉은색이 도는 고기와 상대적으로 흰 고기가 있는 것입니다. 이걸 웰던파에게 설명해 주면 다시는 '피', '야만인' 따위의 이야기를 입에 올리지 못할 것입니다.

한마디로 말하면……

'피가 뚝뚝 떨어지는' 래어 스테이크에는 피가 없습니다.

나와라, 케첩!

이것은 해묵은 의문입니다. 케첩을 병에서 나오게 하는 가장 좋은 방법은 무엇인가요?

가장 좋은 방법은 과거에 어떤 유명 인사가 텔레비전에서 해보인 것처럼 병 바닥 근처를 꼭 잡고 머리 위에서 빙빙 돌리는 것입니다. 물론 벽이 온통 케첩으로 도배가 되겠죠. 어쨌든 방금 질문하신 것은 케첩을 '나오게 하는' 것 아니었던가요?

절대로 해서는 안 되는 방법이 하나 있습니다. 그런데 레스토랑에 가면 다들 이렇게 하고 있더군요. 병 주둥이를 아래로 하고 병 바닥을 때리는 것입니다. 이 사실을 안다면 웨스트민스터 사원에 안장돼 있는 뉴턴의 시체가 벌떡 일어날 것입니다. 뉴턴은 모든 물체의 운동을 지배하는 역학의 3대 기본 법칙을 우리에게 가르쳐주었습니다. 그가 케첩에 대해 알았더라면(케첩이 영국에 소개된 것은 뉴턴이 죽을 무렵인 1727년이었습니다) 그는 제4법칙을 말했을 것입니다. "케첩의 병 바닥을 두드리는 자, 케첩을 병 바닥에 들러붙게 할 따름이니라." 뉴턴의 제3법칙에 의하면 모든 운동에는 크기가 같고 방향이 반대인 운동, 즉 반작용이 있습니다. 그러니까 병 바닥을 한 번 때릴 때마다 케첩은 내려가지 않고 위쪽으로 붙는 것입니다. 이것은 우리가 원하는 바가 아니죠.

머리 위에서 휘두르는 방법은 적어도 뉴턴의 가르침에는 충실한 방법입니다. 병과 케첩 모두에 대해 밖으로 향하는 원심력을 가하면서 병은 꼭 잡고 있으므로 병 안에 든 케첩은 자연스럽게 원심력에 순응하는 것이죠.

그러면 난장판을 만들지 않고도 케첩을 꺼내는 방법을 뉴턴에게 물어봅시다. 두 가지라고 대답할 것입니다.

첫째, 병을 수평으로 들고 손목을 아래쪽으로 틀어서 약간의 원심력을 발생시키는 것입니다. 그러니까 병 주둥이가 아래쪽을 향해 곡선을 그리며 움직이게 하는 것이죠. 그러면 바깥으로 향하는 원심력으로 인해 우리가 원하는 방향으로 케첩은 이동할 것입니다.

식탁 건너편에 앉은 사람의 얼굴이 아닌 접시 쪽으로 말이죠. 그런데 병을 너무 높이 들고 돌리면 불행한 사태가 일어날 수 있습니다.

또 한 가지, 더욱 안전하고 뉴턴의 승인을 받은 방법이 있습니다. 병을 접시 위에 거꾸로 들고 내리찍듯 하다가 접시 바로 위에서 멈추는 것입니다.

이것은 간단히 말해 병 안의 케첩을 속이는 것입니다. 내리찍는 동작에서 케첩은 병과 함께 아래로 이동합니다. 병이 갑자기 멈추면 케첩은 가로수를 들이받은 차의 운전자처럼 앞으로 튕겨져 나갑니다. 뉴턴이 한 말을 약간 바꾸면 이렇게 됩니다. "운동하는 물체는 차의 앞유리나 감자튀김에 의해 멈춰질 때까지 계속 운동하려고 한다."

병이 새것이거나 아니면 새로 채운 지 얼마 안 된 것(레스토랑에서는 케첩이 떨어질 때마다 새것을 내놓는 대신, 있던 병에 다시 채워서 쓰는 경우가 많습니다)이면 나이프를 병목까지 넣고 돌려준 뒤 꺼내면 됩니다.

딱 한 가지 문제는 식탁에 앉은 자세에서는 접시와의 거리가 너무 짧기 때문에 충분한 힘이 들어가지 않는다는 것입니다. 그러니까 내리찍기를 제대로 하려면 일어서세요.

수소와 기름

마가린 같은 식품의 성분표를 보면 '부분적으로 수소와 결합된 식물 기름'이라고 되어 있습니다. 기름을 왜 수소와 결합시킬 필요가 있죠? 그리고 왜 하필이면 부분적으로 결합시키나요?

수소는 알려진 물질 중 가장 가볍습니다. 그러나 우습게도 기름을 수소와 결합시키면 더 진하고 단단해집니다. 그러니까 부분 대신 전체를 수소와 결합시키면 기름은 초의 밀랍처럼 단단해집니다. 빵에 바르기 힘들겠죠.

기름은 식물성 기름이든 석유든 원자 사이에 '결합의 틈'을 갖고 있습니다. 실제로 빈 공간이 있다는 뜻이 아니라 화학결합이 불완전한 부분이 있다는 뜻입니다. 이것을 전문용어로 '이중결합'이라고 합니다. 이런 부분에서는 원자들이 다른 원자와 합쳐지려는 열망이 제대로 채워져 있지 않습니다. 원자들은 이렇게 남아도는 결합력을 이용해서 다른 원자를 잡을 수 있습니다. 물론 아무 원자나 되는 것은 아니고 결합에 적당한 원자여야 되겠죠. 이렇게 결합할 수 있는 공간이 남아도는 분자는 전문용어로 '불포화' 되었다고 합니다. 빈 공간이 하나일 경우 '단일 불포화' 라는 말을 씁니다.

수소는 이 원자들의 허전함을 채우는 데 더없이 알맞은 파트너입니다. 수소는 가장 작은 원자이므로 복잡한 모양의 분자구조 안 어디든 필요한 곳으로 쉽게 찾아갈 수가 있습니다. 고압으로 밀어넣을 때는 더욱 그렇죠. 이렇게 공간을 채워서 수소 원자들은 분자들의 갈망을 모두 충족시킵니다. 이렇게 충족된 상태를 '포화' 되었다고 합니다.

그러면 기름에는 어떤 변화가 일어날까요? 포화된 분자들은 일단 빈 공간이 채워지면 좀더 촘촘해집니다. 왜냐하면 공간이 모두 채워진 형태의 결합은 좀더 유연하기 때문입니다. 반면 이중결합은 좀더 뻣뻣합니다. 촘촘해지므로 이물질은 고체가 되고, 가열을 해도 녹는 데 시간이 많이 걸립니다. 다시 말하면 녹는점이 높아지는 것이죠(기름이 실온에서 고체이면 우리는 이것을 지방이라고 부릅니다. 그러나 전문용어로는 액체도 고체도 모두 지방입니다).

식물성 기름을 마가린으로 만들면 빵에 바르기가 편해집니다. 그러나 너무 딱딱해지면 안 되겠죠. 기름을 모두 포화시키면 초의 밀랍같이 된다는 것은 농담이 아닙니다. 초의 성분인 파라핀은 사실상 완전히 포화된 기름의 혼합물입니다. 단지 식물성 기름이 아니라 석유라는 것이 다를 뿐이죠.

일반적으로 식물성 기름은 대부분 불포화되어 있고 실온에서 액체입니다. 반면 동물성 지방은 대부분 포화되어 있고 고체입니다. 식물성 기름은 15% 정도의 포화 분자를 포함하고 있습니다. 마가린을 만들려면 수소를 밀어넣어 이 비율을 약 20%까지 높입니다. 버터는 65%가 포화 분자입니다.

불포화 지방은 쉽게 분해되며 프라이팬에서 가열하면 상당히 낮은 온도에서 연기를 내기 시작합니다. 변질되기도 쉬운데 그것은 대기 중의 산소 원자가 앞서 말한 공간으로 들어가 기름 원자들을 공격하기 때문입니다. 수소를 집어넣으면 안정되어 산소가 밀고 들어오지 못합니다.

이것이 수소와 결합시키는 가공의 장점입니다. 그러나 포화 지방은 혈중 콜레스테롤 농도와 심장병의 위험을 높이는 경향이 있습니다. 식품업체들은 한편으로는 포화 지방의 비율을 끌어내려 자기네 제품이 건강식품이라고 선전을 해야 하는 한편, 마가린에서처럼 수소와의 결합으로 포화도를 높여 편리하게 만들어야 한다는 딜레마 속에서 끝없이 고민하고 있습니다.

드라이아이스의 비밀

드라이아이스는 왜 드라이(건조)한가요? 왜 드라이아이스에서는 끊임없이 연기가 나죠?

연기가 아니고 안개입니다. 드라이아이스는 순수한 이산화탄소의 덩어리인 반면, 그 주변의 안개는 사람들이 생각하는 것처럼 이산화탄소가 아닙니다. 이산화탄소는 눈에 보이지 않습니다. 이 안개는 순수한 물입니다. 드라이아이스가 워낙 차갑기 때문에 대기 중의 수증기가 응결되어 미세한 물방울이 생긴 것이죠.

드라이아이스는 고체 상태의 이산화탄소입니다. 보통의 얼음이 물의 고체 상태인 것과 마찬가지입니다. 물은 0℃에서 얼어 고체가 되는 반면 이산화탄소는 영하 78.5℃에서 업니다. 그래서 드라이아이스가 얼음보다 훨씬 차가운 것입니다.

보통 얼음이 젖어 있는 것은 얼음이 녹으면서 액체 상태의 물이 되기 때문입니다. 드라이아이스는 녹지 않기 때문에 건조합니다. 드라이아이스는 액체 상태를 거치지 않고 곧장 기체로 변합니다. 이산화탄소는 보통의 대기압하에서 액체로 존재하지 못합니다. 액체보다 더 부자연스런 상태인 고체로 변화된 드라이아이스는 수단 방법을 가리지 않고 원래 상태인 기체로 돌아가려고 합니다.

이산화탄소는 기체 상태로 있을 때 가장 편안합니다. 왜냐하면 기체 상태에서는 분자들이 서로 가능한 한 멀리 떨어져 있을 수 있기 때문입니다. 그리고 이산화탄소 분자들은 서로 좋아하지 않습니다. 그러니까 물 분자처럼 들러붙어 있지 않는다는 것이죠(104쪽을 보세요). 액체에서 분자들은 항상 뭉쳐 다니며 옆으로, 위로, 아래로 서로 스칩니다. 그러나 이산화탄소 분자들은 외부에서 압력을 가해 서로 들러붙는 것 외에는 방법이 없을 정도로 내리누르기 전엔 액체처럼 붙어 다니지 않습니다. 다시 말하면 이산화탄소는 큰 압력하에서만 액체가 된다는 것이죠. 이산화탄소는 높은 압력하에서 액체가 되어 강철로 된 탱크에 실려 이리저리 운반됩니다.

CO_2 소화기는 액체 이산화탄소 탱크 꼭대기에 밸브를 달아놓은 것에 불과합니다. 압력을 풀어주면 이산화탄소는 노즐을 통해 밀려 나옵니다. 이때의 이산화탄소는 매우 차가운 기체(다음을 보세요)가 고체 이산화탄소 입자의 '눈(雪)'과 섞인 혼합물의 형태를 하고 있습니다. 이 눈 알갱이가 기체가 되어버리기 전에 여러 개를 모아서 '눈공'으로 뭉치면 드라이아이스 조각이 되는 것입니다. 공장에서 액체 이산화탄소를 가지고 드라이아이스를 만들 때 쓰는 방법이 바로 이것입니다.

소화기는 두 가지 기능을 합니다. 우선 차가운 기체로, 타는 물질의 온도를 발화점 이하로 떨어뜨리고 이산화탄소로 불길을 질식시킵니다. 이산화탄소는 무겁기 때문에 공기 중의 산소를 밀쳐냅니다 (269쪽을 보세요).

드라이아이스는 영화 촬영을 할 때 안개를 만드는 데 쓰입니다. 이것은 대기 중의 수증기가 미세한 물방울이 되어 만들어진 진짜 안개입니다. 그렇다고 하더라도 이것을 '눈속임'이라고 우길 근거는 있습니다. 드라이아이스로 만들어진 미세한 물방울은 매우 차갑기 때문에 마치 이불처럼 무대 바닥을 덮고 정지해 있습니다. 그러니까 시각적 효과를 내려면 보이지 않는 곳에 설치된 선풍기로 바람을 일으켜야 합니다. 그러나 날씨 때문에 생긴 진짜 안개는 대기 중에 상당히 조용히 매달려 있습니다.

솥에서 물이 끓는 장면을 촬영할 때도 드라이아이스를 씁니다. 드라이아이스 몇 개를 물 속에 집어넣으면 고체 이산화탄소는 기체로 바뀌고 이 기체는 물을 통과하면서 안개로 가득 찬 거품이 됩니다. 표면에서 거품이 터지면 흰 안개가 피어올라 김처럼 보이죠. 그러나 잘 보면 이것도 가짜라는 것을 알 수 있습니다. 여기서 안개의 물방울은 아주 작아서 빛을 반사하기 때문에 희게 보입니다. 그러나 김의 물방울은 더 크기 때문에 거의 투명합니다. 게다가 김은 열 때문에 위로 곧장 올라가지만 차가운 드라이아이스 안개는 솥 바로 위에 걸려 있습니다.

영화에서의 눈속임 얘기가 나왔으니 말인데, 풍랑에 시달리는 배의 모습은 어떻게 찍을까요? 물탱크에 물을 넣고 모형 배를 띄운 뒤 느린 동작으로 촬영하는 것일까요? 이것을 알려면 파도 꼭대기에서 튕겨지는 물방울의 크기를 보면 됩니다. 물방울이 선실의 조그만 창문이나 대포알만하다면 물탱크에서 모형으로 찍은 것입니다. 물은 대포알 크기의 물방울을 결코 만들지 않기 때문입니다.

누가 물어보지는 않았지만……

CO_2 소화기를 따뜻한 방에 몇 달씩 두었다가 써도 엄청나게 차가운 눈보라가 쏟아져 나오는 이유는 무엇인가요?

소화기 안에 있는 액체 이산화탄소가 기체로 바뀌면 아주 차가워져서 이산화탄소 일부가 얼어 '눈'으로 변합니다. 왜 그럴까요? 이것은 소화기 안에 높은 압력으로 갇혀 있던 이산화탄소가 밖으로 나오면서 팽창하기 때문입니다. 기체는 팽창하면 차가워지는 것일까요? 그렇습니다. 그리고 그 이유는 이렇습니다.

급속도로 팽창하는 기체의 분자는 사물을 날려버릴 능력이 있다는 것 아시죠? 소화기 손잡이를 눌렀을 때를 생각해 보세요. 조심하지 않으면 아직도 타고 있는 불덩어리를 십리 밖으로 날려버릴 수도 있습니다. 그러니까 팽창하는 기체 분자는 사물을 날려버릴 수 있습니다. 즉 사물의 분자를 강하게 들이받는 것이죠. 그 물체가 공기라고 해도 마찬가지입니다.

기체 분자가 다른 물체의 분자를 때리면 에너지의 일부를 잃고 속도가 줄어듭니다. 당구공이 다른 당구공을 때리고 나면 느려지는 것과도 같죠. 속도가 떨어진 기체 분자는 온도가 전보다 더 낮습니다(297쪽을 보세요).

소화기 안에 있는 이산화탄소는 워낙 강한 압력을 받고 있기 때문에 대기 중으로 나오는 즉시 엄청나게 팽창하고, 또 팽창하는 만큼 온도도 떨어지는 것입니다.

젤리의 비밀

누가 그러는데 우리가 어릴 때 그렇게 좋아하던 말랑말랑한 젤리(산뜻하고 예쁜 색으로 빛나던)는 돼지가죽, 소가죽, 뼈, 발굽으로 만든다더군요. 웩! 이거 정말 이에요?

물론 아닙니다. 가죽하고 뼈만 쓰죠. 발굽은 안 들어가니까 안심 하세요.

이 말랑말랑한 젤리는 87%가 당분이고 9~10%는 젤라틴이며 약간의 향료와 색소가 들어 있습니다. 아이들이 이것을 좋아하는 데는 세 가지 이유가 있습니다. 색이 산뜻하고 맛이 달며 말랑말랑하기 때문입니다. 엄마들은 걱정할 필요가 없습니다. 젤라틴은 순수한 단백질이기 때문이지요.

말랑말랑한 성질을 내는 젤라틴은 물론 돼지가죽, 소가죽, 소뼈 등에서 나옵니다. 징그럽다고 생각할 필요는 없습니다. 냉장고에 넣으면 굳어지는 수프는 닭껍질이나 소뼈에서 나오는 젤라틴이 주성분입니다.

척추동물의 피부, 뼈, 연결 조직 등은 콜라겐이라고 하는 섬유상 단백질을 포함하고 있습니다. 발굽, 털, 뿔에는 콜라겐이 없습니다. 뜨거운 산(보통 염산 또는 황산) 또는 알칼리(보통 석회)로 처리하면 콜라겐은 성질이 좀 다른 단백질인 젤라틴으로 변하는데 젤라틴은 물에 녹습니다. 이렇게 해서 얻은 젤라틴을 뜨거운 물 속에서 뽑아내어 끓이고 정화하면 되는 것이죠.

정화 과정의 초기 단계는 별로 보기 좋지도 않고 냄새도 좋지 못합니다. 그러나 젤라틴이 공장을 떠날 때쯤이면 여러 단계에 걸친 세척으로 산과 알칼리가 씻겨져 나가고, 여과되고, 이온물질이 제거되고(화학적 불순물을 제거하기 위해), 멸균된 다음입니다. 최종 제품은 밝은 노란색의 깨지기 쉬운 플라스틱 같은 고체로서 리본 모양, 국수 모양, 판 모양, 또는 가루 형태를 하고 있습니다.

이 고체 젤라틴을 찬물에 넣으면 물을 흡수해서 부풀어오릅니다. 이것을 가열하면 젤라틴이 녹아 걸쭉한 액체가 되고 식히면 다시 굳어집니다.

단백질이기 때문에 젤라틴은 영양가가 있습니다. 물론 영양학자들은 젤라틴이 완벽한 단백질이 아니라고는 하지만 말입니다. 그러나 젤라틴에서 가장 재미있는 부분은 찬물에 녹이면 젤리 상태가 되고 따뜻한 물에서는 액체가 된다는 사실입니다. 그래서 문자 그대로 '입안에서 살살 녹는' 것입니다. 이러한 특징을 이용해서 아주 말랑말랑한 것으로부터 구미에 이르기까지 다양한 젤리가 만들어지는 것입니다. 구미가 상대적으로 딱딱한 것은 젤라틴 함량이 8~9%로 높기 때문입니다. 초콜릿 캔디 위의 하얀 점들은 어떻게 거기 붙어 있을까요? 젤라틴을 접착제로 썼기 때문입니다.

미국에서는 매년 약 5만 톤 정도의 젤라틴이 생산되는데 이중 대부분은 여러 가지 디저트를 만드는 데 쓰입니다. 젤라틴은 수프, 셰이크, 과일 음료, 깡통에 있는 햄, 낙농제품, 냉동제품, 빵이나 과자 위에 뿌리는 하얀 장식 등에도 사용됩니다. 그러나 젤라틴은 식품에만 쓰이는 건 아닙니다. 약의 캡슐도 젤라틴으로 되어 있습니다. 30%는 젤라틴이고 65%는 물이죠. 성냥불도 불을 일으키는 화학물질을 젤라틴으로 응고시킨 것입니다.

사진에도 젤라틴이 쓰입니다. 필름 표면에 바르는 감광 재료는 빛에 민감한 화학물질을 포함한 젤라틴을 말린 것입니다. 젤라틴이 사진에 처음 쓰인 것은 1870년인데 그때 이래 인류는 이보다 더 나은 물질을 찾지 못했습니다. 우주비행사들도 동물의 가죽과 뼈로 만든 원시적인 재료를 가지고 사진을 찍는다는 사실이 재미있지 않습니까?

생선 비린내

생선은 왜 비린내가 나죠?

어리석은 질문 같지만 답은 재미있을 것입니다.

사람들은 시장이나 식당에서 냄새나는 생선을 당연하게 생각합니다. '생선이 원래 그렇지 뭐' 라는 생각이죠. 그러나 생선이 꼭 냄새가 나야 하는 것은 아닙니다. 완전히 싱싱한 생선은 냄새가 나지 않습니다.

물에서 꺼낸 지 한두 시간밖에 지나지 않은 생선과 조개는 사실상 아무 냄새도 나지 않습니다. '싱그러운 바다내음'은 나겠지만 불쾌한 냄새는 전혀 안 난다는 뜻이죠. 어패류는 분해되기 시작해야 이른바 '생선 냄새'를 풍깁니다. 그리고 생선은 다른 고기보다 더 빨리 분해됩니다.

생선의 살(그러니까 근육)은 소나 닭의 근육과는 다른 종류의 단백질로 되어 있습니다(78쪽을 보세요). 생선의 살은 요리할 때뿐만 아니라 효소나 박테리아의 작용에 의해서도 빨리 분해됩니다. 간단히 말해서 쉽게 상한다는 것이죠. 생선 냄새는 분해될 때 생기는 물질 때문에 나는 것입니다. 암모니아, 각종 황화합물, 아미노산이 분해될 때 나오는 아민이라는 화학물질 등이 악취의 주범입니다.

인간의 후각은 이들 화학물질에 매우 민감합니다. 생선이 완전히 상해서 먹을 수 없게 되기 훨씬 전부터 사람의 코는 냄새를 감지합니다. 그러니까 생선 냄새가 좀 난다는 것은 완전히 싱싱하지 않다는 뜻이지 꼭 위험하다는 뜻은 아닙니다.

아민과 암모니아는 염기로서 산에 의해 중화됩니다. 그래서 구연산이 들어 있는 레몬 조각이 생선과 함께 나오는 것입니다(가리비 조개에서 냄새가 좀 난다고 생각되면 조리하기 전에 레몬주스나 식초로 씻어내세요. 하지만 푹 담그면 안 됩니다. 가리비는 스펀지처럼 물을 빨아들이기 때문에 굽거나 튀길 때 레몬 증기나 식초 증기가 마구 올라옵니다). 해산물이 싱싱한가를 알아보는 가장 좋은 방법은 최대한 정중한 자세로 물건의 냄새를 맡아보는 것입니다. 물론 높은 품질을 자랑하는 지중해변의 생선가게에서는 이런 행동이 심각한 모욕으로 받아들여질 수 있습니다.

생선의 살이 다른 고기보다 빨리 상하는 또 하나의 이유는 대부분의 물고기가 자연 상태에서 자기보다 작은 물고기를 집어삼키기 때문입니다. 바닷속에도 정글의 법칙이 존재하는 것이죠. 그러므로 물고기들은 다른 물고기의 살을 아주 잘 소화시키는 소화효소를 갖고 있습니다. 생선을 잘못 다뤄서 내장이 터지면 이 효소들이 밖으로 나와 그 생선 자신의 살을 분해하기 시작합니다. 그래서 내장을 제거한 생선이 그렇지 않은 것보다 오래가는 것입니다.

세 번째 이유도 있습니다. 생선 몸 안에 있는 분해 박테리아는 추운 바닷속에서 살아야 하기 때문에 육상의 박테리아보다 훨씬 더 효율적으로 만들어졌습니다. 그래서 온도를 조금만 올려주면 걷잡을 수 없이 왕성해집니다. 이들이 나쁜 짓을 못하게 하려면 생선을 육상 동물의 고기보다 더 재빨리 그리고 철저히 냉장하는 수밖에 없습니다.

그래서 생선가게에는 얼음이 항상 있는 것입니다. 그것도 아주 많이 있죠. 얼음은 온도를 낮출 뿐만 아니라 생선이 마르는 것도 막아 줍니다. 물고기들은 죽은 다음에도 말라붙는 것을 싫어합니다.

네 번째 이유는 이렇습니다. 일반적으로 생선의 살은 육상 동물의 살보다 불포화 지방산(168쪽을 보세요)을 더 많이 포함하고 있습니다. 그래서 오늘날 같은 콜레스테롤 공포의 시대에 생선이 환영을 받는 것입니다. 그러나 불포화 지방산은 쇠고기를 그렇게 맛있게 만드는 포화 지방산보다 산패(산화)하기가 쉽습니다. 지방은 산화되면 악취가 나는 유기산으로 변하고 이로 인해 생선 전체에서 고약한 냄새가 더 많이 풍기는 것입니다.

해산물 레스토랑에 들어섰는데 생선 비린내가 난다면 얼른 나와서 가까이 있는 햄버거 집으로 가세요.

위스키의 알코올 농도

와인이나 위스키 라벨을 보면 알코올 농도를 'proof' 또는 '부피로 따져서 알코올 몇 퍼센트'라고 표시해 놓았습니다. 'proof'라는 말은 어디서 왔죠? 그리고 '부피로 따져서'라는 말은 무슨 뜻인가요?

'proof'가 쓰이게 된 것은 17세기에 위스키의 알코올 농도를 '증명'할 때 화약을 위스키에 적셔 불을 붙여 보이는 방법을 썼기 때문입니다. 이것은 사실입니다(영어로 prove는 '증명하다'라는 뜻의 동사이고, 그 명사형이 proof임—역주). 불이 천천히 규칙적으로 타면 정해진 대로 알코올 농도가 50% 근처인 것이고, 물을 탔으면 불꽃이 펄럭거립니다.

오늘날 미국에서는 부피로 따져서 알코올이 50%이면 100proof라고 합니다. 그러므로 proof의 수치는 항상 퍼센트 농도의 2배입니다. 예를 들어 86proof 진은 부피로 따져 43%의 알코올을 포함하고 있습니다(영국에서는 좀 다릅니다. 100proof는 57.07%인데 이렇게 된 이유를 설명하자면 너무 기니까 생략하겠습니다).

화약을 구하기 힘든 요즘은 어떻게 알코올 농도를 표기해야 할까요? 퍼센트가 가장 간편한 수단입니다. 술병에 든 액체의 정확히 반이 알코올이라면 우리는 이것을 50%라고 말합니다. 그런데 머리가 좀 돌아가는 사람이라면 이렇게 물을 것입니다. "무엇의 50%입니까? 무게의 50%인가요 아니면 부피의 50%인가요?" 이것은 당혹스런 질문입니다. 왜냐하면 무게 퍼센트와 부피 퍼센트는 상당히 다르기 때문입니다. 이것이 알코올과 물이 되면 관계가 더 복잡해집니다. 여기에는 두 가지 이유가 있습니다.

첫째, 알코올은 물보다 가볍습니다. 전문용어로는 비중이 다르다고 말합니다. 순수 알코올 1리터의 무게는 물 1리터 무게의 79%에 불과합니다.

50%짜리 술을 만든다고 합시다. 이때 각각 무게를 달아 섞는다고 합시다. 알코올은 물보다 가볍기 때문에 같은 무게가 되려면 알코올의 부피가 더 커야 합니다. 그러므로 무게로 따지면 알코올 농도가 50%지만 부피로 따지면 50%가 넘는 것입니다(실제로는 약 56%가 됩니다).

이제 양조업체들이 어느 쪽을 택했는가를 봅시다. 말할 것도 없이 알코올 농도가 더 높아 보이는 쪽을 택했죠. 부피로 따진 것입니다.

그런데 세금은 퍼센트 농도에 따라 매겨지기 때문에 양조업자는 세금도 더 많이 내야 합니다.

두 번째 이유는 알코올과 물이 섞이면 아주 특이한 일이 일어나기 때문입니다. 섞어놓은 액체의 부피는 두 액체를 따로따로 두었을 때의 부피의 합보다 작습니다. 간단히 말하면 줄어든다는 뜻이죠. 물 1리터와 알코올 1리터를 섞으면 2리터가 되는 것이 아니라 1.93 리터가 됩니다. 그 이유는 이렇습니다. 물 분자와 알코올 분자는 서로 수소결합(131쪽의 '꼼꼼쟁이 코너'를 보세요)을 형성하여 각각 따로 있을 때보다 분자 사이의 간격이 더욱 좁아집니다.

쉽게 상상할 수 있는 일이지만 이렇게 되면 '부피로 따져서'라는 방법에 혼란이 생깁니다. 라벨상의 퍼센트 표시는 섞기 전의 부피인가요, 아니면 섞은 다음의 부피인가요? 양조업체들은 작은 쪽의 부피를 택했습니다. 즉 섞은 후의 부피죠. 그것은 옳은 일입니다. 왜냐하면 우리가 돈을 내고 사는 술병 안의 액체는 섞인 상태이니까요. 수학적 머리에 문제가 있는 사람이 아니라면 이 계산 방법을 쓸 경우 알코올 농도의 값은 더욱 높아진다는 것을 쉽게 알 수 있을 것입니다. 양조업체의 방법을 따라 아주 조심스럽게 무게를 달아서 물과 알코올을 무게로 50:50으로 섞는다면 그 결과는 부피로 따져 57%의 알코올이 될 것입니다.

한마디로 말하면……

1리터의 물과 1리터의 알코올을 섞으면 부피로 따져 농도 50% 이상의 알코올이 됩니다.

누가 물어보지는 않았지만……

전문가들이 술의 이로운 점과 해로운 점에 대해 이야기할 때 어떤 사람은 "몇 그램의 에틸알코올을 소비하는가"라는 말을 자주 합니다. 술 한 병에 든 알코올이 몇 그램인지 어떻게 알 수 있을까요?

일단 술의 양을 온스로 따진 다음 이 온스 값에 부피로 따진 퍼센트 농도(proof값의 2분의 1)를 곱하고 다시 0.233을 곱하세요. 이렇게 해서 얻은 수치가 그 술병 안에 든 에틸알코올의 그램 수입니다. 예를 들어 80proof 위스키 1.5온스에는 14g의 알코올이 들어 있습니다($1.5 \times 40 \times 0.233 = 14$).

5. 야외에서

야외로 나가실까요?

사람의 손이 닿지 않은 것들을 한 번 들여다봅시다.

공기, 하늘의 태양, 구름을 보세요.

아무것도 없는 것 같은데

공기는 어떻게 '기압'을 만들어낼까요?

왜 낮에는 태양이 더 뜨거울까요?

왜 어떤 구름은 희고 어떤 구름은 검을까요?

눈이 오면 포근한 이유는 뭐죠?

바닷가에 가보면 해안선이 어떻게 생겼든

파도는 해안에 평행하게 몰려옵니다.

파도는 해안선의 모습을 어떻게 아는 것일까요?

마크 트웨인의 말을 조금 바꾸면

'날씨를 어떻게 할 수는 없지만 이야기는 할 수 있다'가 됩니다.

이야기하는 것보다 더욱 좋은 것은 이해하는 것이겠죠.

이해하려면 날씨를 세심히 관찰하고 깊이 생각해 보아야 합니다.

이번 장에서는 햇빛, 구름, 바람, 눈 등을 다룰 것입니다.

그리고 인간이 만든 야외행사 두어 가지를 곁들이기로 하죠.

자유의 여신상과 독립기념일 불꽃놀이 말입니다.

바다 쪽에서 시원한 바람이 부는 이유

바닷가에 서면 항상 시원한 바람이 바다 쪽에서 불어옵니다. 내가 단지 그렇게 느끼는 것인가요, 아니면 뭔가가 정말 있어서 바닷가가 항상 시원하고 바람이 부는 것인가요?

　

그렇습니다. '해풍'은 바닷가에 즐비한 여관 간판에만 쓰이는 말이 아닙니다. 바다에서 불어오는 바람 때문에 바닷가는 내륙보다 실제로 시원합니다. 적어도 오후에는 그렇습니다. 그런데 바로 이 오후 시간이 사람들에게는 시원한 것이 가장 아쉬운 때입니다(188쪽을 보세요). 낮에는 거의 예외 없이 시원한 바람이 바다에서 육지 쪽으로 불어옵니다. 이 바람은 해가 뜨고 나서 몇 시간 후에 시작해서 한낮에 최고조에 달했다가 저녁 때쯤 되면 멈춥니다.

태양은 아침부터 육지와 바다 모두를 비춥니다. 그러나 바다는 쉽게 따뜻해지지 않습니다. 왜냐하면 워낙 차갑고 넓기 때문에 열에너지를 끝없이 흡수해서 온도가 0.5℃도 채 올라가지 않는 것입니다. 반면에 육지는 태양열에 의해 상당히 따뜻해집니다. 흙, 나뭇잎, 건물, 도로 등은 비교적 쉽게 데워집니다. 어려운 말로 하면 이들은 물보다 '열용량'이 적은 것입니다. 육지는 따뜻해지면서 그 위에 있는 공기를 데우고 더워진 공기는 팽창하고 상승합니다. 그러면 물 위에 있던 차갑고 밀도가 높은 공기가 빈자리를 채우기 위해 들어옵니다. 이 과정에서 시원한 바람이 해변을 훑고 지나가 해수욕객들을 기쁘게 해주는 것입니다.

시원하게 느껴지는 것은 바닷바람의 온도가 낮기 때문만은 아닙니다. 온도가 그다지 낮지 않더라도 어쨌든 바람이 불면 땀을 증발시켜주기 때문에 시원한 느낌이 듭니다(229쪽을 보세요).

파도의 비밀

바닷가에 서서 보면 파도는 해안선의 생김새와 관계없이 항상 해안선에 평행하게 칩니다. 왜 그렇죠?

파도는 해변에 가까이 오면 해변이 있다는 것을 알아차리고 해변과 나란히 자세를 바꿉니다.

물론 파도는 바람이 수면으로 불기 때문에 생깁니다. 그러나 바람이 항상 해변을 향해 직선으로 부는 것은 아닙니다. 바다 한가운데서 바람은 아무 방향으로나 마구 불어댑니다. 그러니까 우리가 바닷가에서 만나는 파도는 다소간 계속해서 한 방향으로만 움직이는 파도들입니다. 이들이 없다면 우리는 파도를 구경하지 못할 것입니다. 파도는 대부분 해안선에 평행이 아니라 비스듬히 접근합니다. 믿거나 말거나지만 파도는 해안이 다가옴을 '느끼고' 해안선과 평행하도록 자세를 바꾸어서 부서지는 것입니다. 일단 부서지고 나면 거품이 만들어내는 선은 해안선과 거의 일치합니다.

여기서 의문은 물론 이런 것입니다. 파도는 어떻게 해안을 알아차릴까요? 그리고 자세를 바꾸어주는 힘은 무엇일까요?

파도(파도는 바다 표면에 생긴 널찍한 혹이라고 생각합시다)가 아직 먼바다에 있을 때는 거칠 것이 아무것도 없습니다. 바람의 방향에 무조건 순종하는 것이죠. 그러나 해변에 접근하면서 물이 얕아

짐에 따라 파도의 아래쪽은 바다 바닥과의 마찰 때문에 속도가 떨어집니다. 이렇게 해서 파도는 해안이 가까워졌음을 '알아차리는' 것이고 이에 따라 방향을 적절히 바꿉니다.

해변을 왼쪽에 두고 어떤 각도를 유지하면서 밀려드는 파도에 타고 있다고 생각해 봅시다. 얕은 물을 만나 바닥을 먼저 긁게 되는 것은 파도의 왼쪽 부분입니다. 그러면 왼쪽은 속도가 떨어지겠죠. 중간과 오른쪽은 계속 같은 속도로 진행할 것입니다. 이렇게 되면 파도 전체를 해변을 향해 좌회전시키는 결과가 나옵니다. 보트를 탈 때 왼쪽 노를 물 속에 박고 있으면 배가 왼쪽으로 도는 것과 같은 것입니다. 파도가 해변에 가까이 옴에 따라 이 제동 효과는 오른쪽을 향해 계속 전달되고 마지막에는 파도 전체가 좌회전을 완료합니다. 그러면 파도의 꼭대기가 해변과 평행이 되고 이 지점에서 파도는 해변을 향해 무너질 때가 왔음을 아는 것입니다.

파도가 부서지는 것도 바로 이 바닥긁기 효과 때문입니다. 파도가 해변과 평행이 되는 지점은 워낙 얕은 곳이기 때문에 바닥의 제동 효과가 매우 큽니다. 그래서 파도의 꼭대기가 바닥을 추월하기 때문에 파도가 앞으로 고꾸라지는 것입니다. 꼭대기는 해변을 향해 쏟아져 내리면서 파도의 길이 전체에 걸쳐 하얀 거품을 일으키는데 그 거품은 해변과 평행합니다.

직접 해보세요

다음 번에 구불구불한 해안선 위를 비행기를 타고 지나갈 기회가 있거든 해변의 생김새와 관계없이 하얀 거품의 선이 해안과 평행하게 생겨나는 것을 관찰해 보세요.

왜 정오에는 태양이 뜨거울까

오전 10시부터 오후 2시 사이에 선탠을 하면 지나치게 탈 우려가 있다고들 하더군요. 물론 그때 태양이 머리 꼭대기에 있죠. 그런데 머리 위의 태양은 왜 더 뜨거운 거죠? 더 가까운 것도 아닐 텐데 말이에요.

맞습니다. 지구와 태양을 갈라놓는 1억5천만km의 거리는 우리의 점심 시간이나 선탠 시간에 전혀 신경을 써주지 않습니다. 햇빛에 노출되면 금방 새빨개지는 우리의 콧등과 태양과의 거리는 하루 중 어느 때든 같습니다. 그러나 햇빛의 '강도'는 두 가지 이유 때문에 달라집니다. 하나는 대기에 관한 것이고 하나는 기하학적인 것입니다.

지구를 공기층에 둘러싸인 공으로 생각해 봅시다. 이 공기층의 두께는 수백 킬로미터입니다. 태양이 머리 위로 오면 햇빛은 땅 표면에 수직으로 쏟아집니다. 그러니까 통과하는 대기층의 두께가 하루 중 가장 얇은 것이죠. 그러나 태양이 지평선 가까이로 내려가면 햇빛은 비스듬히, 거의 수평면으로 들어오기 때문에 공기층 안에서 아주 먼 거리를 날아와야 합니다. 대기는 햇빛의 일부를 분산시키고 흡수하기 때문에 통과 거리가 길수록 강도가 약해지는 것이죠. 그러므로 태양이 낮게 걸려 있을 때는 힘이 약합니다. 해뜰녘이나 해질녘에는 햇빛의 강도가 정오의 300분의 1밖에 안 됩니다.

그러나 지구에 대기가 없다 하더라도 태양의 고도가 낮으면 햇빛은 약할 것입니다. 그것은 빛이 비스듬해지기 때문에 생기는 기하학적 현상에 불과합니다. 이것은 회중전등과 오렌지로 간단히 실험해볼 수 있습니다.

어두운 방에서 작은 회중전등의 동그란 빛으로 오렌지를 비춰보세요. 회중전등이 태양이고 오렌지가 지구입니다. 먼저 오렌지의 적도 부분을 직각으로 비춰보세요. 이것이 정오의 위치입니다. 불빛이 완전한 원형이죠? 태양을 지구와 같은 거리에 쥐고(엄청 힘이 세진 기분이죠?) 회중전등의 각도를 약간 왼쪽으로 바꾸어 비스듬히 비추어보세요. 이것은 늦은 오후의 위치입니다. 그러면 동그랗던 햇빛이 길이로 늘어난 것처럼 타원형이 될 것입니다. 사실 그렇습니다. 빛의 양은 같은데 비추는 범위는 더 넓어졌기 때문에 힘은 약해진 것이죠.

다음 번에 해변에 가면 선탠 미치광이들을 잘 관찰해 보세요. 이러한 각도의 효과를 최대한 활용하고 있다는 것을 알 수 있을 것입니다. 그 덕분에 피부과 의사들의 주머니도 두둑해지죠. 하루 중 어느 때든 누워 있으면 햇빛이 약간 비스듬한 각도에서 들어옵니다. 왜냐하면 적도를 제외하면 태양이 직각으로 머리 위에 오는 일은 없으니까요. 그래서 햇빛을 정면으로 받기 위해 선탠의 고수들은 상체를 약간 일으켜 세워서 몸과 햇빛이 최대한 직각에 가까워지도록 합니다.

꼼꼼쟁이 코너

앞서 말한 각도의 기하학적 효과는 '코사인 효과'라고 부를 수도 있습니다. 햇빛의 강도는 우리 머리 위로 뻗어나간 직선과 태양의 위치 사이의 각도의 코사인 값에 따라 줄어듭니다. 적도에서 빛의 강도(코사인 값)는 정오에 1이 되었다가 태양이 지평선에 걸림과 동시에 0이 됩니다.

누가 물어보지는 않았지만……

바로 이것 때문에 여름보다 겨울이 추운 것 아닌가요?

네, 맞습니다. 남반구든 북반구든 우리가 사는 지역에 겨울이 오면 그쪽 반구는 태양의 반대쪽으로 기울어진 상태입니다. 지구의 축은 규칙적으로 흔들리기 때문에 북반구의 겨울에는 북극이 남극보다 태양에서 더 멀리 떨어져 있습니다. 이렇게 반대쪽으로 기울어져 있기 때문에 햇빛은 좀더 비스듬히 지표면에 떨어집니다. 기울기가 심할수록 빛은 약해집니다. 그러니까 열도 약해지죠. 이래서 우리는 놀라운 결론에 도달합니다. 겨울에는 선탠을 하거나 더위를 먹을 수 없다는 것이죠.

미친개와 영국 사람

여름에 무척 덥다는 이야기를 할 때 우리는 "그늘에서도 32도가 넘어"라고 말합니다. 그러나 그늘 속에만 있을 수는 없죠. 햇빛 속에서는 얼마나 뜨거운가도 알아야 하니까요. 그늘 속의 온도를 가지고 햇빛 속의 온도를 계산해 내는 방법은 없나요?

안됐지만 없습니다. '그늘 속의' 온도는 상당히 객관적인 것이지만 '햇빛 속의' 온도는 햇빛 속의 무엇의 온도를 측정하느냐에 따라 달라집니다.

서로 다른 물체, 그리고 서로 다른 색의 옷을 입고 있는 사람들은 햇빛 속에서의 온도가 서로 다릅니다. 왜냐하면 이들은 백색광의 스펙트럼 중 서로 다른 부분의 에너지를 저마다 다른 양만큼 흡수하기 때문입니다(60쪽을 보세요). 밝은 색의 옷은 일반적으로 어두운 색의 옷보다 햇빛을 덜 흡수(그러니까 더 많이 반사)하기 때문에 시원합니다.

사람의 피부도 마찬가지입니다. 똑같이 햇빛 속에 서 있어도 피부가 흰 사람은 검은 사람보다 덜 덥게 느낄 것입니다. 영국의 제국주의가 정점에 달해서 세계 각국에 식민지가 있었을 때(식민지 사람들의 피부는 대체로 검은 편이었습니다) 노엘 코워드는 이런 얘기를 해서 이 사실을 문학적으로 뒷받침했습니다. '오직 미친개와 영국 사람만 한낮에 햇빛 속으로 나간다.'

그늘, 그러니까 태양의 복사열이 직접 닿지 않는 곳의 경우, 물체를 별도로 가열하지 않는다면 이 물체의 온도는 주변 공기의 온도에만 영향을 받습니다. 일기예보에 나오는 기온은 바로 이 '그늘 속의' 온도지만 예보관은 이것을 굳이 밝히지 않죠. 그러나 양지라면 온도는 주변 공기의 온도뿐만 아니라 물체가 흡수하고 반사하는 태양광의 양에 의해서도 좌우됩니다. 물체마다, 그리고 상황마다 태양광을 흡수하고 반사하는 비율이 다르므로 햇빛 속에서의 온도는 얼마라고 말할 수가 없는 것입니다.

그런데 햇빛 속에 차를 세워놓으면 왜 운전대만 그렇게 뜨거워지는가를 설명하는 법칙은 없습니다. 다만 운전대는 태양광을 가장 잘 받을 수 있는 위치에 놓여져 있는데다가 운전자가 가장 먼저 접촉하는 것이 바로 이 운전대이기 때문입니다.

구리의 녹과 푸른 피

오래된 교회나 공공건물 중에는 지붕이 녹청색인 것들이 있습니다. 이런 지붕을 구리로 입혔다는 것은 알지만 다른 곳에 있는 구리는 녹청색이 아니더군요. 예를 들어서 내가 가진 동전을 녹청색으로 만들 수 있습니까?

지붕 위의 구리판들은 인간이 구리라는 내구성이 뛰어나고 아름다운 금속으로 지붕을 입힐 줄 알게 된 이래 긴 세월을 비바람에 시달려왔습니다. 오늘날 구리는 너무 비싸져서 건물의 지붕은커녕 정치가나 성직자의 머리를 가리기도 힘든 형편입니다. 그리고 구리로 1센트짜리 동전을 만드는 것은 배보다 배꼽이 더 큰 꼴입니다. 1센트짜리 동전 무게의 구리는 1센트보다 비쌉니다. 그래서 1982년이래 미국 돈 1센트짜리는 아연으로 만들어져왔습니다. 다만 옛 모습을 지키기 위해 얇은 구리 도금을 했을 뿐입니다. 하지만 꼭 실험을 해보고 싶다면 동전을 밖에다 한 50년쯤 내놓으세요. 그러면 지붕과 비슷한 색이 될 것입니다. 이보다 더 빨리, 그리고 더 쉽게 실험을 마치는 방법은 없습니다.

이렇게 녹이 스는 데 오래 걸린다는 사실 때문에 구리는 지붕을 덮는 좋은 재료인 것입니다. 구리의 녹이 스는 속도는 매우 느립니다. 철의 경우보다 훨씬 느리지요(119쪽을 보세요). 반짝이는 새 구리 동전은 몇 주가 지나면 어둡게 변합니다. 왜냐하면 검은색의 산화구리로 된 얇은 막이 생기기 때문입니다. 해가 감에 따라 이 물질은 천천히 대기 중의 산소, 수증기, 이산화탄소 등과 반응하여 녹청색 물질을 만들어냅니다. 이것을 화학자들은 탄산구리라고 부릅니다. 이 녹청색의 물질은 지붕들뿐만 아니라 자유의 여신상도 덮고 있습니다. 자유의 여신상은 300개의 두터운 구리판을 볼트로 연결해 만들었으며 1886년 이래 뉴욕에 서서 비바람을 맞고 있습니다.

그런데 분수의 물 속에 들어 있는 동전이 띠고 있는 녹색은 좀 다릅니다. 사실 이 동전들은 운명의 여신에게 뇌물을 1센트만 먹이면 만사가 형통할 것이라는 생각을 가진 사람들이 던져 넣은 것으로, 밤중에 분수 속의 동전만 걷어가는 사람들이 빼먹고 놓아둔 것이기도 합니다. 물 속의 동전 표면에 슨 녹은 염화구리 및 수산화구리 등으로 되어 있고, 따라서 지붕 위의 구리판과는 색이 약간 다르며 금속 표면에 잘 들러붙지도 않습니다.

이런 현상은 싸구려 장신구로도 실험해볼 수 있습니다. 싸구려 장신구들은 구리와 아연의 합금으로 된 것이 많습니다. 라커로 코팅이 되어 있지 않다면 이것으로 만든 반지나 팔찌는 몇 달 후면 땀 속의 소금 및 산과 반응하여 염화구리를 위시한 여러 가지 구리 화합물을 만들어냅니다. 그러면 이것을 착용한 사람의 피부도 자유의 여신상처럼 녹색이 되지만 똑같은 색이 나오지는 않습니다.

공공 장소에 서 있는 동상들은 주로 청동으로 되어 있는데 청동은 구리와 주석의 합금입니다. 이들을 비바람 속에 놓아두면 구리와 비슷한 흑청색의 녹이 습니다(동상에 묻은 하얀 얼룩은 비둘기 똥입니다).

구리와 관련하여 또 한 가지 재미있는 것은 가재를 위시한 대형 갑각류들의 피입니다. 이들의 피는 헤모시아닌이라는 성분 때문에 푸른색을 띱니다. 반면 인간의 피는 철을 포함하는 헤모글로빈 때문에 빨갛습니다. 헤모시아닌은 헤모글로빈과 비슷하지만 철 원자 대신 구리 원자를 가지고 있습니다. 프랑스 혁명 당시 혁명가들이 부르짖은 "세계의 '푸른 피' 족속(푸른 피에 해당하는 영어의 blue blood라는 말은 귀족이라는 뜻임—역주)은 가장 열등한 생명체이다"라는 이야기는 이런 의미에서 어느 정도 사실인 것 같습니다.

누가 물어보지는 않았지만……

관절염을 치료한다는 구리 팔찌는 어떻게 된 거지요?

말도 안 되는 이야기입니다. 이 어처구니없는 얘기의 바닥에 깔려 있는 생각은 이런 것입니다. 1) 구리는 좋은 전기전도체이다(이것은 사실입니다). 2) 대기 중에는 전기에너지가 있다(무슨 에너지인지 모르겠지만). 3) 그러므로 구리 팔찌는 이 에너지를 끌어다가 쑤시는 관절로 보내준다.

물론 이 '에너지'는 우리 몸에 좋겠지요. 그러나 이 팔찌로 인해 어떤 에너지가 만들어진다면 그것은 손목에 낀 파란 녹을 없애느라 문질러대는 사람의 다른 쪽 손이 만들어내는 에너지일 뿐입니다(식초를 쓰면 잘 없어집니다).

직접 해보세요

1센트짜리 동전의 표면을 줄로 긁어보면 구리가 얇게 도금되어 있을 뿐임을 알 수 있습니다. 속에는 은빛의 아연이 있습니다.

　이상하게도 미국 동전 중에서 구리의 합금이 아닌 것은 1센트짜리뿐입니다. 5센트, 10센트, 25센트, 50센트짜리 동전들은 모두 구리의 합금으로 만들어졌으며, 이때 합금 원료로 쓰이는 금속은 주로 니켈입니다. 영어로 'nickel(니켈)'이라고 부르는 5센트짜리 동전조차도 니켈은 25%밖에 포함하고 있지 않습니다. 나머지는 구리입니다.

미국 동전 중 구리 합금으로 되어 있지 않은 것은 한 가지뿐입니다. 그것은 1센트짜리입니다.

대기가 투명하다는 것은 얼마나 좋은가

대기는 왜 투명하지요?

　간단합니다. 공기 분자들은 워낙 서로 멀리 떨어져 있기 때문에 우리는 텅 빈 공간을 통해 사물을 보고 있는 것입니다. 대기 중에서 뭔가를 느끼려면 분자 하나하나를 볼 수 있어야 하는데 공기 분자 하나는 우리가 현미경으로 볼 수 있는 가장 작은 물체보다 1,000배나 더 작습니다.

물론 여기서 이야기하는 공기는 순수하고 오염되지 않은 공기입니다. 더러운 공기에 대해서는 나중에 다시 다루겠습니다.

질소 분자와 산소 분자는 공기의 99%를 차지하고 있으며 크기가 비슷합니다. 옆의 그림은 1기압하에서 실제로 공기 분자가 서로 얼마나 떨어져 있는가를 보여주고 있습니다. 아무것도 없는, 완전히 텅 빈 공간이 거의 대부분이라는 사실을 알 수 있을 것입니다. 그러니까 빛이 아무 방해도 받지 않고 대기 중을 통과해서 우리 눈으로 들어오는 것이 하나도 이상하지 않은 것입니다. 투명함을 정의하는 데 대기만큼 좋은 기준은 없습니다.

그러나 가시광선은 질소나 산소 분자 하나와 충돌해도 이 분자에 흡수되지 않습니다. 많은 분자들은 특정한 파장 대역(색깔)의 빛을 흡수하는 성질이 있습니다. 백색광에서 어떤 색이 흡수되어버리면 그 색이 빠진 나머지의 빛은 우리 눈에 다른 색으로 비칩니다(60쪽을 보세요). 그래서 어떤 기체들은 마치 색이 있는 것처럼 보이는 것입니다.

예를 들어 염소 가스는 녹색입니다. 염소 가스로 가득 찬 유리병이 있다고 합시다. 그 안의 염소 분자들은 서로 멀리 떨어져 있기 때문에 유리병을 통해 다른 쪽을 얼마든지 볼 수 있습니다. 그러나 이것을 통해 우리 눈에 들어오는 빛은 녹색을 띨 것입니다. 그러므로 투명성과 색상은 서로 다른 것입니다. 그러니까 투명하다고 해서 반드시 무색일 필요는 없는 것이지요. 썬팅을 한 차의 유리는 분명 색이 있지만 이를 통해 우리는 밖을 볼 수 있습니다. 투명하다는 이야기입니다.

이제 더러운 공기로 넘어갑시다. 로스앤젤레스, 덴버, 멕시코시티 등의 상공을 날아본 사람이라면 도시를 뒤덮은 황갈색의 찌꺼기 층을 보았을 것입니다. 여기에는 일산화질소가 포함되어 있습니다.

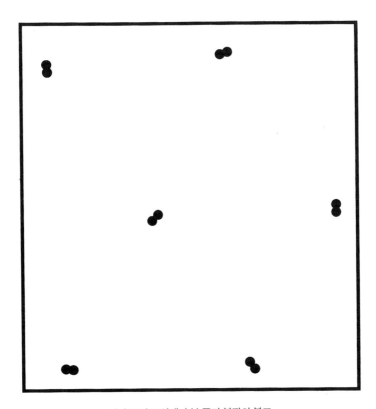

바다 표면 근처에서 본 공기 분자의 분포

일산화질소는 자동차 배기가스의 질소 산화물들이 대기 중의 산소와 반응하여 만들어진 갈색의 자극적인 기체입니다.

연기나 화학물질의 안개 같은 오염물질이 너무 두꺼워져서 여러 가지 빛의 파장을 흡수해 버리면 대기는 일반적으로 덜 투명해집니다. 물론 공기 분자들은 아직 서로 멀리 떨어져 있지만 많은 분자들이 빛을 흡수하거나 분산시켜서 우리 눈에 들어오는 빛의 양은 그만큼 적어지는 것입니다. 이렇게 대기가 오염되어 수십 년 만에 시계가 아주 나빠진 곳이 지구상에는 아주 많습니다. 그러니까 이런 곳에 사는 어른들은 어릴 때 뚜렷이 볼 수 있었던 먼 산봉우리를 더이상 볼 수 없는 것입니다.

대기가 투명하다는 것은 매우 다행스러운 일입니다. 그러나 불행히도 대기는 옛날만큼 투명하지는 못합니다.

기압은 왜 수은기둥 높이로 표시할까

왜 기상예보관들은 기압 이야기를 할 때 항상 '수은기둥 몇 인치'라고 말할까요? (1기압은 1cm²에 1kg의 압력이 걸리는 상태를 말한다. 바닥 넓이가 1cm²인 수은기둥의 무게가 1kg이 되려면 높이가 760mm, 그러니까 76cm가 되어야 한다. 이것을 인치로 환산하면 약 30인치 정도 된다. 이것이 1기압이고, 우리나라에서는 1기압을 1,000헥토파스칼로 표시한다 — 역주) 어떻게 압력을 인치단위로 표시할 수 있지요? 그리고 수은기둥 1인치는 무슨 말인가요?

먼저 말하고 싶은 것은 'barometric pressure(기압계 기압)'이라는 표현을 쓰지 말자는 것입니다. 온도를 측정하는 것은 온도계입니다. 습도를 측정하는 것은 습도계이지요. 그런데 우리는 '온도계온도'나 '습도계 습도'라는 말을 쓰지는 않습니다. 미국의 예보관들이 '기압계 기압'이라는 말을 쓰는 것은 이것이 더 과학적으로 들리기 때문일 것입니다. 그냥 '기압'이라고 하면 될 것을 말이지요.

그런데 기압, 즉 대기가 내리누르는 '압력'은 무엇일까요? 공기분자들은 닿는 것은 무엇이든 끊임없이 두들겨대는 버릇이 있습니다. 대기압은 여기에서 생겨납니다. 공기 분자(주로 질소 또는 산소)

가 고체나 액체의 표면과 충돌할 때마다 이 분자는 어떤 힘을 가합니다. 그러니까 1평방 인치 또는 1cm²의 면적에서 공기 분자들간에 매초 몇 번의 충돌이 발생하는가에 따라 압력의 세기가 결정됩니다. 이 압력은 상당합니다. 1기압하에서 이 무수한 공기 분자들은 1평방 인치당 14.7파운드의 무게에 해당하는 충돌을 일으킵니다 (1cm²로 환산하면 1kg입니다).

분자의 충돌을 하나하나 세서 압력을 계산하는 것은 어렵습니다. 그러나 대기는 접촉하는 모든 것의 표면에 대해 차별없이 압력을 가하기 때문에 대기압을 표시하는 수단으로 아무것이나 편리한 물건을 쓸 수 있습니다.

1643년에 이탈리아의 피렌체에서 에반젤리스타 토리첼리는 대기의 압력으로 인해 물을 수직으로 세운 파이프의 어느 정도까지 밀어 올릴 수 있다는 사실을 알았습니다. 즉, 그 물기둥의 높이가 대기의 압력이라는 것을 알아낸 것입니다. 토리첼리는 이렇게 해서 세계 최초의 기압계를 발명한 셈입니다. 실험 결과 그는 정상적인 대기압하에서 물기둥은 약 10m까지 밀려 올라간다는 사실을 알았습니다. 그런데 이렇게 해서 만든 기압계는 엄청나게 크겠지요.

오늘날 우리는 물보다 훨씬 무거운 액체인 수은을 씁니다. 수은은 은색의 액체 금속으로 1기압하에서라면 760mm(29.92인치)까지 밀려 올라갑니다.

달리 말하면 위에 공기가 없을 경우 대기의 압력은 10m 깊이의 물 속 또는 29.92인치 깊이의 수은 속의 압력과 같다는 뜻입니다.

직접 해보세요

대기의 압력이 어느 정도인가를 실제 피부로 느껴보기 위해서 의자 다리 밑에다

엄지발가락을 놓습니다. 그리고 그 의자 위에 4.5kg짜리 감자 자루를 얹습니다. 그러면 약 0.7~1kg/cm²의 압력이 발가락을 내리누릅니다. 물론 이 압력말고 1기압이라는 대기압이 추가로 존재하지요. 그러나 대기압은 우리 몸 전체에 균일하게 작용하기 때문에 우리는 이것을 느끼지 못합니다. 물고기가 물 속에 있다는 사실을 느낄까요? 이것과 마찬가지입니다.

흰 구름과 검은 구름

왜 구름은 흰색이지요? 그리고 소나기구름은 왜 검지요?

문제는 구름 속에 있는 물방울의 크기입니다.

사실 구름은 물방울로 되어 있습니다. 아주 작은 물방울이지요. 이들은 너무 작아서 공기 분자가 끊임없이 충돌하며 공중에 떠 있습니다. 그러니까 비가 되어 내리기 전까지는 중력의 힘에 끌리지 않는다는 것이지요. 그리고 물방울은 증발했다가 다시 생겨났다가 합니다. 그래서 구름의 모양이 끊임없이 변하는 것입니다.

직접 해보세요

하얀 구름이 푸른 하늘에 둥둥 떠다니는 날, 누워서 구름을 한동안 바라보세요. 바람에 실려 흘러가면서 모양이 끊임없이 바뀌는 것을 알 수 있을 것입니다. 가장자리 주변의 물방울들은 계속해서 증발했다가 다른 곳에서 다시 물방울이 되는 과정을 반복하면서 구름의 윤곽을 바꾸어놓습니다.

흰 구름 속의 물방울들은 아주 작은 수정공과도 같습니다. 그러니까 빛을 반사해서 모든 방향으로 분산시킵니다. 다른 형태의 물(얼음과 눈)과 마찬가지로 이들은 백색광의 모든 파장을 똑같이 반사하고 분산시키므로 우리 눈에 들어오는 빛은 완전한 흰색으로 보이는 것입니다(물방울들이 더 작으면, 그러니까 빛의 파장보다 더 작으면 이들은 하늘이 파랗게 보이는 데 한몫을 합니다. 44쪽의 '누가 물어보지는 않았지만……'을 보세요).

반면에 소나기구름은 나들이를 망치려고 기회만 노리는 굵은 물방울들로 되어 있습니다. 여기서는 물방울이 너무 커서 햇빛을 완전히 가리기 때문에 밝은 하늘을 배경으로 하여 어두운 덩어리로 나타나는 것입니다. 그러니까 실제로 색이 검은 것은 아닙니다. 그림자의 색이 원래 검은 것이 아닌 것처럼 말이지요.

귀뚜라미의 노래

귀뚜라미 소리를 들어보면 기온을 알 수 있다는 이야기를 어디선가 읽었습니다. 그런데 어떻게 알지요?

 귀뚜라미의 '귀뚤' 소리를 세어보면 됩니다.

 모든 냉혈동물은 높은 온도에서 더욱 활발히 움직입니다. 더운 날과 시원한 날 개미의 움직임을 비교해 보면 간단히 알 수 있지요. 귀뚜라미도 마찬가지입니다. 귀뚜라미가 소리를 내는 빈도는 온도에 직접 연결되어 있습니다. 귀뚜라미가 하는 이야기를 알아들으려면 해석 장치 하나만 있으면 되는 것입니다.

 이것은 생물학적이라기보다는 화학적 과정입니다. 모든 생명체는 화학반응에 의해 지배되며 화학반응은 일반적으로 온도가 높을 때 더 활발합니다. 왜 그런가 하면 화학물질들은 서로 접촉해야 반응이 일어나기 때문입니다. 그러니까 분자끼리 서로 부딪쳐야 하는 것이지요. 온도가 높을수록 분자들은 더 빨리 움직이고(297쪽을 보세요) 따라서 더 많이 충돌하고 반응합니다. 화학자들은 대략 온도가 10℃ 올라갈 때마다 반응 속도가 2배가 된다고 생각합니다.

 다행히도 우리 온혈동물들은 체온이 일정하기 때문에 몸 속에서 일어나는 화학반응의 속도도 일정합니다. 그러나 귀뚜라미는 날이 따뜻하면 더 빨리 웁니다. 가장 좋은 예는 북아메리카에서 사는 스노위 트리 크리켓이라는 귀뚜라미의 노래입니다. 그러나 어느 귀뚜라미가 어느 귀뚜라미인지 몰라도 걱정할 필요가 없습니다. 대부분의 야생 귀뚜라미는 비슷한 속도로 우니까요.

 이제 귀뚜라미의 노래 소리를 듣고 온도를 아는 방법을 이야기해

보겠습니다. 15초 동안 들려오는 '귀뚤' 소리를 세어보고 거기에 40을 더합니다. 그러면 그 당시의 화씨 온도를 알 수 있습니다.

　미국이 미터법을 공식적으로 채택하게 되면 귀뚜라미들도 법에 따라 섭씨로 울어야 할 것입니다. 그때가 되면 8초 동안 '귀뚤' 소리를 세어보고 나서 5를 더하세요. 그러면 섭씨 온도가 나옵니다.

　그런데 귀뚜라미가 알려주는 온도는 자기 몸 주변의 온도입니다. 그러니까 우리가 있는 곳의 온도가 아니라 나무 위 혹은 풀 속의 온도라는 것이지요.

유리 행성에서 살면 연료가 필요없다

얼마 전에 온실에 들어가보았더니 바깥보다 훨씬 따뜻하더군요. 온실 안은 항상 이렇게 따뜻한가요? 그리고 왜 이렇지요?

　온실은 인공으로 난방하지 않아도 항상 따뜻합니다. 그러나 믿거나 말거나지만 온실이 따뜻한 주요 이유는 사람들이 보통 말하는 '온실효과'가 아닙니다.

　온실은 식물을 기르는 유리(우리 나라에서는 비닐—역주)로 된 용기입니다. 유리 혹은 비닐은 식물이 자라는 데 필요한 햇빛은 들여보내지만 해로운 바람, 우박, 동물들은 들어오지 못하게 합니다. 또한 습기를 보존해 주기 때문에 습도가 높습니다. 온실에 들어가면 더운 기운이 얼굴에 확 끼치는 것은 습도 때문이기도 합니다. 그러나 온실의 주된 기능은 식물이 추운 바깥 세상으로 열을 빼앗기지 않도록 막아주는 것입니다.

식물이든 다른 물질이든 간에 다음 세 가지 중 한 가지 방법으로 열을 잃고 차가워질 수 있습니다. 그것은 전도, 대류, 복사입니다 (36쪽을 보세요). 여기서 전도는 문제가 되지 않습니다. 왜냐하면 이들이 어디 닿아 있는 것이 아니기 때문입니다. 금속 덩어리 같은 것에 닿아 있다면 열을 빼앗길 수도 있겠지요. 이렇게 되면 대류와 복사만이 남습니다. 온실은 두 가지를 다 차단합니다.

대류는 따뜻한 공기나 물이 순환하는 것입니다. 따뜻한 공기는 위로 올라가기 때문에 식물의 잎으로부터 위로 올라갑니다. 그러므로 이 더운 공기가 전혀 도망가지 못하게 하면 열을 잃는 것을 막을 수 있습니다. 온실은 폐쇄된 공간이기 때문에 이것이 가능합니다. 그리고 이것이 온실의 주된 기능이기도 합니다. 온실은 공기의 이동을 막아 열의 이동을 차단하는 것입니다. 그러나 햇빛이 들지 않게 하면서까지 식물을 폐쇄된 공간에 가둬두려는 농부는 없습니다. 여기에 대한 해결책이 유리와 비닐인 것입니다.

온실이 처음 발명되었을 당시에는 아무도 몰랐던 것이지만 유리에는 또 한 가지 기능이 있습니다. 유리는 복사에 의한 열 손실을 줄여줍니다. 이것이 바로 이른바 온실효과와 관계가 있는 부분입니다. 그럼 온실효과를 한 번 들여다봅시다.

식물이 살고 성장하는 데는 광합성이 필수적입니다. 광합성 과정에서 식물은 햇빛의 자외선을 이용합니다. 자외선의 에너지 일부를 사용하고 나면 더 낮은 수준의 '폐(廢)에너지'라고 할 만한 적외선이 방출됩니다(277쪽을 보세요). 이렇게 생겨난 적외선은 온실 안의 다른 물질들에 의해 흡수됩니다. 그런데 어떤 물질이 적외선을 흡수하면 분자의 운동이 활발해지고 따라서 따뜻해집니다(297쪽을 보세요). 그러므로 우리는 식물에서 나오는 적외선을 열이라고 생각할 수 있습니다.

이 적외선이 온실의 벽이나 천장에 닿으면 어떻게 될까요? 유리는 자외선은 잘 통과시키지만 적외선은 완전히 통과시키지 않습니다. 그래서 유리는 적외선의 일부를 온실 안에 가두어두며 이렇게 붙잡힌 적외선이 축적되어 안에 있는 모든 것이 조금씩 더워지는 것입니다.

그러나 이것은 영원히 계속될 수 없습니다. 온실이 저절로 녹아버렸다는 말은 들어본 적이 없을 것입니다. 어느 정도 수준이 넘으면 열은 어쩔 수 없이 밖으로 새어 나와 결국 균형이 맞춰집니다. 그리고 이 균형은 적당히 따뜻한 수준에서 유지되는 것입니다. 어쨌든 유리가 적외선을 완전히 통과시키는 경우보다는 온도가 높은 것이지요.

누가 물어보지는 않았지만……

지구온난화와 관계가 있는 '온실효과' 는 어떤 것인가요?

그것은 지구의 대기가 적외선을 붙잡아두는 효과를 말합니다. 이렇게 되면 지구 표면 전체의 평균 온도가 올라가겠죠. 그것은 온실 안에 붙잡힌 적외선이 물체의 온도를 올리는 것과도 같습니다.

지구 표면 전체의 평균 온도는 지구에 쏟아지는 태양의 복사열과 이것이 반사되어 우주로 돌아 나가는 것 사이의 미묘한 균형에 의해 유지되고 있습니다. 지구 표면에 떨어지는 태양 에너지의 3분의 1 정도는 즉시 반사됩니다. 나머지는 구름, 대류, 바다, 사람 등에 의해 흡수됩니다. 이렇게 해서 흡수된 에너지는 열 또는 적외선으로 변합니다. 이것은 온실 안의 식물의 경우와도 같습니다. 지구 상공에는 마치 온실의 지붕처럼 투명한 천장이 있다고 할 수 있습니다. 그러나 이것은 유리로 되어 있지 않습니다. 그것은 공기의 층으로 바로 대기입니다. 유리처럼 대기도 태양의 거의 모든 빛을 통과시킵니다. 그러나 대기 중의 어떤 기체(주로 이산화탄소와 수증기)들은 적외선을 매우 효과적으로 흡수합니다. 온실에서의 유리처럼 이러한 기체들은 적외선의 일부가 달아나지 못하도록 지구 표면 근처에 묶어둡니다. 그러니까 지구는 이산화탄소와 수증기가 없을 경우보다 조금 더 더운 것이지요.

지구에 들어오는 열의 양과 나가는 열의 양은 미묘한 균형을 이루고 있기 때문에 지구는 과거 수만 년 동안 일정한 평균 온도를 유지해 왔습니다. 그러나 최근 인간의 활동 때문에 이것이 변하고 있습니다. 100여 년 전 산업혁명이 시작된 이래 우리는 석탄, 석유, 천연가스를 소비해 왔으며 그 소비량은 계속 늘어나고 있습니다. 이런 연료들을 태우면 대기 중으로 이산화탄소가 방출됩니다(138쪽을 보세요). 대기 중 이산화탄소의 양은 지난 100년간 30%가 늘었습니다. 이산화탄소가 많아진다는 것은 지구에 갇힌 적외선의 양이 많아져서 온도가 올라간다는 뜻입니다.

이산화탄소의 양이 어느 정도가 되어야 온도가 얼마나 올라가는지를 측정하기는 매우 어렵습니다. 한편으로는 바다와 숲이 이산화탄소를 흡수해서 온도가 올라가는 효과를 어느 정도 상쇄합니다. 반면 지구상의 거대한 열대우림은 벌채와 화전으로 계속 사라지고 있고, 따라서 더 많은 이산화탄소가 대기 중에 방출되기 때문에 문제가 더 복잡해집니다. 인간이 만들어낸 이산화탄소 때문에 어느 정도나 지구가 따뜻해졌는가를 측정할 수는 없지만, 지난 100년간 지구의 평균 온도가 비정상적으로 빨리 상승했다는 것은 여러 가지로 증명이 되고 있습니다. 그리고 앞으로 100년 후 이산화탄소의 양이 지금의 2배가 되면 평균 온도는 $0.8°C$에서 $2.5°C$가 상승할 것으로 보입니다. 온도가 몇 도만 올라가도 대재난이 닥칠 수 있습니다.

남극과 북극 지방이 약간 더워지면 엄청난 양의 얼음이 녹아 해수면이 높아져 전세계의 해안 도시들이 물에 잠기게 될 것입니다. 그렇지 않다 하더라도 세계적으로 기후 패턴에 변화가 생겨 식량 생산과 물 공급에 큰 영향을 미칠 것입니다.

우리 지구 대기의 온실은 실제로 유리로 만들어진 것만큼이나 연약합니다.

눈은 어디로 갔을까

겨울에 영하의 날씨가 계속되더라도 쌓인 눈은 1~2주 안에 모두 녹아버리더군요. 눈은 어디로 가는 거죠?

여기서 눈은 녹는 것이 아니라, 액체 상태를 거치지 않고 수증기로 변해 곧장 대기 중으로 날아가는 것입니다.

물론 눈이 증발해 버렸다고 말하고 싶으시겠지만 과학자들은 '증발'이란 단어를 액체에만 씁니다. 그래서 고체(여기서는 눈, 즉 얼음)가 '증발'하면 이를 '승화'라고 부릅니다. 일상생활에서 우리는 고체가 승화하는 것을 별로 느끼지 못합니다. 왜냐하면 승화는 보통 액체의 증발보다 훨씬 느린 과정이기 때문입니다.

승화 과정은 이렇습니다. 고체 표면에 있는 분자는 내부에 있는 분자처럼 단단히 붙잡혀 있지는 않습니다. 내부의 분자들은 위, 아래 등 모든 방향에서 다른 분자들과 연결되어 있지만, 표면의 분자들에게는 '위'에 아무것도 없습니다. 그러니까 외부에 노출되어 있고 결합도 좀 느슨합니다.

분자들은 항상 진동하고 있다는 것을 생각하면(297쪽을 보세요) 표면의 분자 하나가 가끔씩 떨어져 나와 대기 중으로 날아가는 것도 쉽게 상상하실 수 있을 것입니다. 이 분자는 승화한 것입니다. 액체의 분자들은 고체의 분자들보다 결합이 느슨하기 때문에 떨어져 나갈 가능성이 훨씬 큽니다. 그래서 액체의 증발이 일반적으로 고체의 승화보다 훨씬 빠른 것입니다.

눈은 승화에 아주 적합한 물질입니다. 왜냐하면 표면적이 넓은 복잡한 결정 구조로 되어 있기 때문입니다. 표면적이 넓다는 것은 맨 위에 있는 분자가 많다는 것이고, 그러면 더 많은 분자가 승화할 수 있습니다. 그러나 얼음 덩어리도 승화하는 것을 볼 수 있습니다. 냉장고에 오래 넣어둔 얼음 조각이 줄어드는 것을 보신 적이 있죠?

승화가 이루어지는 정도는 고체마다 다릅니다. 왜냐하면 그 고체를 구성하는 원자나 분자가 서로 결합되어 있는 힘이 저마다 다르기 때문입니다. 다행히도 금속의 원자는 서로 매우 강하게 결합되어 있기 때문에 금과 은은 전혀 증발하지 않습니다. 반면에 어떤 고체 유기물들의 분자는 느슨하게 결합되어 있기 때문에 승화가 잘 됩니다. 나프탈렌이나 고체의 방향제들은 보통 파라디클로로벤젠이라는 물질로 만듭니다. 이것은 승화가 매우 왕성하게 되는 고체 유기물입니다. 나프탈렌이나 방향제에서 강한 냄새를 가진 기체가 나와 공기를 채우면 좀벌레도 죽고 악취를 맡는 우리의 능력도 약해지는 것이죠.

직접 해보세요

추위가 계속되면 밖으로 나가 고드름의 길이를 재보세요. 그리고 하루 이틀쯤 지나 다시 한번 재보세요. 승화 때문에 고드름의 길이가 짧아진 것을 알 수 있을 것입니다. 물론 이 기간 중 기온이 영상으로 올라가지 말아야 합니다. 그러면 녹아 버리니까요.

누가 물어보지는 않았지만……

냉동 건조 커피는 어떻게 만들지요?

얼음을 승화시켜 만듭니다. 냉동 건조 커피는 보통의 인스턴트 커피와 중요한 점에서 다릅니다. 어느 쪽을 만들든 공장에서는 1톤 정도의 엄청나게 독한 커피를 끓입니다. 일반 인스턴트 커피의 경우는 이 진한 커피를 온도가 높은 건조실 안으로 조금씩 떨어뜨립니다. 그러면 이 과정에서 물은 모두 증발해 버리고 커피 가루만 바닥으로 떨어집니다. 그런데 불행히도 열 때문에 커피의 향기를 내는 화학물질이 일부 날아갑니다.

반면에 냉동 건조 커피는 공장에서 진한 커피를 얼음 덩어리로 만든 후 이것을 잘게 깨뜨려 부숩니다. 이 커피 얼음 입자를 진공 속에 넣으면 물 분자가 곧장 날아가버립니다. 승화가 일어나는 것이죠.

커피맛을 잘 아는 대부분의 사람들은 일반 인스턴트 커피보다 냉동 건조 커피의 향이 뛰어나다고들 합니다.

눈이 오면 더 포근한 이유

미친 소리라고 할지 모르지만 이것은 사실입니다. 나는 겨울에 밖에서 시간을 보내는 일이 많은데 눈이 오기 시작하면 항상 따뜻해지더군요. 더 추워야 비가 아니고 눈이 될 텐데 말이죠. 대체 어떻게 된 거죠?

관찰력이 뛰어나시군요. 눈이 내리기 시작하면 실제로 더 따뜻해집니다.

이렇게 생각해 보세요. 많은 얼음이나 눈을 녹이려면 많은 열을 가해야 합니다. 그러니까 많은 양의 물이 얼어서 얼음이나 눈으로 변하는 반대의 과정에서는 많은 열이 방출되어야 할 것입니다. 눈이 오면 실제로 이런 일이 일어나고 따라서 공기가 따뜻해집니다. 문제는 왜 열이 방출되느냐 하는 것입니다.

우선 대기 중의 물은 기온이 0℃ 이하가 되지 않으면 눈송이 형태로 얼지 않습니다. 예보관이 "내일의 기온은 25℃쯤 되겠으며 가끔 눈발이 날리겠습니다"라고 말하는 것을 들어보신 적은 없을 것입니다. 온도가 떨어져야 눈이 만들어진다는 생각은 당연하고, 최초의 눈송이가 만들어지는 시점에서 이미 온도는 충분히 떨어져 있는 것이지요. 여기까지는 놀라울 것이 아무것도 없습니다.

그런데 물이 얼어서 눈이 되기 시작하자마자 뭔가 새로운 일이 일어납니다. 액체 상태의 물 한 방울 안에 있는 분자들은 결합이 상당히 느슨합니다. 이들은 자유롭고 무질서하게 서로 미끄러지며 돌아다닙니다. 하지만 이 물방울이 우리가 눈송이라고 부르는 아름다운 육각형의 결정으로 얼어붙자마자 물 분자들은 갑자기 그 위치에서 꼼짝 못하게 됩니다(256쪽을 보세요). 따라서 눈송이는 무질서한 액체 상태보다 에너지를 덜 가지고 있습니다. 이것은 마치 학교에서 선생님이 마구 뛰어노는 어린이들을 질서 있게 줄 세우는 것과도 같습니다. 눈송이가 물방울보다 에너지를 적게 가지고 있다면 여분의 에너지는 어디로든 가야 합니다. 그래서 이 에너지가 열의 형태로 대기 중에 방출되는 것입니다.

1g의 물이 1g의 얼음 또는 눈으로 변하면(1g의 눈으로는 공기돌 크기의 눈공을 만들 수 있습니다) 80cal의 열이 방출됩니다. 이 에너지가 그대로 물방울 속에 남아 있다면 이 열로 물의 온도를 0°C에서 80°C까지 높일 수 있는 것입니다. 그러나 물론 열은 그 속에 남아 있지 않습니다. 남아 있다면 물이 결코 얼지 않겠죠. 이 열은 주변의 찬 공기로 빨려 들어갑니다.

그러므로 1g의 물이 눈송이로 변할 때마다 주변 공기는 80cal의 열을 얻습니다. 눈이 만들어지기 시작할 때 수백억 수천억 그램의 물이 언다는 것을 생각하면 포근해지는 것이 하나도 놀라운 일이 아닙니다.

누가 물어보지는 않았지만……

서리가 내릴 염려가 있으면 농부들은 토마토 줄기에 물을 뿌립니다. 왜 그렇지요?

토마토 잎사귀 위의 물은 얼면서 1g당 80cal의 열을 내놓습니다. 잎사귀는 이 열을 흡수해서 온기를 얻습니다. 정원 가꾸기 책에 보면 잎사귀 표면의 얼음이 단열재 역할을 하기 때문에 물을 뿌려준다고 되어 있는데 이것은 틀린 말입니다. 얇은 얼음 한 겹의 단열 효과는 없는 거나 마찬가지입니다.

한마디로 말하면……

눈이 내리면 포근해집니다.

인공 눈

스키를 타다 보면 인공 눈에 의지해야 할 때가 있습니다. 인공 눈을 만드는 기계는 물방울을 공기 중에 뿌려서 얼게 만드는 것인가요?

아닙니다. 그것은 좋은 방법이 아니죠. 날이 엄청나게 춥다면 또 모르겠지만 말입니다. 어쨌든 그 기계는 눈송이를 만들어내는 것이 아니라 지름이 약 40분의 1mm 정도 되는 얼음 알갱이를 뿜어내는 것입니다.

물만 뿌려서는 효과가 없습니다. 왜냐하면 이 물이 얼 때 상당량의 열을 내놓기 때문입니다(209쪽의 '누가 물어보지는 않았지만……'을 보세요). 왜 열을 내놓는가 하면 물 분자는 고체에서 액체로 변할 때 운동을 멈추고 정해진 위치에 가서 정지해야 하기 때문입니다. 그러면 운동에너지는 어딘가로 가야 합니다. 많은 양의 물이 기계에서 쏟아져 나와 땅 근처에서 얼면 이때 나오는 열이 주변 공기를 데워 눈이 축축해지기 때문에 스키 타기에는 부적합해집니다.

반면에 자연계에서 실제로 눈이 형성될 때 데워지는 공기는 눈이 만들어지는 곳, 그러니까 상당히 높은 곳에 있습니다. 그러니까 스키 슬로프를 망쳐놓지 않는 것이지요. 그래서 스키장에 있는 기계가 높은 탑 꼭대기에서 눈을 뿜어내는 것입니다. 그래야 바람이 열을 날려버릴 테니까요.

어떤 경우든 얼면서 발생하는 열의 문제를 해결하기 위해 무슨 수를 써서라도 추가로 냉각을 시켜주어야 합니다. 그래서 기계에서는 물뿐만 아니라 압축 공기가 같이 뿜어져 나옵니다. 이때의 압력은 약 8기압 정도입니다. 공기뿐만 아니라 어떤 기체든 압축되어 있다가 갑자기 팽창하면 차가워집니다. 주변 공기를 밀쳐내는 과정에서 이 기체는 에너지의 일부를 잃습니다(173쪽의 '누가 물어보지는 않았지만……'을 보세요). 팽창하는 공기의 흡열 효과는 물이 얼 때 내놓는 열을 상쇄하고도 남습니다. 그리고 기계에서 발사된 물방울은 증발에 의해 더욱 온도가 떨어집니다(229쪽을 보세요).

한 가지 이상한 것은 물의 온도가 아무리 내려가도 저절로 얼지는 않는다는 것입니다. 상식에 의하면 물은 0℃에서 얼게 되어 있지만 한 가지 조건을 붙여야 합니다. '뭔가가 동결 과정을 시작하도록 자극을 한다면' 이 그 조건입니다. 그러니까 물 분자는 경기 시작을 알리는 호루라기 소리가 들려야 정해진 위치에 가서 일정한 방향으로 늘어선다는 것입니다.

물은 정상적인 빙점보다 훨씬 낮은 온도에서도 액체로 남아 있을 수 있습니다. 다시 말해 얼지 않고 '과냉각' 상태가 될 수 있다는 것입니다. 이것을 집에서 실험해 보기는 어렵지만 전문적인 실험실에서 조건만 잘 갖추면 순수한 물은 영하 40도까지 얼지 않고 과냉각이 될 수 있습니다(영하 40도에서는 섭씨나 화씨의 표시를 붙일 필요가 없습니다. 섭씨 영하 40도가 화씨 영하 40도니까요. 303쪽의 '누가 물어보지는 않았지만……'을 보세요).

과냉각된 물방울에 기계적 충격을 가하면 제자리를 찾아가 얼음 결정을 만들게 할 수 있습니다. 스키장에 있는 기계의 경우 압축 공기의 폭풍이 그 역할을 합니다. 압축 공기의 힘으로 미세한 물방울은 음속에 가까운 속도로 노즐을 빠져나갑니다.

요즘 눈 만드는 기계에 재미있는 일이 하나 생겼습니다. 무해한 박테리아를 물에 섞는 것입니다. 거의 모든 나뭇잎에서 찾아볼 수 있는 이 박테리아가 물이 빨리 어는 것을 도와준다는 사실이 밝혀졌습니다. 이러한 과정을 통해 박테리아는 식물을 냉해로부터 지켜 주는지도 모릅니다(211쪽의 '누가 물어보지는 않았지만……'을 보세요). 이 박테리아들은 눈 만드는 기계에서도 급속 냉동 서비스를 제공해서 물이 증발하기 전에 빨리 얼려주어 더 많은 인공 눈을 만들어내는 모양입니다.

눈싸움

눈공이 어떻게 뭉쳐지는가에 대해 친구와 논쟁을 했습니다. 친구는 눈송이의 모습이 들쭉날쭉하기 때문에 매직 테이프(한 면은 미세한 갈고리로 들어차 있고 다른 한 면은 천으로 되어 붙였다 떼었다 할 수 있게 되어 있는 장치. 주머니나 운동화, 가방 등에서 지퍼 대신 널리 쓰인다. '찍찍이'라고도 한다 —역주)처럼 들러붙는다고 하더군요. 하지만 난 믿을 수가 없었어요. 친구의 말이 맞나요?

좋은 생각입니다. 눈송이는 주변에 이것저것 붙어 있는 6개의 팔이 모여 하나의 결정을 이루고 있어 형태가 복잡하죠. 그러나 이것들이 서로 얽히고 설켜 덩어리를 이루는 것은 아닙니다. 그러기에는 눈송이가 너무 약합니다. 공으로 뭉치면 결정이 다 깨져버리니까요.

정답은 얼음이나 눈이 압력을 가하면 녹는다는 데 있습니다(267쪽을 보세요). 눈을 뭉치면 압력 때문에 눈송이 일부가 녹습니다. 그러면 물의 막이 형성되어 눈송이끼리 서로 미끄러질 수 있게 되고 그 결과 눈공이 뭉쳐지는 것입니다. 그러나 눈의 대부분은 아직도 빙점 하에 있기 때문에 일부 녹은 눈은 이내 다시 업니다. 이렇게 다시 언 물이 시멘트 역할을 해서 눈공이 뭉쳐진 상태를 유지하는 것이죠.

용감하게 눈공을 맨손으로 뭉치면 체온 때문에 맨 바깥쪽 층이 녹습니다. 이것이 다시 얼면 아주 단단한 무기가 됩니다(제네바 협정 위반이긴 하지만). 어떤 눈싸움 전사들은 눈공을 물에 적셔 더 단단하게 만들기도 합니다.

직접 해보세요

색이 진한 접시를 냉동실에 넣고 눈이 올 날을 기다립니다. 눈이 내리기 시작할 때(일반적으로 이때 눈송이가 가장 큽니다) 이 접시와 확대경을 가지고 밖으로 나가세요. 배율이 높을수록 좋습니다. 차게 보관한 현미경과 슬라이드가 있다면 더욱 좋겠지요. 접시나 슬라이드에 눈송이를 몇 개 받아서 확대경이나 현미경으로 재빨리 관찰해 보세요. 아주 아름다운 결정이 보일 것입니다. 눈이 갑자기 내려서 미처 준비를 못했다면 차갑고 색이 진한 천 조각으로 접시를 대신할 수 있습니다.

너무 추우면 눈공이 뭉쳐지지 않나요?

그렇습니다. 추운 지방의 어린이들은 다 아는 사실이지만 눈은 좀 축축해야 잘 뭉쳐집니다. 왜냐하면 눈의 온도가 빙점보다 크게 낮지 않아야 압력에 의해 녹기 쉽고 따라서 쉽게 강력한 무기로 뭉쳐지는 것입니다. 그러나 눈이 너무 차가우면 아무리 힘껏 눌러도 많은 눈송이를 녹였다가 다시 얼게 할 수가 없습니다. 그래서 손아귀에 넣고 아무리 눌러도 그냥 부스러지고 말죠.

화려한 불꽃놀이

밤하늘을 수놓는 불꽃놀이는 어떻게 해서 그렇게 많은 색을 내죠?

폭죽을 만들 때 공장에서는 폭약과 함께 몇 가지 화학물질을 집어넣습니다. 각 화학물질은 열을 가하면 특정한 빛을 냅니다. 녹색 불빛이 낭만적이라고 생각되면 같은 화학물질을 벽난로의 불꽃 속에 던져보세요. 같은 결과가 나올 것입니다.

어떤 원자를 불 속에 던지면 이 원자는 불의 에너지를 빨아들여 전자의 움직임이 빨라집니다. 이렇게 '뜨거운' 전자들은 곧 처음의 낮은 에너지 상태로 돌아갑니다. 이것을 '바닥 상태'라고 합니다. 전자가 이렇게 바닥 상태로 돌아가는 가장 쉬운 방법은 빛의 형태로 여분의 에너지를 방출하는 것입니다. 충분히 많은 수의 원자가 동시에 열에너지를 빨아들였다가 이것을 동시에 빛의 형태로 방출하면 아주 밝은 빛이 됩니다.

모든 형태의 원자나 분자는 저마다 정해진 전자에너지의 값이 있습니다. 그러므로 불꽃 속의 원자나 분자들은 저마다 정해진 양만큼의 에너지만을 받아들였다 내보냈다 할 수 있습니다. 말을 바꾸면, 각각의 원자와 분자는 서로 다른 파장, 서로 다른 색의 빛을 낸다는 뜻입니다. 모든 원자나 분자는 이른바 독특한 '방출 스펙트럼'을 갖는 것입니다. 폭죽장사들에겐 안된 일이지만 대부분의 원자와 분자는 인간이 볼 수 없는 색의 빛을 냅니다. 적외선이나 자외선을 낸다는 것이죠. 그러나 어떤 원소의 원자들은 우리가 볼 수 있는 찬란한 색을 냅니다.

불꽃놀이에서 여러 가지 색을 내는 원자들에는 다음과 같은 것들이 있습니다. 물론 폭죽공장에서는 이들을 원자의 형태로 사용하는 것이 아니라 다른 물질과의 화합물 형태로 된 것을 집어넣습니다. 빨강색 쪽에서는 스트론튬(가장 많이 쓰입니다)은 주홍색을 내고 칼슘은 황적색, 리튬은 양홍색을 냅니다. 노랑색으로는 나트륨이 순수하고 밝은 노란색을 냅니다. 녹색을 내는 것으로는 바륨(가장 많이 쓰입니다)이 황록색, 구리는 에메랄드색, 텔루르는 초록색, 탈륨은 청록색, 아연은 흰색이 섞인 녹색을 냅니다. 파랑에서는 구리(가장 많이 쓰입니다)가 하늘색, 비소와 납 그리고 셀렌은 밝은 파랑을 냅니다. 보라 계열로는 세슘이 푸른 자주색, 칼륨은 붉은 자주색, 루비듐은 보라색을 냅니다.

직접 해보세요

다음 번에 캠프파이어를 할 기회가 생기면 소금 가루를 불 위에 뿌려보세요. 나트륨이 만들어내는 밝은 노랑색 불꽃을 볼 수 있을 것입니다. 나트륨이 들어 있지 않은 식사를 하는 사람들을 위해 만들어진 조미료에는 염화나트륨(소금) 대신 염화칼륨이 들어 있습니다. 이것을 불 속에 뿌리면 칼륨만이 낼 수 있는 붉은 자주색 불꽃이 생깁니다. 항우울증 치료를 받는 중이라면 약을 불꽃 속에 넣어보세요. 약 안에 들어 있는 리튬 성분이 생전 처음 보는 아름다운 빨간 불꽃을 만들어낼 것입니다.

누가 물어보지는 않았지만……

네온사인의 색은 어떻게 만드는 거죠? 유리에 칠을 한 건가요?

아닙니다. 이것은 전기에 의해 자극되는 원자들이 실제로 빛을 낼 때 만드는 색입니다. 원리는 폭죽과 다를 것이 없습니다. 에너지로 원자를 자극하면 원자들은 여분의 에너지를 자신의 독특한 파장의 빛으로 방출합니다.

불꽃놀이와 네온사인에는 몇 가지 다른 점이 있습니다. 네온사인에서는 원자들이 화학물질이 아닌 기체 상태로 유리관 안에 들어 있습니다. 공장에서는 이 유리관을 이리저리 구부려 상점 주인이 원하는 글자 혹은 모양을 만들어냅니다. 네온사인에서는 폭발이 일어나지 않습니다. 대신 유리관의 한쪽 끝에서 반대쪽 끝을 향해 지나가는 고압전류에 의해 자극된 기체 원자가 빛을 냅니다. 이 기체가 네온이면 우리 눈에 익은 주홍색을 내서 ××레스토랑, ××카페가 어디에 있는지를 알려줍니다.

다른 기체들도 전류에 의해 자극되면 저마다 다른 색을 냅니다. 예를 들어 헬륨은 진분홍색을 내고, 아르곤은 푸른 자주색, 크립톤은 밝은 보라색, 크세논은 청록색을 냅니다. 이외의 다른 색을 내려면 기체 몇 가지를 섞거나 아니면 고유의 빛 방출 특성을 갖고 있는 고체 물질을 튜브 안에 코팅하면 됩니다.

이렇게 여러 가지 기체가 있지만 사람들은 관습에 의해 이들을 모두 '네온' 사인이라고 부릅니다.

파란색으로 빛나는 '네온' 사인에는 네온이 전혀 들어 있지 않습니다.

놓쳐버린 풍선

헬륨이 들어 있는 풍선을 놓치면 어떻게 되죠? 도대체 헬륨 풍선은 왜 올라가나요? 중력이 헬륨 풍선만은 잡아당기지 않는 모양이죠? 그리고 중력이 잡아당긴다면 그것을 이기고 올라가도록 밀어주는 힘이 있어야 하지 않을까요? 그 힘은 뭐죠? 반중력인가요?

반중력이라구요? 이 책에서는 반중력이라는 단어가 쓰이지 않습니다. 공상과학소설이 아니거든요.

놀라실지도 모르지만 '밀어 올리는 힘' 같은 것은 없습니다. 단지 풍선 속의 헬륨은 주변 공기보다 '끌어내리는 힘'의 영향을 덜 받는 것뿐입니다. 왜냐하면 부피가 같을 경우 헬륨 가스는 공기보다 가볍기 때문입니다(305쪽을 보세요). 중력은 무게가 가벼운 헬륨 원자를 무게가 무거운 공기 분자보다 덜 강하게 끌어당깁니다. 그러니까 공기는 헬륨 아래쪽으로 끌려 내려가고 우리 관찰자에게는 헬륨이 공기를 헤치고 위로 올라가는 것처럼 보입니다. 여러분이 헬륨 풍선 안에 있다면 이렇게 생각하실 겁니다. '왜 바람이 아래로 부는

거지?'

나뭇조각을 물 속 깊은 곳에서 놓았을 때 수면으로 떠오르는 것을 보고 놀라는 사람은 없습니다. 나무와 물은 워낙 우리에게 친숙한 물질이라 우리는 나무가 물에 뜨는 것을 당연하게 생각합니다(234쪽을 보세요).

헬륨과 공기는 고체나 액체가 아닌 기체이기 때문에 우리와 친숙하지 않습니다. 보이지도 않고, 따를 수도 없고, 잡히지도 않고, 건질 수도 없기 때문입니다. 그러나 이들도 엄연한 물질이고 지구의 중력에 의해 영향을 받습니다. 기체가 중력에 반응하는 모습은 고체나 액체와 다를 것이 없습니다. 대상의 형태가 고체든, 액체든 또는 기체든, 중력의 힘은 입자의 질량에 비례합니다.

헬륨 풍선을 놓치면 여러 가지 일이 일어납니다. 올라가면서 풍선은 기압과 기온 변화를 겪습니다. 기압은 고도가 올라감에 따라 상당히 규칙적으로 줄어듭니다. 그것은 왜냐하면 대기가 지구를 둘러싼 공기층으로 되어 있고 중력에 의해 지구에 단단히 붙들려 있기 때문입니다. 높은 곳으로 갈수록 아래로 내리누르는 힘은 줄어듭니다. 간단히 말해서 기압이 낮아진다는 것이죠. 풍선에도 감각기관이 있다면 기압이 낮아진다는 것을 느낄 것입니다.

고무풍선이 일정한 크기를 유지하는 것은, 안에 있는 공기가 밖으로 밀어내는 힘과 주변 대기가 안으로 밀어넣는 힘이 균형을 유지하기 때문입니다. 물론 안으로 수축하려는 고무의 성질도 한몫을 합니다. 그런데 대기 압력이 줄어들면 헬륨이 밖으로 밀어내는 힘이 더 강해져서 풍선은 팽창합니다. 그러므로 고도가 올라감에 따라 풍선은 더 커지려고 합니다. 이 얘기는 잠시 접어둡시다.

그러면 떨어지는 온도는 어떤 영향을 미칠까요? 기체는 가열하면 부피가 늘어나고 냉각하면 줄어든다는 사실을 잘 알고 계실 것입니다. 이렇게 되는 이유는 뜨거운 공기의 분자들은 움직임이 빨라 용기의 벽에 더 강하게 부딪치기 때문입니다. 헬륨을 담은 풍선은 위로 올라가면서 점점 더 차가운 공기와 만납니다. 지구 대기의 평균 온도는 해수면 근처에서는 18℃이지만 10km 상공으로 올라가면 영하 51℃로 떨어집니다. 그러므로 풍선은 올라감에 따라 차가워지고 따라서 부피가 줄어들려고 합니다.

그러니까 올라가는 풍선에는 2개의 반대되는 힘이 작용합니다. 기압이 떨어짐에 따라 팽창하려는 힘과 온도가 내려감에 따라 수축하려는 힘이 그 두 가지입니다. 그러면 어느 편이 이길까요?

기체의 팽창과 수축을 지배하는 법칙은 잘 알려져 있습니다. 과학자들은 이 법칙을 나타내는 수학 공식을 기체 상태 방정식이라고 부릅니다. 이것을 이용해서 과학자들은 기체에 작용하는 다양한 압력과 온도의 효과를 계산해 냅니다. 올라가는 헬륨 풍선에 대해 계산해 보면 압력이 떨어짐에 따라 팽창하려는 힘이 냉각에 따라 수축하려는 힘보다 더 크다는 것을 알 수 있습니다.

그러므로 풍선은 올라가면서 점점 커지다가 고무벽의 탄력이 한계에 달하면 뻥 하고 터집니다. 터진 풍선은 땅으로 내려오다가 나들이 나온 누군가의 도시락 위로 떨어지겠죠. 해방된 헬륨 기체는, 대기의 밀도가 아주 희박해서 같은 부피의 공기의 무게가 헬륨의 무게와 같아지는 지점까지 계속 올라가서 그곳에 영원히 머물러 있습니다.

꼼꼼쟁이 코너

엄밀히 말하면 영원히는 아닙니다. 바람을 위시한 여러 가지 기상 현상이 대기 중의 입자들을 섞어놓기 때문에 어떤 고도에서든 헬륨 원자는 존재합니다. 평균 잡아 1백만 개의 공기 분자당 5개의 헬륨 원자가 있습니다. 그리고 대기층의 꼭대기 부근에서는 헬륨 원자가 지구에서 달아나버리기도 합니다.

헬륨 풍선에 작용하는 요소는 기압과 온도 외에도 여러 가지가 있습니다. 우선, 풍선은 터질 정도로 높이 올라가지 못할 수도 있습니다. 헬륨의 양이 고무라는 짐을 높이 끌어올릴 만큼 충분하지 못할 수도 있기 때문입니다. 이렇게 되면 어느 정도 고도에서 상승을 멈춥니다. 그러면 바람을 따라 며칠이고 둥둥 떠다니는 사이에 헬륨이 밖으로 새어 나옵니다. 헬륨 원자는 워낙 작아서 고무풍선 표면의 미세한 구멍을 통해 빠져나올 수 있습니다. 헬륨이 어느 정도 빠져나가면 고무의 무게 때문에 풍선은 내려오기 시작합니다. 천장에 붙어 있는 풍선이 이틀쯤 지나고 나면 내려오는 것을 본 적이 있을 것입니다.

그런데 오늘날의 헬륨 풍선은 고무가 아니고 알루미늄 코팅이 된 단단한 플라스틱 막으로 만듭니다. 이 풍선은 헬륨을 더 오래 담고 있고 따라서 더 높이 올라갑니다. 지상 수킬로미터 높이를 흐르는 제트기류를 따라 날아가는 헬륨 풍선을 목격한 여객기 조종사들도 있습니다.

하늘에 떠 있는 광고판

비행선의 몸통은 헬륨 가스로 채워져 있죠? 그런데 해가 뜨거워지고 비가 오면 추워지니까 안의 기체가 늘어났다 줄어들었다 하지 않나요? 비행선은 이 문제를 어떻게 해결하나요? 실제로 부풀었다 줄어들었다 하나요?

아닙니다. 그랬다가는 비행선 옆구리에 붙은 스폰서 회사의 광고문이 떨어질 것이고, 이런 일은 결코 있어서는 안 됩니다. 왜냐하면 오늘날의 비행선은 하늘에 떠 있는 광고판일 뿐이니까요. 그 대신 비행선은 헬륨과 공기를 이리저리 바꾸는 방법을 씁니다.

이미 아시다시피 비행선은 헬륨이 가득 차 있는 거대한 고무 자루입니다. 여기에 있는 모든 것, 그러니까 헬륨, 고무 자루, 곤돌라, 엔진, 조종사, 심지어 승객의 무게를 다 합쳐도 같은 부피의 공기의 무게보다 가볍습니다. 그래서 비행선은 공기 중에 떠 있을 수가 있는 것입니다(234쪽을 보세요).

더운 여름날 햇빛이 사정없이 내리쬐면 헬륨이 팽창해서 압력이 상당히 올라갑니다. 그렇다고 해서 그 비싼 헬륨을 대기 중으로 내보낼 수는 없습니다. 게다가 밤에 온도가 내려가서 고무 자루가 오그라들어 날아가는 개구리참외처럼 보이지 않게 하려면 헬륨을 도로 집어넣어야 합니다. 이럴 땐 어떻게 하죠?

해결책은 이렇습니다. 큰 헬륨 자루 안에 별도의 작은 공기 자루를 넣는 것입니다. 헬륨이 팽창하면 싸구려 공기는 밖으로 밀려 나가도록 되어 있습니다. 헬륨이 수축하면 공기 자루에 다시 공기를 불어넣는 것입니다.

우주비행사들이 '뜨거운' 환영을 받는 이유

바람이 강하게 불수록 우리는 춥다고 느낍니다. 이것은 사실이라고 생각합니다. 그런데 우주왕복선이 대기권으로 들어오면 지면까지 내려오는 동안 너무 뜨거워지기 때문에 운석처럼 타버리는 것을 막기 위해 특별한 보호를 해야 한다고 들었습니다. 그런데 대기권 위쪽은 춥고, 게다가 우주왕복선이 고속으로 떨어지는 과정에서 바람이 엄청나게 불 텐데 왜 식지 않고 타는 거죠?

바람이 불면 땀을 식혀주니까 서늘하게 느껴진다고 생각하시는 것 같은데, 사실 이 부분은 그렇게 중요한 것이 아닙니다. 피부 표면의 땀이 다 증발하자마자 이 효과는 없어지는 것이죠. 바람이 우리 몸을 차게 만드는 이유는 몸에 부딪쳐오는 공기 분자가 체온을 빼앗아가기 때문입니다. 공기 분자가 빨리 지나갈수록 더 많은 열을 빼앗깁니다. 우리 몸이 애써 만들어낸 체온을 주변의 공기 분자가 흡수해 버리는 것입니다. 우리가 옷을 입는 것은 이렇게 공기 분자가 피부 표면을 스쳐가면서 체온을 도둑질하지 못하게 하기 위해서입니다.

우주왕복선으로 돌아가겠습니다. 먼저 '마찰' 이라는 단어를 잊어버리세요. 신문이나 잡지에서는 우주왕복선과 열의 문제를 '설명' 한답시고 항상 이 마찰을 들먹입니다. 마찰은 2개의 고체를 서로 문지를 때 일어나는 현상입니다. 기체에 관한 한 마찰은 무의미합니다. 기체 분자들은 워낙 서로 멀리 떨어져 있어 사이에 빈 공간이 아주 많으므로 어디다 대고 '문지른다' 는 것은 상상할 수도 없는 것입니다. 기체 분자들이 할 수 있는 일은 날아다니다가 무질서하게 물체와 충돌하는 것입니다. 똥거름 주변을 떼지어 맴도는 파리들을 생각해 보세요(지저분하긴 하지만 이것이야말로 공기 분자의 운동을 설명하는 가장 적절한 비유입니다).

지상 60km 지점의 공기는 지면보다 훨씬 춥고 희박합니다. 그런데 대기권에 재돌입하는 우주선이 열에 대해 심각하게 고려하기 시작해야 하는 지점이 바로 여기입니다. 그런데 바람이 시속 3만km

가까운 속도(우주왕복선은 이 정도 속도로 진입합니다)로 스쳐지나갈 때 일어나는 현상은 지상에서 산들바람이 우리 몸에 일으키는 현상과는 전혀 다릅니다. 시속 3만km에 가까운 속도는 공기 분자가 무질서하게 부딪치는 속도보다 훨씬 빠른 것입니다. 사실 기체 분자가 부딪치며 돌아다니는 속도가 바로 그 기체의 온도입니다(297쪽을 보세요).

이리하여 왕복선은 가만히 있는데 공기 분자가 자신의 정상적인 속도에다가 시속 3만km를 더한 속도로 이 왕복선의 표면을 때리는 것과 똑같은 현상이 일어납니다. 이 정도의 속도면 수천 도의 온도에 해당하므로 우주왕복선은 온도가 수천 도가 되는 공기 속에 들어간 것과 똑같아집니다. 그래서 왕복선의 표면은 열에 대한 저항력이 뛰어난 세라믹으로 덮여 있고 이 세라믹이 녹으면서 열을 흡수하여 왕복선을 보호합니다. 이렇게 하지 않으면 왕복선은 운석처럼 타버릴 것입니다. 운석은 이러한 보호막이 없기 때문에 당연히 타죠.

세라믹도 이렇게 높은 온도를 오래 견디지는 못합니다. 그런데 다행히도 왕복선의 앞쪽 공간에는 충격파가 존재합니다. 간단히 말하면 이 충격파는, 왕복선이 너무 빨리 떨어지기 때문에 미처 길을 비키지 못하고 왕복선 앞에 겹쳐진 공기의 층입니다. 이 공기의 층은 자동차의 앞 범퍼와 같은 역할을 합니다. 충격파는 열에너지를 흡수해서 수많은 원자와 전자의 조각으로 흩어져 빛나는 구름을 만들어냅니다. 과학자들은 이것을 '플라즈마'라고 부릅니다. 텔레비전에 보면 V자 형의 안개 같은 것이 왕복선을 감싸는데 이것이 바로 플라즈마입니다.

6. 어디에나 있는 물

물은 지구상에서 가장 흔한 화합물입니다.

물은 지구 표면의 75%를 덮고 있습니다.

그래서 우주 공간에서 보면 지구는 파랗고 희게 보입니다.

흰 것은 구름인데 구름도 물론 물이죠.

지구상에 있는 물—바다, 호수, 강, 구름, 극지의 빙하, 치킨 수프

등에 있는—의 총량은 15억 톤에 10억을 곱한 값입니다.

사실 우리 몸도 반 이상이 물입니다.

체중이 70kg 정도 되는 평균 남성은 약 60%가 물이고

여성은 약 50% 정도입니다.

뚱뚱한 사람은 이 수치가 좀 작습니다.

아기들은 기저귀에 싼 것을 빼고도 85%가 물입니다.

물은 우주 안에 존재하는 여러 가지 화합물 중에서도

매우 특이한 존재입니다. 그런데 우리는 이런 특성에

너무 익숙해져 있어서 이것을 당연한 것으로 받아들입니다.

그런데 물을 끓이거나 얼리거나, 물위에 떠 있거나

땀으로 배출하거나 하면 어떤 일이 일어날까요?

이번 장에서는 우리가 일상에서 만나는 물 안에 숨어 있는

놀라운 성질을 한 번 들여다보겠습니다.

땀의 과학

몸의 열을 식히기 위해 땀을 흘린다는 것은 압니다. 땀이 증발하면서 열을 빼앗아가기 때문이죠. 그런데 증발하면 왜 차가워지죠? 액체는 증발하면 왜 온도가 떨어져야 하나요? 그리고 실제로 온도가 떨어지나요?

죄송합니다만 여기에 대한 대답은 '그렇다' 이기도 하고 '아니다' 이기도 합니다. 아마 그래서 사람들은 사실과는 거의 상관이 없지만 널리 퍼져 있는 답을 반복하는 모양입니다. 그것은 '증발은 냉각 과정이다' 라는 것입니다.

우리는 땀샘이 약간의 소금과 여러 요소를 포함한 액체를 피부 표면으로 배출하는 경우는 다음 세 가지 중 하나라고 알고 있습니다. 1) 더울 때 2) 심한 운동을 할 때 3) 연설을 해야 하는데 원고를 어디 두었는지 모를 때 등입니다.

그런데 사실 땀샘은 항상 기능을 발휘하고 있습니다. 날이 추울 때도 마찬가지입니다. 이것은 우리의 체온을 일정한 수준으로 유지하는 데 반드시 필요한 과정입니다. 위에서 말한 세 가지의 상황에서는 증발하는 양보다 배출되는 양이 더 많아서 땀을 흘린다고 느끼는 것이죠.

개들은 연설장에 끌려나오는 일이 없기 때문에 피부에 땀샘이 없습니다.

신기한 일이지만 개들은 발바닥에만 땀샘이 있습니다. 그래서 개들은 긴 혀를 내놓고 헐떡거립니다. 이렇게 하면 침이 증발하면서 폐로 들어오는 공기가 냉각되기 때문입니다. 땀을 얼마나 흘리는가는 동물에 따라 다릅니다. '돼지처럼 땀을 흘린다' 라는 영어의 표현처럼 돼지들은 땀을 많이 흘릴 때가 있습니다. 가끔 돼지들은 진흙탕에 구르면서 몸을 식힙니다. 이것은 코끼리와 하마도 마찬가지입니다. 사람도 더우면 샤워를 하거나 풀에 들어가니까 크게 다를 것은 없습니다.

그런데 도대체 증발이란 정확히 무엇일까요? 이것은 액체 표면에 있는 분자들이 형제들과 이별하고 대기 중으로 날아가버리는 과정입니다. 날아가는 분자가 늘어남에 따라 남아 있는 액체의 양은 줄어듭니다. 우리는 이 현상을 매일 봅니다. 젖은 마룻바닥은 마르고 세탁물도 빨랫줄에서 마릅니다.

증발 속도를 높여야 할 필요가 있을 때 우리는 두 가지를 할 수 있습니다. 가열하거나 바람을 날려보내는 것이죠. 가열하면 액체의 분자들은 탈출에 필요한 에너지를 더 많이 얻을 수 있습니다. 그래서 우리는 헤어 드라이어를 쓰는 것이고 공중 화장실에는 '핸드 드라이어'가 설치되어 있는 것입니다. 드라이어로 바람을 불어넣으면 방금 증발한 물 분자를 밀어내고 그 자리에 공기를 갖다놓아 증발이 더 원활해집니다. 뜨거운 국물을 후후 부는 것은 볼썽사납긴 하지만 이러한 원리가 적용되는 전형적인 예입니다. 또 하나의 예를 들어볼까요? 방안이 충분히 따뜻해도 바람이 일어나고 있으면 욕실에서 나왔을 때 갑자기 춥게 느껴지지요.

직접 해보세요

손등에 입으로 바람을 불면 차게 느껴질 것입니다. 사람의 숨은 따뜻하고 땀을 흘리는 것도 아닌데 말입니다.

땀을 흘리지는 않지만 피부엔 항상 소량의 수분이 있습니다. 바람이 불면 이 수분이 훨씬 빨리 증발합니다. 집 밖에 있을 때 바람이 불면 훨씬 더 춥게 느껴집니다. 그래서 기상예보관들은 텔레비전에 나와서 바람 때문에 '체감온도'가 실제보다 훨씬 낮을 것이라고 으름장을 놓습니다. 이것은 바로 바람의 냉각 효과를 고려한 것입니다. 그런데 이 냉각 효과가 제대로 발휘되려면 우리는 완전히 발가벗어야 합니다.

자, 그러면 물 분자가 표면에서 도망치면 왜 남아 있는 액체의 온도가 떨어져서 결국 그 액체가 접촉하고 있는 물체의 온도가 떨어질까요? 증발은 매우 선택적인 과정입니다. 증발 과정에서는 움직임이 빠른(따뜻한) 분자들이 먼저 빠져나가고 느린(차가운) 분자들이 뒤에 남습니다. 그것은 이렇게 됩니다.

어떤 액체 속의 분자들은 항상 움직이고 있습니다. 서로 미끄러지기도 하고 앞뒤로 치기도 하고 한 방향으로 돌진하기도 하고 서로 부딪치기도 합니다. 개미를 그릇에 하나 가득 넣어놓았다고 생각해보세요. 온도가 높아질수록 분자들의 운동은 빨라집니다. 사실 온도란 다른 게 아닙니다. 그 물질 안에 있는 모든 분자들의 평균 운동에너지를 나타내는 척도가 바로 온도인 것입니다. 여기서 중요한 단어는 '평균'입니다. 왜냐하면 어떤 온도에서든 모든 분자들이 다 똑같은 속도로 움직이는 건 아니기 때문입니다. 어떤 것들은 방금 다른 분자와 충돌했기 때문에 아주 빨리 움직입니다. 그런데 방금 충돌한 상대방 분자는 좀더 느리게 움직입니다. 왜냐하면 아까 부딪친 분자에게 에너지의 일부를 나누어주었기 때문입니다. 당구장에 가보세요. 흰 공으로 다른 공을 때리면 흰 공의 속도는 줄어드는 대신 맞은 공은 매우 빨리 굴러갑니다. 그러나 공 2개의 평균 에너지 값은 같습니다.

액체의 표면에서 공기 중으로 뛰어나갈 가능성이 가장 큰 분자들은 어떤 것들일까요? 물론 에너지가 가장 많은 것들이죠. 이렇게 되면 남아 있는 분자들의 평균 에너지 값, 그러니까 온도가 내려갑니다. 그래서 액체가 증발하면 차가워지는 것입니다.

그러나 얘기는 여기서 끝나는 것이 아닙니다. 차가워지는 과정이 무한정 계속되지는 못합니다. 웅덩이의 물이 증발한다고 해서 나중에 빙판이 되지는 않죠. 액체가 증발해서 온도가 떨어지면 주변 환경과 온도의 차가 생깁니다. 그러면 주변에서 열이 몰려들어 에너지 값이 높은 분자의 수를 원상태로 되돌려놓습니다. 그래서 일정한 온도가 유지되는 것이죠.

여기서 이렇게 이의를 제기하는 사람도 있을 것입니다. "그렇다면 원점으로 돌아온 것이군요. 증발해도 차가운 상태를 유지하지 못한다면 어떻게 땀은 증발해서 몸을 식히죠?"

좋습니다. 땀과 관련해서, 식은 것을 보충할 열은 어디서 온다고 생각하십니까? 우리의 피부에서 오죠. 증발이 진행됨에 따라 땀의 층 자체는 크게 식을 사이도 없습니다. 왜냐하면 피부로부터 열을 얻어 뜨거운 분자의 형태로 대기 중에 내던지기가 바쁘기 때문이죠. 그렇기 때문에 땀은 피부가 열을 발산하는 것을 도와주는 매개체일 뿐입니다.

액체가 증발하는 속도는 분자 상호간의 결합이 얼마나 강한가에 달려 있습니다. 결합이 느슨한 액체라면 분자들은 더 쉽게 도망칠 수 있습니다. 따라서 빨리 증발하죠. 어떤 액체들은 너무 빨리 증발해서(휘발성이 강하다고 합니다) 주변 환경이 열을 보충해 주는 속도가 냉각 속도를 따라가지 못하는 경우가 있습니다. 이때는 정말 온도가 떨어지죠.

에틸알코올이 이러한 휘발성 액체 중 하나입니다. 에틸알코올은 물보다 2배나 빨리 증발합니다.

알코올을 피부에 좀 발라보세요. 물보다 훨씬 시원함을 느낄 것입니다.

왜냐하면 '뜨거운' 알코올의 분자가 워낙 빨리 달아나기 때문입니다. 알코올을 바른 부분에 체온이 보충되기도 전에 식어버리는 것이죠.

염화에틸은 휘발성이 극히 강한 액체로, 염화에틸의 분자들은 오직 도망칠 궁리만을 하고 있습니다. 이들은 물보다 100배 빨리 증발합니다. 이것을 피부에 바르면 너무 빨리 차가워져서 감각이 마비됩니다. 의사들은 소규모의 피부 수술을 할 때 염화에틸을 국소마취제로 씁니다.

아르키메데스에 대한 도전

10만 톤이나 되는 항공모함은 어떻게 물위에 떠 있죠? 꽉 찬 쇳덩어리라면 가라
앉겠지만 속이 비어 있기 때문에 떠 있다는 것쯤은 알아요. 그런데 물은 항공모
함의 속이 비었다는 것을 어떻게 알죠?

물에 뜨는 것과 관련된 질문만 나오면 사람들이 항상 들이대는 대
답이 있습니다. '아르키메데스의 원리에 의하면, 액체 속에 들어 있
는 물체는 그것이 밀어낸 액체의 무게만큼의 부력을 받는다. 그래
서 물에 뜨는 것이다.' 백번 옳은 말입니다. 그런데 대부분의 독자
들은 이 말을 이해하기 힘들 것입니다.

배 밑에 있는 물은 위에 떠 있는 물체가 속이 꽉 찬 덩어리인지,
아니면 구멍이 숭숭 뚫린 스위스 치즈인지 알 길이 없습니다. 그러
나 경험에 따라 우리는 배를 물에 뜨게 하려면(나무를 파서 만든 카
누든 플라스틱으로 만든 보트든) 내부에 공기로 채워진 공간이 있어
야 한다고 생각합니다. 그렇지 않습니다. 속을 비우는 것은 무게를
줄이기 위한 것뿐입니다. 가벼우면 뜨고 무거우면 가라앉는 것입니
다. 아르키메데스가 나타나서 뭔가 얘기를 하지 않았다면 우리는
아직도 이렇게 믿고 있을지도 모릅니다.

문제는 물에 뜨려면 얼마나 가벼워야 하는가입니다. 답은 '같은
부피의 물의 무게보다 가벼우면 된다' 입니다. 일정한 부피의 어떤
물질이 갖는 무게를 '밀도' 라고 합니다. 밀도는 보통 1cm³당 몇 그
램이라고 표시합니다. 한 척의 배는 엄청난 양의 금속, 나무, 플라스
틱, 공기로 채워진 공간 등으로 이루어져 있습니다. 이 모든 것을 합
친 것의 무게는 같은 부피의 물의 무게보다 적습니다. 다시 말해 배

의 밀도가 물의 밀도보다 낮은 것입니다. 그러면 물에 뜹니다. 나무 조각이 물에 뜨는 것은 밀도가 물의 0.6배에 불과하기 때문입니다. 그러니까 속을 파내지 않아도 됩니다.

10만 톤짜리 항공모함을 물에 띄우려면 전체 밀도를 낮추기 위해 속을 비우는 작업을 해야 합니다. 물론 그것은 아무 문제도 아닙니다. 왜냐하면 비행기나 선원을 태울 공간이 얼마든지 필요하기 때문입니다.

물체가 물에 뜨려면 왜 물보다 밀도가 낮아야 하는지를 알기 위해 한 가지 실험을 해보겠습니다. 거대한 욕조가 있다고 합시다. 여기에 물을 채우고 니미츠호(세계에서 가장 큰 항공모함)를 조심스럽게 내려놓습니다. 중력의 힘에 의해 배는 수면에서 밑으로 들어갈 것이고, 그 힘은 배의 무게와 같습니다. 그런데 배가 물 속에 들어가려면 물을 밀어내야 합니다. 이 물은 배의 옆과 위로 자리를 비켜야 하는데, 이것은 항상 중력에 순응해 아래로 내려가려는 물의 본성을 위반하는 일입니다(260쪽을 보세요). 그러므로 중력이 배를 끌어내림에 따라 물은 중력의 힘을 거슬러 위로 밀려 올라갑니다. 욕조의 수면이 올라가는 것이 보이죠?

그러면 어느 정도의 물이 위로 올라갈까요? 정확히 중력이 배를 끌어내리는 만큼입니다. 달리 말하면 배에 의해 밀려 올라가는 물의 무게는 배의 무게와 같습니다. 이 지점에 도달하면(니미츠호의 경우는 10만 톤) 배는 더 이상 내려가지 않습니다. 드디어 물에 뜬 것입니다.

그러나 또 한 가지, 밀려 나간 물의 부피는 물 속에 잠긴 부분의 배의 부피와 같습니다. 그러나 물은 배 전체보다 밀도가 높기 때문에 10만 톤의 물은 10만 톤의 배보다 자리를 더 적게 차지합니다. 그러므로 물 속에 잠긴 부분은 당연히 배 전체보다 적습니다. 그래서 다행히도 흘수선(물에 잠긴 부분과 물 밖의 부분의 경계선)은 배 아래쪽에 있고 선원들은 이것을 좋아합니다. 이것은 모두 배 전체의 밀도가 물의 밀도보다 적기 때문입니다.

누가 물어보지는 않았지만……

그럼 잠수함은요? 잠수함은 어떤 때는 떠 있고 어떤 때는 물 속에 있잖아요? 잠수함은 부력을 어떻게 바꾸죠?

아주 간단합니다. 잠수함 안에 있는 공간을 늘였다 줄였다 하면 되죠. 그러면 밀도만 바뀝니다. 잠수하려면 밸러스트 탱크라는 물통에 물을 넣습니다. 떠오르려면 압축 공기로 물을 밀어내죠. 실제로 이 작업을 하는 것은 쉽지 않습니다. 왜냐하면 바닷물의 밀도는 깊이, 온도, 염분도 등에 의해 달라지기 때문입니다. 그렇기 때문에 잠수함은 항상 스스로 밀도를 조정해야 합니다.

직접 해보세요

바닷물은 민물보다 3% 정도 밀도가 높습니다. 그러므로 바다 위에 떠 있는 배는

호수 위의 배보다 3% 정도 부력을 더 받고, 따라서 그만큼 높이 떠 있습니다. 사해와 그레이트 솔트 레이크의 밀도는 높은 염분도 때문에 아주 큽니다. 그래서 부력도 놀라울 정도로 강합니다. 혹시 갈 기회가 있거든 들어가보세요. 몸이 조금밖에 가라앉지 않을 것입니다. 아주 신기한 기분이 들걸요.

이것도 물어보지는 않았지만……

아르키메데스에 의하면 물 속에 들어 있는 물체는 위로 밀어 올리는 힘을 받는다고 합니다. 이 힘은 어디서 오는 거죠?

물이 위로 미는 힘을 갖고 있다는 것이 의심되면 욕조에 물을 채우고 풍선을 밀어 넣어보세요. 내리누르는 팔 힘에 저항하는 힘이 풍선을 밀어 올리고 있음을 느낄 것입니다.

아까 니미츠호를 욕조에 집어넣었을 때 수면이 올라갔습니다. 더 깊어졌다는 뜻이죠. 잠수부들은 다 알지만 물이 깊으면 압력도 높습니다. 이렇게 높아진 압력은 욕조에 있는 물 전체에 빠짐없이 걸립니다. 왜냐하면 물은 스프링이나 고무 조각처럼 힘을 흡수하지 못하고 모두 전달해 버리기 때문입니다. 물은 이렇게 높아진 압력을 배의 선체를 포함하여 자신이 접촉하는 모든 것에, 모든 방향에 걸쳐 전달합니다. 선체에 수평 방향으로 걸리는 압력은 반대 방향의 압력에 의해 서로 모두 상쇄되고 위를 향하는 수직 방향의 압력만이 남습니다. 이것이 중력의 힘을 거슬러 배를 위로 밀어 올리는 압력이고, 이것을 우리는 부력이라고 부르는 것입니다.

이제 이런 생각이 드시죠? '항공모함은 욕조에 있는 것이 아니고 바다에서 활동하는데, 그러면 니미츠호 때문에 해수면이 높아졌다는 말인가?' 맞습니다. 그런데 바다, 그리고 니미츠호가 떠 있는 대서양 하나만 보더라도 엄청나게 넓기 때문에 10만 톤 정도의 물로 만들어낼 수 있는 깊이는 무시할 수 있는 정도입니다. 그러니까 니미츠호가 진수되었다고 해서 플로리다 해변의 별장이 물에 잠기지는 않는다는 얘기죠. 그러나 욕조에서든 바다에서든 물 속으로 들어간 배의 부피만큼 물은 밀려나와 수면을 높이는 것이고, 배는 밀어낸 물의 무게만큼 부력을 받는다는 사실은 달라질 것이 없습니다.

고대 그리스에는 항공모함이 없었기 때문에 역사책에 따르면, 아르키메데스는 자기 몸을 실험 도구로 썼습니다. 욕조에 물을 가득 채운 후 들어가보고 나서 그는 욕조 밖으로 넘쳐 방바닥에 홍수를 낸 물의 무게와 자신이 받은 부력이 같다는 것을 깨달은 것입니다. 집주인 아주머니가 이 위대한 학자에게 뭐라고 잔소리를 했는지는 역사책에 나와 있지 않습니다.

이것도 물어보지는 않았지만……

왜 선체에 구멍이 나면 배가 가라앉죠?

물은 압력을 받고 있기 때문에 구멍으로 쏟아져 들어옵니다. 그 압력은 구멍이 수면에서 얼마나 깊은 곳에 생겼는가에 달려 있습니다. 깊을수록 물의 기세도 강합니다. 물은 배를 채우면서 공기가 있던 공간을 없애버립니다. 이렇게 되면 배의 밀도가 늘어납니다. 이렇게 해서 부력을 이길 정도로 밀도가 높아지면 배는 가라앉는 것이죠.

물고기와 잠수부

잠수를 하다가 바다 바닥에서 예쁜 조개를 발견했습니다. 내려가서 집으려고 했지만 밑으로 가기가 아주 힘들더군요. 물고기들은 쉽게 잘 내려가는데 말이죠.

왜 그렇죠? 물고기는 우리한테 없는 것을 갖고 있기라도 한가요?

　문제는 물고기에게 없는 것을 우리가 갖고 있다는 데 있습니다. 그것은 폐입니다.

　물 속에 가만히 떠 있으려면, 그러니까 올라가지도 내려가지도 않으려면 물고기든 다른 물체든 전체적인 밀도가 물의 밀도와 똑같아야 합니다. 달리 말하면 그 물체의 부피와 같은 부피의 물의 무게와 같아야 한다는 뜻입니다(234쪽을 보세요). 더 무거우면 바닥으로 가라앉을 것이고, 대부분의 인간들처럼 더 가벼우면 수면으로 떠오를 것입니다. 배는 물론 더 가벼운 상태를 유지하도록 설계되고 만들어진 물체입니다.

　뼈와 근육은 바닷물보다 밀도가 높기 때문에 어떤 동물이든 몸속에 기체 주머니같이 아주 가벼운 것이 있어서 전체 밀도를 줄여주지 않으면 가라앉을 수밖에 없습니다. 육상 동물에게는 폐가 있고 대부분의 물고기에게는 부레가 있습니다. 그러나 물고기의 부레는 몸 전체의 부피 중 5%밖에 되지 않는 반면, 우리의 폐는 가슴의 거의 대부분을 차지하고 있습니다. 폐는 우리의 비중을 워낙 낮춰주기 때문에 우리의 몸은 대부분의 나무보다 부력이 큽니다.

　물고기는 바닷물보다 밀도가 크다고 하더라도 계속 헤엄을 치면 가라앉지 않을 수 있습니다. 사람도 물갈퀴를 부지런하게 움직여서 조개가 있는 곳으로 내려갈 수 있지만 이 점에서 우리는 물고기만큼 능숙하지 못합니다. 능숙하다 하더라도 우리는 여전히 물고기를 이길 수 없습니다. 폐 때문이죠.

누가 물어보지는 않았지만……

물고기의 밀도가 물과 거의 일치한다면 어떻게 물고기는 마음먹은 대로 올라갔다 내려갔다 할 수 있죠?

물론 물고기는 꼬리지느러미를 힘차게 움직여서 어디로든 갈 수 있지만 계속해서 그렇게 할 수는 없습니다. 처음 위치에서 올라가거나 내려가면 물고기는 변화된 깊이에 해당하는 압력에 적응합니다. 이렇게 해서 물고기는 부력을 이용하여 꼬리지느러미를 혹사하지 않고도 제자리에 있을 수 있는 것입니다. 이때 물고기는 부레를 이용합니다.

물고기가 더 깊은 곳에 내려가면 압력이 커집니다. 이 압력으로 인해 부레는 수축되고, 이로 인해 물고기는 필요 이상으로 밀도가 높아집니다. 이렇게 되면 가라앉겠죠. 이것을 막으려면 부레를 다시 적당한 수준까지 확장시켜야 합니다. 반대로 물고기가 위로 올라가면 부레가 필요 이상으로 팽창하기 때문에 이것을 어느 정도 눌러둘 필요가 있습니다.

사람들은 오랫동안 물고기가 깊이에 적응하기 위해 부레를 늘였다 줄였다 한다고 생각해 왔습니다. 그러나 과학자들은 물고기가 여기에 필요한 근육을 갖고 있지 않다는 것을 발견했습니다. 놀랍게도 물고기들은 부레의 크기를 조절하는 대신, 부레 안에 있는 산소의 양을 바꿔서 문제를 해결합니다. 부레에 산소를 집어넣었다 빼냈다 하는 것으로 물고기는 밀도를 정확히 맞추어 수영을 오래하지 않고도 떠 있을 수 있는 것입니다. 그러니까 물의 압력 때문에 부레가 팽창했다 수축했다 하는 데는 영향을 받지 않는 것이죠.

그러면 깊은 곳으로 내려갈 때 부레의 수축을 상쇄하기 위해 필요한 산소 기체는 어디서 올까요? 물고기는 혈액 속의 산소를 뽑아 부레로 보냅니다. 그러면 위로 올라갈 때는 여분의 산소는 어떻게 하죠? 혈액이 다시 흡수합니다.

불쌍하게도 어떤 물고기는 부레가 없습니다. 이들은 물보다 약간 무겁기 때문에 바닥으로 떨어지지 않으려면 계속 헤엄을 쳐야 합니다. 고등어와 어떤 종류의 참치는 헤엄을 멈추면 가라앉기 시작합니다. 그러나 넙치는 아예 포기하고 바닥에 붙어 있죠.

물고기도 잠수병에 걸릴까

스쿠버다이버가 물 속에 너무 오래 있으면 잠수병에 걸리는 것처럼 물고기도 잠수병에 걸린다는 말을 들은 적이 있습니다. 바보 같은 질문인지는 모르지만 물고기는 얼마나 오랫동안 잠수병에 걸리지 않고 물 속에 있을 수 있나요?

다행히도 이 질문엔 대답할 필요가 없을 것 같군요. 왜냐하면 다이버나 물고기나 물 속에 너무 오래 있다고 해서 잠수병(압력이 갑자기 줄어드는 데 따라 생기는 이상 상태)에 걸리지는 않기 때문입니다. 다이버가 잠수병에 걸리는 것은 수면으로 너무 빨리 올라오기 때문입니다. 그러나 물고기는 다른 이유로 잠수병에 걸릴 수 있습니다.

다이버의 몸에 걸리는 압력이 너무 빨리 줄어들면 혈액 속에 공기방울이 생깁니다. 이것은 위험합니다. 그리고 물고기도 같은 일을 겪을 수 있지만 수면으로 너무 빨리 올라오기 때문에 그렇게 되지는 않습니다. 물의 성질이 변하기 때문이죠.

산소는 물이나 물과 비슷한 액체, 즉 혈액이나 체액에 어느 정도 녹아 들어갑니다. 이것은 물고기에게는 복음입니다. 왜냐하면 물고기는 물 속에 녹아 있는 산소에 의존해 살아가기 때문입니다. 그러나 대기의 대부분(78%)을 차지하는 질소도 물과 혈액에 녹지만 생리적 과정에는 아무 쓸모가 없습니다. 보통 때는 사람도 물고기도 이것 때문에 영향을 받지는 않습니다. 우리는 신진대사에 필요한 산소만을 뽑아 쓰고 필요 없는 질소는 폐나 아가미를 통해 내버리기 때문입니다. 그러나 어떤 이유로든 공기가 혈액 속에 너무 많이 녹아 있으면 우리는 이 불필요한 질소를 빨리 제거할 수 없게 됩니다. 그러면 질소는 기체방울로 변해 혈액순환을 방해하고 신체 조직을 국소적으로 파괴합니다.

온도가 일정한 경우 물에 녹는 공기의 양은 압력에 따라 달라집니다. 압력이 높으면 더 많이 녹습니다(28쪽을 보세요). 다이버가 깊이 들어감에 따라 물의 압력이 높아져서 더 많은 산소와 질소가 폐를 통해 혈액 속으로 들어갑니다.

산소는 문제될 것이 없습니다. 왜냐하면 혈액 속의 헤모글로빈이 산소와 열심히 결합해서 세포로 실어다 주기 때문이죠. 헤로글로빈은 원래 하는 일이 그것입니다.

그런데 다이버가 수면으로 올라오고 이에 따라 압력이 줄어들 때, 질소가 들어온 길을 되짚어서(폐를 통해) 나가면 아주 좋을 것입니다. 그런데 이것은 시간이 많이 걸립니다. 그래서 압력이 너무 빨리 줄어들면 과잉 질소는 혈액 속에서 기체가 되어버립니다. 콜라병을 따서 압력을 풀어주면 이산화탄소가 거품이 되어 올라오는 것과 같습니다.

그러니까 다이버들은 천천히 올라와서 질소가 질서 있게 분자 하나씩 폐를 통해 나가도록 해야 합니다.

물론 물고기도 깊은 물에서 갑자기 올라오면 똑같은 일을 겪을 수 있지만 두 가지 다른 점이 있습니다. 첫째, 물고기는 그 정도로 어리석지 않습니다. 둘째, 질소 거품보다 더 끔찍한 일이 일어날 수 있습니다. 부레(239쪽을 보세요)가 너무 빨리 팽창해서 체내의 기관이 파열되어 죽는 것이죠.

그런데 앞서서 물고기도 질소 거품에 의한 잠수병으로 죽을 수 있다고 했습니다. 그것은 이렇습니다.

어떤 물고기가 일정한 양의 공기가 녹아 있는 물에서 헤엄치고 있다고 합시다. 물고기의 혈액은 지금 있는 물 속에 녹아 있는 질소의 양에 완전히 적응이 되어 있을 것입니다.

이 물고기가 어떤 이유로든(이유는 나중에 이야기하겠습니다) 같은 온도와 같은 압력에서 질소가 비정상적으로 많이 녹아 있는 물 속으로 들어갔다고 합시다. 물고기의 혈액은 곧 비정상적으로 많은 질소를 받아들일 것입니다. 이것은 위험합니다. 왜냐하면 과잉 질소가 언제라도 거품이 되어 잠수병을 일으킬 수 있기 때문입니다. 이때 유일한 해결책은 더 깊은 곳으로 들어가 거품이 다시 혈액 속에 녹아들게 하는 것입니다.

그런데 어떻게 해서 물고기가 비정상적으로 질소가 많은 물에 들어갈 수 있을까요? 그것은 깊이나 압력과는 관계가 없습니다. 예를 들어 물고기가 정상적인 수준의 질소가 녹아 있는 물 속에서 헤엄을 치고 있는데 갑자기 공장이나 발전소에서 쏟아져 나온 따뜻한 물세례를 받을 때가 있습니다(발전소는 어쩔 수 없이 대량의 폐열을 쏟아냅니다. 310쪽을 보세요). 더운물에는 보통의 물보다 질소가 덜 녹아 있습니다. 왜냐하면 더운물에는 찬물보다 기체가 녹기 어렵기 때문입니다(28쪽을 보세요). 그러나 발전소의 물이 가열되는 과정에서 미처 잉여 질소를 방출하지 못했으면(앞서도 말했지만 질소의 제거는 매우 느린 과정입니다) 그 물은 정상적인 물보다 질소 함유량이 높습니다. 그래서 불쌍한 물고기는 본의 아니게 비정상적으로 질소가 많은 물에 들어가고 따라서 잠수병에 걸립니다. 발전소에서 강에 더운물을 '버리기만' 했는데도 물고기가 떼죽음을 당하는 이유 중 하나가 이것입니다.

또 하나 예를 들어보겠습니다. 금붕어를 사다가 깨끗한 물을 채운 어항에 넣었더니 곧 병들어 죽는 것을 본 적이 있습니까? 이유는 이런 것일 수 있습니다. 수돗물에는 기체가 많이 녹아 있습니다. 왜냐하면 차가운데다 정수 과정에서 공기를 불어넣기 위해 스프레이 처리까지 되었을지도 모르기 때문입니다. 이 물을 어항에 넣으면 실온에 이르기까지 조금씩 따뜻해집니다. 그러나 질소의 제거 과정은 매우 느리기 때문에 더 차가울 때와 거의 똑같은 양의 질소가 녹아 있습니다. 이렇게 비정상적으로 질소 함량이 높은 물에 금붕어를 넣으면 잠수병에 걸리는 것입니다.

발전소의 더운물로 물고기가 떼죽음을 당하는 것이나 질소가 너무 많은 수돗물에서 금붕어가 죽는 것을 막으려면 어떻게 해야 할까요? 간단합니다. 강물로 방류하거나 어항에 넣기 전에 물을 오랫동안 놓아두는 것입니다. 이렇게 되면 과잉 질소가 빠져나가 그 온도와 그 압력에 적합한 양의 질소만 남기므로 물고기는 살 수 있습니다.

누가 물어보지는 않았지만……

깊은 바닷속의 물고기는 어떻게 산소를 얻죠? 대기로부터 그렇게 멀리 떨어져 있는데 산소는 얼마나 있을까요?

물 속의 산소는 반드시 공기가 녹아야만 생기는 것은 아닙니다. 수중 식물도 육상 식물처럼 이산화탄소를 빨아들이고 산소를 내놓습니다. 바닷속에는 매우 다양한 식물이 있고 이들이 방출하는 산소는 곧장 바닷물 속으로 녹아 들어갑니다. 물고기들은 끊임없이 헤엄을 치면서 많은 양의 물을 아가미에 통과시킵니다. 그러면 산소의 농도가 높지 않아도 상당량의 산소를 빨아들일 수 있습니다.

그러니까 물고기에게 필요한 산소가 충분히 공급될 수 있을 만큼 수중 식물이 많지 않은 곳에는 물고기가 살지 않습니다.

비눗방울의 비밀

왜 비눗방울은 둥글죠?

이렇게 생각해 봅시다. 비눗방울이 사각형이라면 그게 더 이상하지 않겠어요? 어릴 때부터의 경험을 더듬어보세요. 자연은 부드러운 것을 좋아한다는 사실을 깨달을 것입니다. 뾰족한 점이나 예리한 각을 가진 자연물은 그렇게 많지 않습니다. 예외가 있다면 일부 광물의 결정으로, 아름답고 뾰족한 기하학적 형태를 갖추고 있습니다. 그래서 보석과 피라미드는 어떤 초자연적인 힘으로 만들어졌다고 믿는 사람들이 있는 모양입니다.

그러나 이것은 형이상학이지 과학이 아닙니다. 비눗방울이 둥근 것은(그러니까 공 모양인 것은) 표면장력(17쪽 '꼼꼼쟁이 코너'를 보세요)이라는 힘이 작용해서 물 분자들을 가능한 한 빽빽한 상태로 모아두려고 하기 때문입니다. 이들을 가장 빽빽하게 묶어두는 방법은 공 모양(구형)을 만드는 것입니다. 육면체, 피라미드형, 불규칙한 형태 등 여러 가지 모양 중에서 표면적이 가장 작은 것은 공 모양입니다. 대롱 끝에서 방울이 떨어져 나가자마자 표면장력은 빗물의 얇은 막을 표면적이 가장 작은 상태로 만듭니다. 그래서 공 모양이 됩니다. 우리가 대롱을 불어서 억지로 공기를 불어넣지 않았으면 비눗물은 계속 줄어들어서 빗방울처럼 작은 구형의 물방울이 되었을 것입니다.

그런데 안에 있는 공기가 비눗물의 막을 밖으로 밀어냅니다. 기체는 가둬놓으면 용기의 벽을 끊임없이 들이받아서 압력을 만들어냅니다(198쪽을 보세요). 비눗방울에서 안쪽으로 오므라드는 표면장력은 밖으로 밀어내는 기체의 압력과 균형을 이룹니다. 균형이 이루어지지 않으면 비눗방울은 균형이 이루어질 때까지 줄어들거나 부풀어오를 것입니다.

비눗방울을 더 크게 만들기 위해 더 많은 공기를 불어넣으면 어떻게 될까요? 내부의 압력이 늘어납니다. 이런 압력을 이기기 위해 비눗물의 막은 표면의 크기를 늘여 안쪽을 향하는 표면장력을 더 커지게 합니다. 공기를 더 불어넣으면 물이 부족해서 더 큰 막을 만들 수 없게 됩니다. 그리고 마지막에 가서는 방울이 터지죠.

풍선껌의 경우도 마찬가지입니다. 다만 풍선껌의 경우는 안쪽을 향해 수축하는 힘이 표면장력으로부터 나오는 것이 아니고 고무의 탄력에서 나오는 것이 다릅니다. 탄력도 표면장력과 마찬가지로 표면적을 최소화하려는 경향이 있습니다.

누가 물어보지는 않았지만……

방울을 불려면 왜 꼭 비눗물이 있어야 하죠? 맹물로는 안 되는 이유가 뭘까요?

안으로 수축하려는 표면장력의 강도에 관한 한, 물은 모든 액체의 왕입니다. 물의 표면장력은 워낙 강해서 밖으로 잡아늘이려는 힘에 완강히 저항합니다. 방울을 만들려면 일단 액체의 표면을 늘여 구형으로 만들어야 하는데 물은 이것마저도 거부하는 것이죠. 물은 굳이 3차원의 공 모양이 되는 불편을 겪지 않더라도 바짝 엎드려만 있으면 더욱 작은 표면적을 유지할 수 있다는 것을 알고 있습니다. 그러므로 순수한 물은 어떤 형태로든 방울을 만들지 않습니다. 설사 만든다고 하더라도 아주 짧은 순간밖에 존재하지 않습니다.

비누에는 물의 표면장력을 줄이는 힘이 있습니다(17쪽 '꼼꼼쟁이 코너'를 보세요). 이렇게 해서 물을 3차원의 형태로 만들 수 있게 해줍니다.

알코올의 표면장력은 워낙 약해서 방울이 생기지도 않습니다. 그것은 마치 아무 탄력성이 없는 보통 껌으로 풍선을 불려고 하는 것과 같습니다.

건조한 액체

모든 액체는 잘 적시나요?

그렇지 않습니다. 물조차도 항상 잘 적시는 것은 아닙니다. 그것은 무엇을 적시는가에 달려 있습니다.

위의 질문은 언어학자에게 던지면 어리석은 질문이라는 얘기를 들을 것입니다. '젖은'이라는 뜻의 영어 단어 wet은 물이라는 단어 water와 어원에서부터 서로 강하게 얽혀 있기 때문에 wet은 항상 '물이 묻어 있다'라는 뜻으로 쓰여왔습니다. 그러므로 물은 근본적으로 'wet' 한 것이고 wet의 반대말은 dry인데 이것은 '물이 없다'는 뜻입니다.

그러나 언어가 사실을 반영하는 모습은 매우 변덕스럽습니다. 물과 '젖은'이 언어에서 그렇게 친하게 된 것은 사람이 강물에서 막 빠져나온 모습을 묘사할 때 물이 묻어 있다고 하는 것 외에는 방법이 없었기 때문이었을 뿐입니다. 어쨌든 물은 지구상에서 가장 흔한 액체일 뿐만 아니라 가장 흔한 화합물이기도 합니다. 오늘날도 물 이외에 액체 이름을 두세 가지 들어보라고 하면 거의 대부분의 사람들이 고개를 가로저을 것입니다. 피나 우유는 제외됩니다. 왜냐하면 이들의 액체 성분이 물이기 때문입니다.

그러나 물 이외에도 무수한 액체가 존재합니다. 원칙적으로 어떤 고체라도 가열해서 녹이면 액체가 되고 어떤 기체라도 냉각해서 압축하면 액체가 됩니다. 단지 물은 생명체가 존재할 수 있는 거의 모든 온도 범위 내에서 액체로 존재하는 것일 뿐입니다. 이것은 우연이 아닙니다. 생명은 물에서 시작되었을 것이고 액체 상태인 물은 오늘날도 모든 생명체에게 필수적인 것입니다.

그런데 왜 어디에나 있는 이 물은 젖어 있는 것일까요? 왜 물은 우리가 강에서 빠져나오면 우리 몸에 붙어 있을까요? 우리 조상들은 아마 이런 설명으로 만족했을 것입니다. '그것은 물이 우리를 좋아하기 때문이다.'

좀더 과학적으로 이야기하면 물 분자들은 이들과 친화력이 있는 분자들로 이루어진 물질의 표면에 들러붙습니다. 물 한 방울과 우리 피부 표면의 분자가 서로 끌어당기지 않는다면 물방울은 그냥 굴러 떨어질 것입니다. 그러니까 답을 찾으려면 이 끌어당기는 힘부터 알아야 합니다.

이 책의 여기저기에서 우리는 물 분자가 '극성'을 가지고 있다고 이야기했습니다. 그래서 물 분자끼리 마치 작은 자석처럼 서로 잡아당긴다고 했지요(129쪽을 보세요). 물 분자들은 또한 수소결합(129쪽을 보세요) 때문에도 서로 끌어당깁니다. 똑같이 극성을 가졌거나 아니면 수소결합을 하고 있는 물질이 물 속으로 들어오면 물 분자들은 이들에게도 끌립니다. 달리 말하면 물은 이들을 적십니다. 대부분의 단백질과 탄수화물은, 우리의 피부 단백질, 나무, 종이, 면, 기타 식물의 셀룰로스도 마찬가지이지만, 물 분자가 끌리기에 적합한 특성을 가진 분자로 되어 있습니다. 그래서 이들은 물에 젖는 것입니다. 그러나 기름 또는 왁스로 되어 있는 물질은 극성도 없고 수소결합을 하고 있는 것도 아니기 때문에 물에 젖지 않습니다.

직접 해보세요

초를 물 속에 넣어보면 젖지 않는다는 것을 알 수 있습니다. 그러니까 물은 어떤 물체는 적시고 어떤 것은 적시지 않는데 그것은 그 물질이 무엇이냐에 달려 있습니다.

다른 액체들은 어떨까요? 이들도 모두 적실까요? 액체에는 여러 가지가 있습니다. 에틸알코올, 소독용 알코올, 휘발유, 벤젠, 올리브유, 그리고 수은 같은 액체 금속에 이르기까지 다양합니다. 물처럼 이들도 서로 끌리는 분자로 되어 있는 물질은 적십니다. 위에 말한 것 중 수은을 제외한 모든 것은 우리 피부의 분자와 친화력이 있기 때문에 피부를 적십니다. 그러나 금속 원자는 피부와 아무런 공통점이 없기 때문에 수은은 우리 몸을 적시지 못합니다.

직접 해보세요

수은이 들어 있는 그릇에 손을 넣어볼 기회가 있으면 한 번 해보세요. 물 속에 들어갔다 나온 초처럼 손가락이 말라 있음을 알 수 있습니다. 한 가지 주의할 것은 수은 증기에 독성이 있다는 사실입니다. 맡지 마세요. 그러나 녹이 슬지 않은 구리나 놋쇠 조각을 넣어보면 수은이 듬뿍 묻어 나옵니다. 왜냐하면 금속 원소들은 서로 친화력이 있고 따라서 들러붙기 때문입니다. 납땜을 해본 사람들은 알지만 녹인 납은 우리가 연결하려는 금속 부위에 잘 스며듭니다.

꼼꼼쟁이 코너

사실 젖는다는 것은 상대적인 개념입니다. 어떤 액체들은 다른 액체들보다 잘 적십니다. 이들은 적셔지는 물체의 표면에 더 잘 퍼지고 잘 흐릅니다.

놀랍게도 물은 이 점에서 그리 뛰어나지 못합니다. 이 점에서 뛰어난 것은 단연 알코올입니다. 물 분자들은 자기들끼리 워낙 강하게 붙어 있기 때문에 근처에 있는 다른 분자들은 무시하며 따라서 근처의 분자들이 물과 친화력이 있다 하더라도 그렇게 활발히 결합하지는 않는 것입니다.

물 몇 방울을 우산에 떨어뜨리면 굴러 떨어질 것입니다. 우산에 물이 묻어 있게 하려면 손가락으로 이 물방울을 문질러야 하지요. 그런데 알코올을 우산에 뿌리면 곧장 스며듭니다.

물 속에 넣으면 물의 적시는 능력을 향상시키는 물질이 있습니다. 비누가 대표적 예입니다(17쪽의 '꼼꼼쟁이 코너'를 보세요).

액체라고 다 적시는 것은 아닙니다. 그리고 물조차도 어떤 것은 적시지 않습니다.

뜨거운 물의 모순

뜨거운 물은 찬물보다 빨리 어나요? 그렇다고 고집하는 사람들도 있더군요. 여기에 대해 분명한 과학적인 답이 있나요?

글쎄요. 죄송합니다만 있기도 하고 없기도 합니다. 여기에 대한 논쟁은 17세기 초 프랜시스 베이컨 경이 '뜨거운 물이 먼저 언다'고 주장하는 쪽에 합류한 이래 오늘날까지 계속되고 있습니다.

가장 적절한 대답은 '경우에 따라 다르다'입니다. 그러니까 어느 과정이 어떤가에 전적으로 달려 있다는 뜻입니다. 물을 얼리는 것은 아주 간단한 과정처럼 보입니다. 그러나 여기에는 아주 많은 요소가 관여하고 있습니다. 얼마나 뜨거운 것을 뜨겁다고 불러야 할까요? 또 얼마나 차가운 것을 차갑다고 불러야 할까요? 얼리려는 물의 양은 얼마나 되나요? 물을 담은 그릇은 어떤 것인가요? 물의 표면적은 얼마나 되나요? 냉각은 어떻게 시키나요? 그리고 '먼저 언다'라는 것은 정확히 무슨 뜻인가요? 위에 살얼음이 언다는 것인가요, 아니면 바닥까지 얼어서 얼음 덩어리가 된다는 뜻인가요? 이제 찬반 양론을 들어봅시다.

반대 : 뜨거운 물이 먼저 얼다니 말도 안 돼! 물이 얼려면 0℃까지 식혀야 한다고. 뜨거운 물은 여기까지 가는 시간이 더 걸리니까 결코 이길 수 없지.

찬성 : 그 말은 맞아. 그러나 열전도율을 생각해야지. 주변 환경과 온도 차가 클수록 열이 빨리 전달된다고. 그러니까 어떤 물체가 뜨거울수록 같은 시간에 더 빨리 식는 거지. 그러니까 뜨거운 물에서 열이 빨리 달아나므로 더 빨리 식는다는 얘기야.

반대 : 그럴지도 몰라. 그런데 열이 왜 꼭 전도에 의해서만 이동하지? 대류와 복사도 있어. 이 책의 36쪽을 봐. 어쨌든 뜨거운 물은 0℃를 향한 경주에서 찬물을 따라잡을 수도 있겠지만 앞질러 가지는 못해. 그러니까 더운물이 식어서 찬물과 같은 온도가 되면 그때부터는 같은 속도로 냉각되는 거지. 기껏해야 동시에 얼 거야.

찬성 : 아, 그래?

반대 : 그래!

이 두 사람은 점점 합리성을 잃고 있습니다. 이제 우리가 개입해야겠군요. 여기까지는 반대측의 주장이 옳습니다. 완전히 같은 조건에서 시작한다면 뜨거운 물이 찬물보다 빨리 어는 일은 결코 없는 것이 분명합니다. 그런데 문제는 더운물과 찬물은 본질적으로 같은 조건에 있지 않다는 것입니다. 2개의 똑같은 그릇을 준비해서 똑같은 양의 더운물과 찬물을 똑같은 방법으로 냉각한다 해도 뜨거운 물 쪽에 승리를 안겨줄 수 있는 요소는 여러 가지가 있습니다. 몇 개만 짚어보겠습니다.

• 더운물은 찬물보다 빨리 증발합니다. 정확히 같은 양의 물을 가지고 시작한다면(당연히 그래야겠지요) 0℃에 도달했을 때 뜨거운 물의 양이 더 적을 것입니다. 양이 적으면 더 빨리 어는 것이 당연하지요.

증발량은 별게 아니라고 생각하신다면 이것을 한 번 생각해 보세요. 부엌 수도꼭지에서 나오는 더운물과 찬물(각각 60℃와 24℃)의 경우 더운물이 찬물보다 7배나 빨리 증발합니다. 1시간 정도 지나면 더운물은 상당히 줄어들 것입니다. 물론 물이 식으면서 증발 속도도 점차 떨어지겠지요. 그러나 식는 과정에서 이미 상당량의 물이 증발해 버립니다.

• 물은 여러 가지 면에서 아주 특이한 액체입니다. 이 특징 중의 하나는 온도를 1℃ 올리는 데 비교적 많은 양의 열이 필요하다는 것입니다. 전문용어로 말하면 물은 열용량이 큽니다. 반대로 온도를 낮추는 데도 냉각을 상당히 많이 시켜야 합니다. 그러므로 물의 양이 조금만 차이가 나도 적은 쪽의 물이 더 쉽게 빙점에 도달하는 것입니다. 그러므로 더운물 쪽에서 증발한 양이 별것 아니라 하더라도 처음부터 찬물이었던 것보다 더 빨리 빙점에 도달한다는 것입니다. 달리 말하면 찬물을 추월해서 결승점에 먼저 도착한다는 것이지요. 게다가 일단 빙점에 도달하면 얼음이 되기까지 엄청난 양의 열을 추가로 방출해야 합니다. 1g당 80cal나 되지요(211쪽을 보세요). 그러니까 물의 양이 조금이라도 적으면 빨리 어는 데 훨씬 도움이 됩니다.

• 증발 자체도 냉각의 과정입니다(229쪽을 보세요). 빨리 증발하는 더운물은 따라서 더 강한 냉각력을 갖습니다. 빨리 냉각되면 빨리 얼겠죠.

• 더운물에는 찬물보다 기체가 덜 녹아 있습니다. 기체든 무엇이든 뭔가가 녹아 있으면 물이 어는점은 내려갑니다(122쪽을 보세요). 따라서 물 속에 녹아 있는 공기가 많을수록 냉각을 더 많이 시켜야 합니다. 더운물에는 공기가 적으므로 찬물보다 좀 높은 온도에서 얼 수 있습니다. 그러니까 빨리 얼지요.

그러나 사실 마지막 논점은 별 의미가 없습니다. 왜냐하면 녹아 있는 공기 때문에 발생하는 어는점의 차이는 1,000분의 1℃에 불과하기 때문입니다. 그럼에도 불구하고 겨울에 난방을 안 하는 집의 파이프가 얼 경우 더운물 파이프(과거에 더운물이 흐르던 파이프)가 먼저 어는 일이 잦다고 주장하는 사람들이 많습니다.

모든 점을 고려할 때, 어떤 상황에서는 추운 겨울날 밖에 내놓은 물통 중 더운물을 넣어둔 쪽이 먼저 어는 것은 충분히 가능한 일입니다. (미국보다 추운 북쪽 지역에 사는) 캐나다 사람들이 이런 일을 많이 봤다는 얘기는 믿을 만합니다. 뭘 좀 아는 과학자들, 회의론자들까지도 믿게 할 만한 근거가 있는 것입니다. 이 상황에서 가장 큰 영향을 미치는 요소는 증발에 의한 열 손실일 가능성이 매우 큽니다(그런데 아무리 연구를 해봐도 왜 캐나다 사람들이 겨울에 물통을 밖에 내놓는지는 알 수가 없었습니다).

그러나 어는 과정이 각본대로 되는 것을 방해하는 요소는 매우 많습니다. 첫째, 물통 안의 물은 0℃에 도달하는 과정에서 균일하게 냉각되는 것이 아닙니다. 냉각 과정은 물통의 모양과 두께, 재질, 바람의 방향 등을 위시한 여러 가지 요인에 영향을 받습니다. 물 표면에 살얼음이 얼었다고 해서 나머지 물들도 몽땅 얼 것이라는 증거는 되지 못합니다(물이 얼 때는 항상 표면부터 업니다. 256쪽을 보세요).

둘째, 믿거나 말거나지만 물의 온도가 영하 아래로 한참 내려가도 얼지 않을 수가 있습니다. 즉 '과냉각' 상태가 되는데, 이렇게 되어도 뭔가 밖으로부터 자극이 있어야 얼음 결정이 생기기 시작하는 것입니다. 물론 물 분자들은 질서 있는 얼음 결정을 만들 만반의 준비가 되어 있지만 어떤 신호탄이 필요한 것이죠. 그 신호탄은 주변의 물 분자가 들러붙을 수 있는 먼지 알갱이일 수도 있고 물통 벽의 불규칙한 부분일 수도 있습니다.

이렇게 불확실한 요소가 많기 때문에 물통 안의 물이 분명하게 '얼었다'라고 말할 수 있는 때가 언제인지를 알기는 매우 어렵습니다. 그렇기 때문에 2개의 물통은 결승점이 어딘지도 정확히 모르면서 경주를 하고 있는 셈입니다.

이런 모든 요소를 고려할 때 가장 정확한 답은 다음과 같습니다. "더운물은 '가끔' 찬물보다 더 빨리 얼 '수도 있다.'"

여기까지 읽은 독자들은 아마 부엌으로 달려가 얼음 트레이 2개를 꺼내 하나에는 더운물을 붓고 하나에는 찬물을 부어 냉동실 안에 넣고 싶어질 것입니다. 그런데 그럴 필요가 없습니다. 여러분이 도저히 통제할 수 없는 변수가 너무 많기 때문입니다. 그래서 오늘은 찬물이 먼저 얼고 내일은 더운물이 먼저 어는 일이 얼마든지 일어날 수 있습니다. 그렇기 때문에 "그거 돼. 내가 직접 해봤어"라는 말은 항상 믿을 것은 못 됩니다. 우리는 결과에 영향을 미칠 수 있는 모든 것을 검토해야 합니다. 그리고 물을 얼리는 것처럼 단순한 과정에서도 우리가 미처 검토하지 못하고 지나쳐버리는 요소가 수십 가지씩 됩니다.

빙산의 비밀

왜 빙산과 얼음 조각은 물에 뜨죠? 보통 고체가 액체보다 무거운데 말이에요.

일반적으로는 그렇습니다. 그런데 물은 예외입니다. 위의 질문은 별것 아닌 것처럼 보이지만 그 답에는 삶과 죽음이 걸려 있을 수도 있습니다. 얼음이 물에 뜨지 않는다면, 여기에 대해 의문을 가지는 인간은 존재하지 않았을지도 모릅니다.

얼음이 가라앉는다고 가정해 봅시다. 아득한 옛날에 날이 추워져서 호수, 연못, 강에 얼음이 얼었다면 즉시 바닥으로 내려갔을 것입니다. 위에 있는 물이 단열재 역할을 하기 때문에 이듬해 봄이 돌아와도 얼음은 미처 다 녹지 못했을 것입니다. 그러면 그해 겨울에 얼음이 또 가라앉고, 해마다 이것이 반복되었을 것입니다.

그러면 얼마 되지 않아 적도 근처를 제외한 지구상의 물은 모두 바닥으로부터 꼭대기까지 얼어붙었을 것입니다. 그러니까 바다에서 생명이 태어날 가능성은 없었을 거라는 얘기입니다. 그러면 지구는 오늘날도 생명체가 없는 곳이었을지도 모릅니다.

얼음이 물에 뜨는 것은 워낙 흔히 볼 수 있는 일이라 아무도 이것이 특수한 현상이라는 것을 깨닫지 못합니다. 물 이외의 액체들은 대부분 얼면 밀도가 높아져서 부피가 같을 경우 더 무거워집니다. 이것은 당연합니다. 왜냐하면 분자들이 자유로이 돌아다니는 액체와는 달리 고체 안의 분자들은 좀더 빽빽하고 단단하게 서로 뭉쳐 있기 때문입니다. 그러므로 일반적으로 고체는 액체보다 무겁고 따라서 가라앉습니다. 여기에 관한 실험은 간단하게 할 수 있습니다. 실온에서 어는(그러니까 고체가 되는) 액체를 쓰면 되는데 그것이 바로 파라핀 왁스입니다.

직접 해보세요

파라핀 왁스를 녹인 후 거기다 고체 왁스를 넣어보세요. 가라앉을 것입니다. 이 것은 금속, 기름, 알코올 등에 있어서 모두 마찬가지입니다. 그러나 물 한 컵에 얼음 한 조각을 넣는 과학 실험을 해보세요. 얼음 조각은 물위에 뜰 것입니다.

물이 이렇게 거꾸로 행동하는 이유는 물 분자들이 얼음 조각 안에서 서로 연결되어 있는 방법이 매우 특이하기 때문입니다. 물 분자들은 수소결합(129쪽을 보세요)이라는 다리에 의해 서로 연결되어 있습니다. 뉴욕에 브루클린 브리지라는 다리가 있는데, 브루클린에

사는 사람들은 이 다리가 브루클린과 맨해튼을 연결한다고 하겠지만 맨해튼 사람들은 이 다리가 브루클린을 맨해튼으로부터 떼어놓는 것이라고 주장할 것입니다. 어떤 면에서 이들은 모두 옳습니다. 그리고 이것이 바로 수소결합이 얼음 속의 물 분자에 대해 하는 일입니다. 수소결합이 물 분자들을 연결하는 것만은 사실이지만 이들 사이에 일정한 거리를 유지시키는 것도 사실입니다.

그래서 다른 고체의 분자들이 서로 가까이 붙어 있는 반면, 물 분자들은 상대적으로 엉성한 결정을 만듭니다. 얼음 속에서 물 분자들의 간격은 물 속에서의 간격보다 큽니다. 그러니까 같은 무게에서 부피를 더 차지하는 것이죠. 무게가 같을 경우 얼음은 물보다 9% 큰 공간을 차지합니다.

직접 해보세요

냉동실의 얼음 트레이에 들어 있는 얼음을 자세히 보세요. 꼭대기가 볼록 튀어나와 있을 것입니다. 얼음은 부피가 크기 때문에 얼면서 팽창해야 하는데, 사방과 바닥은 막혀 있으므로 위로 갈 수밖에 없습니다.

꽉 막힌 그릇에다 물을 얼리면 그릇이 아무리 튼튼해도 얼음은 이 그릇을 깨버립니다. 그래서 물파이프나 자동차 엔진은 속에 있는 물이 얼면 금이 가는 것입니다.

앞서 얼음 속의 물 분자 사이에 다리가 있다고 했는데 이 다리는 얼기 시작하자마자 한꺼번에 생기는 것이 아닙니다. 실온에서 시작해서 온도를 점차 낮추어가면 물은 다른 모든 액체와 마찬가지로 밀도가 높아집니다. 왜냐하면 분자의 운동 속도가 느려져서 많은 공간을 차지하지 않기 때문입니다. 대부분의 액체는 얼 때까지 계속 밀도가 높아지고, 얼어서 고체가 되면 밀도가 가장 커집니다. 그러나 물만은 예외입니다.

물은 어느 정도까지만 밀도가 커집니다. 3.98℃(그냥 4℃라고 합시다)에 도달할 때까지 계속 커지다가 이 지점을 지나면 온도가 떨어짐에 따라 밀도가 오히려 줄어듭니다. 이때 이미 앞서 말한 다리가 생기기 시작한 때문이죠. 그러다가 0℃에 도달하면 물 전체에 다리가 생기고 밀도는 가장 낮은 상태가 됩니다. 그래서 온도에 상관없이 얼음은 물에 뜨는 것입니다.

물의 밀도가 4℃에서 가장 크다는 사실은 생명체에게 중요한 의미를 갖습니다. 날이 추워져서 호수 표면의 온도가 떨어지면 위쪽의 물은 밀도가 높아져 가라앉습니다. 그러면 새로운 물이 이 자리를 채우고 그 물도 차가워져 가라앉습니다. 이 과정은 호수 전체의 물이 최대 밀도인 4℃에 도달할 때까지 계속됩니다. 그때 가서야 표면의 물 온도가 4℃ 이하로 떨어져 결국 얼기 시작하는 것입니다.

그러니까 물 표면이 얼기 시작했다는 것은 호수의 물 전체가 이미 4℃에 도달했다는 뜻이 됩니다. 이렇게 되면 날이 아무리 추워져도 온도가 4℃ 이하인 물은 4℃인 물보다 가볍기 때문에 위로 올라갈 수밖에 없습니다. 따라서 아래쪽에 있는 물고기는 얼어죽을 염려가 없습니다. 물의 이 특이한 성질들 때문에 지구상에서 생명이 존재할 수 있는 것입니다.

꼼꼼쟁이 코너

이제까지 물의 층이 질서 있게 형성되는 것으로 설명했는데 현실의 담수호에서는 온도 변화, 바람, 물의 흐름 등을 위시한 여러 가지 이유로 물이 섞이기 때문에 이렇게 이론대로만 되지는 않습니다. 그러나(과학과 경제학에서 흔히 쓰이는 말이지만) '다른 조건들이 같다면' 위에 말한 원칙들이 그대로 적용될 수 있습니다.

바다에서는 상황이 좀 다릅니다. 바닷물에는 여러 가지 염류가 포함되어 있기 때문에 4°C에서 밀도가 가장 높지 않습니다. 온도가 떨어짐에 따라 바닷물은 계속 밀도가 높아져 빙점에 이를 때까지 끊임없이 가라앉습니다. 바다 표면에 얼음이 생기려면 우선 물 '전체'의 온도가 빙점 이하로 내려가야 합니다. 이런 일이 생기는 것은 양극 지방의 긴 겨울뿐입니다.

한마디로 말하면……

표면에 얼음이 언 담수호의 이름만 말해 주면 가보지 않고도 깊은 물 속의 온도를 알려드릴 수 있습니다.

왜 물은 어디 있어도 평평할까

물의 표면은 어떻게 그렇게 평평하죠? 한쪽 끝에 있는 물이 아무리 멀어도 다른 쪽 끝에 있는 물과 수평을 이루는 이유는 무엇인가요?

이렇게 되는 데 무슨 초자연적인 힘이 필요한 것은 아닙니다. 중력의 작용이죠. '물은 스스로 수평을 이룬다' 라는 말은 2,000년 전에 그리스 철학자가 했음직한 말입니다. 그때 이래로 사람들은 이 얘기를 무의식적으로 반복해온 것입니다. 더 쉽게 말하면 물은 가능하면 평평해지려고 합니다.

여기 물 한 '덩어리' 가 있다고 합시다. 물 한 양동이, 욕조 한 통, 아니면 바다 전체일 수도 있습니다. 어쨌든 이 한 덩어리의 물을 귀찮게 하지만 않으면, 처음 상태가 아무리 불규칙했어도 곧 수평 상태를 찾아갑니다. 아무리 정밀한 기계로 측정을 해봐도 물은 들쭉날쭉한 부분을 완전히 없애 거울 표면처럼 되는 것입니다. 그런데 어떻게 해서 물 속의 '산' 은 내려가야 한다는 것을 알고 '골짜기' 는 솟아올라야 한다는 것을 알까요?

이렇게 되는 이유는 다른 액체와 마찬가지로 물도 압축이 불가능하기 때문입니다. 기체와 달리 액체는 아무리 압력을 가해도 부피가 줄어들지 않습니다. 그 이유는 액체 분자 사이의 거리가 이미 아주 가깝기 때문에 합리적인 범위 내에서 아무리 압력을 가해도 더 가까이 밀어붙일 수가 없기 때문입니다.

밀어서 가깝게 할 수 없는 것과 마찬가지로 끌어당겨서 떼어놓을 수도 없습니다. 물 표면에 '산' 이 생겼다고 합시다. 중력은 이것을 아래로 잡아당길 것입니다. 그러나 물은 압축될 수가 없기 때문에 수직으로 내려오지 않고 주변의 낮은 곳을 찾아 옆으로 밀려갑니다. 이렇게 해서 산이 무너지고 골짜기는 채워지는 것입니다.

물론 중력은 골짜기의 물도 차별 없이 끌어당기지만 골짜기의 물은 이미 바다까지 와 있습니다. 압축되지 않고 이 문제를 해결하려면 물은 위로 올라갈 수밖에 없습니다. 그러나 이것은 중력의 법칙에 반대되는 것이죠.

흙더미도 그 분자들이 물 분자처럼 서로 자유로이 미끄러질 수 있다면 무너져 내릴 것입니다. 모래 더미는 좀 어정쩡한 경우입니다. 모래 알갱이들은 어느 정도 서로 미끄러질 수가 있습니다. 그래서 모래언덕을 너무 높이 쌓으면 수평을 향해 움직이지만 물처럼 완벽하게 수평을 이루지는 못합니다. 모래언덕보다는 구슬 더미가 무너지면 좀더 수평에 가까워집니다.

여기까지는 다 아는 얘기인지도 모릅니다. 그런데 이 원리가 적용되는 놀라운 예가 하나 있습니다. 수량계죠. 보일러를 비롯한 여러 가지 용기는 불투명한 재료로 되어 있기 때문에 속이 보이지 않습니다. 여기에 수직으로 유리관을 붙여서 안에 있는 물과 연결합니다. 보일러 속이 보이지는 않지만 겉의 유리관을 보면 속에 물이 얼마나 있는지를 알 수 있습니다. 왜냐하면 유리관의 물높이와 보일러의 물높이는 같기 때문입니다. 그러면 유리관의 물은 보일러 속의 물높이를 어떻게 알까요?

어떤 이유로든 보일러 안의 물이 유리관 속의 물보다 잠시 높아진다면 앞서 말한 '산'이 무너지는 것과 같은 원리로 유리관의 물과 같은 높이를 회복할 것입니다. 여기서 산의 물은 골짜기도 없는데 어떻게 내려갈까요? 유리관말고는 갈 데가 없습니다. 그래서 유리관의 물은 올라가고 보일러의 물은 내려갑니다. 두 군데의 물높이가 같아지면 물은 이동을 멈춥니다. 그 반대도 마찬가지죠. 유리관의 물높이가 높으면 물이 보일러 쪽으로 이동합니다.

직접 해보세요

전기로 물을 끓이는 기계가 있으면 한 번 들여다보세요. 앞쪽에 투명한 유리관이 붙어 있을 것입니다. 뚜껑을 열고 물통에 물을 부으면 통의 물높이와 같은 속도로 유리관의 물높이가 올라가는 것을 볼 수 있습니다.

해발고도의 차이

왜 멕시코시티에서보다 뉴욕에서 달걀이 빨리 삶아질까요?

뉴욕 사람들은 성질이 급하고 멕시코 사람들은 느긋하기 때문이라고 설명하면 재미는 있겠지만 비과학적입니다. 그리고 달걀에서차이가 나는 것도 아닙니다. 문제는 물입니다.

뉴욕의 물은 멕시코시티의 물보다 더 높은 온도에서 끓습니다. 물이 더 뜨거우니까 당연히 더 빨리 익죠.

뉴욕과 멕시코시티 사이의 가장 큰 차이는 해발고도입니다. 고산지대인 멕시코시티는 뉴욕보다 2,239m 더 높습니다. 고도가 높을수록 물 끓는 온도는 떨어집니다. 얼마나 떨어질까요? 순수한 물은 뉴욕에서 100℃에 끓는 반면(그렇지 않을 수도 있습니다. 266쪽을 보세요) 멕시코시티에서는 93℃에서 끓습니다. 그러니까 뉴욕에서는 3분 만에 익는 달걀이 멕시코시티에서는 좀더 오래 걸려야 익겠죠.

물이 끓는다는 것의 본질을 알면 그 이유를 간단히 알 수 있습니다. 가열하면 물 분자들은 에너지가 늘어나 다른 물 분자들과 결합이 끊어지고, 이렇게 결합이 끊어져 기체 상태가 된 분자들끼리 한데 모여 거품을 만들어 수면으로 올라가 수증기의 상태로 대기 중으로 달아납니다(65쪽을 보세요).

밖으로 달아나려면 물 분자들은 충분한 에너지를 가지고 있어야 합니다. 달리 말하면 온도가 높아야 한다는 것이죠. 그래야 두 가지를 극복할 수 있습니다. 첫째로는 물 분자들끼리 끌어당기는 인력이고, 둘째로는 물 표면에 걸리는 대기의 압력입니다. 공기 분자들은 마치 우박처럼 물 표면을 쉴새없이 때리기 때문에 대기 압력이 생기는 것입니다.

이렇게 두들겨대는 압력은 물통 속에 들어 있는 물 분자 하나하나에 모두 전달됩니다. 표면에 있는 분자들은 내리 쏟아지는 우박 사이사이의 공간을 통해 달아날 수 있지만 안쪽에 있는 물 분자들은 이 압력을 이겨야만 밖으로 나갈 수 있습니다.

물 분자 사이의 인력은 뉴욕에서든 멕시코시티에서든 같습니다. 그러나 대기의 압력은 전혀 다른 얘기입니다. 멕시코시티의 공기 밀도는 바다 표면 가까이의 공기 밀도의 76%에 불과합니다. 이것은 초당 물 표면을 때리는 공기 우박의 수가 낮은 곳의 4분의 3에 불과하다는 뜻입니다. 그렇기 때문에 물 분자들은 훨씬 힘을 덜 들이고 달아날 수가 있는 것입니다. 힘을 덜 들인다는 것은 결국 그렇게 뜨거워질 필요가 없다는 뜻입니다.

극단적인 예를 하나 들어보겠습니다. 지구상에서 가장 높은 지점은 에베레스트 산꼭대기인데 해수면에서 8,848m 솟아 있습니다. 여기서 대기의 압력은 낮은 곳의 31%에 불과하며 물은 70℃만 되면 끓습니다. 에베레스트 산을 오르느라 아무리 배가 고프기는 해도 이 정도의 온도로는 어떤 것도 제대로 요리할 수 없을 것입니다.

누가 물어보지는 않았지만……

그렇다면 인공적으로 압력을 높이면 물이 끓는점도 높일 수 있나요?

물론입니다. 압력밥솥이 하는 일이 바로 이것입니다. 꼭대기에 수증기가 나갈 수 있는 조그만 구멍 하나만 남겨놓고 솥을 완전히 밀폐합니다. 이 구멍 위에는 적절히 계산된 무게의 추를 올려놓습니다. 추의 무게에 따라 어느 정도 압력이 되면 수증기가 빠져나가기 시작하는 것이죠. 이것 외에도 압력의 값을 미리 맞추어놓은 압력 조절 장치를 쓸 수도 있습니다. 밥솥 안의 공기 압력은 이 장치에 입력된 값에 따라 유지됩니다.

정상적인 대기압보다 0.7기압 높게 설계된 밥솥의 경우, 물이 끓는 온도(그러니까 내부의 수증기 온도)는 115℃입니다. 그러니까 보통 솥으로 하면 오래 걸리는 스튜 요리 같은 것들도 짧은 시간 안에 끝낼 수 있습니다. 게다가 압력밥솥의 내부는 수증기로 채워져 있습니다. 수증기는 공기보다 열을 훨씬 잘 전달합니다(41쪽을 보세요). 그러므로 내부가 공기로 채워졌을 때보다 열이 음식물로 더 잘 전달됩니다. 이것도 조리 시간을 단축하는 데 한몫을 합니다.

태풍 속의 찻잔

고도가 달라지면 대기압이 변하기 때문에 물이 끓는 온도도 달라진다는데, 그렇다면 날씨에 따라서도 달라지지 않을까요? 일기예보에서 보면 기압이 항상 변하더군요.

맞습니다. 그러나 날씨는 물이 끓는 온도에 아주 작은 영향을 미칠 뿐입니다. 보통 해수면 근처에서(해발고도 0인 지점에서) 물이 끓는 온도는 100℃라고 하지만 이것은 완전히 정확한 것은 아닙니다. 순수한 물이 끓는 온도를 정의해 놓은 것을 보면 해발고도에 대해서는 아무런 언급이 없습니다. 이것은 단지 수은기둥 760mm라는 대기압의 값으로 정의됩니다(199쪽을 보세요). 그렇다고 해수면 근처의 압력이 항상 이 정도인 것은 결코 아닙니다. 일기예보를 보면 알지만 날씨가 변하면 기압도 달라집니다. 이것은 바닷가에 살든 산꼭대기에 살든 마찬가지입니다. 그러니까 물이 끓는점은 당시의 날씨에 영향을 받는 것이 사실입니다.

과학자들은 수은기둥 760mm를 표준으로 정했고 이것을 1기압이라고 부르기로 했습니다. 이 표준 기압하에서 물이 끓는 온도가 정상적인 비등점이고 이것이 100℃라는 것입니다.

이런 지식을 과시하면 여러분의 친구들은 감탄하겠지만 사실상 날씨의 변화가 끓는점의 변화에 미치는 영향은 무시할 정도입니다. 기압이 수은기둥 710mm밖에 되지 않는 태풍의 눈(세계 최고 기록은 658mm입니다) 속에 앉아 차 한 잔을 마시려고 물을 끓인다면 이 물은 2℃밖에 차이가 나지 않는 98℃에서 끓을 것입니다. 이 정도면 물이 차가워서 차맛을 버릴 걱정은 안 해도 되겠죠.

스케이트 선수의 속도

단거리선수의 최고 기록은 시속 37km 정도입니다. 그러나 스케이트 선수의 경우 시속 50km가 넘습니다. 그러니까 얼음 위에서 미끄러지면 속도가 훨씬 빨라지는 게 분명합니다. 그런데 얼음은 왜 이렇게 잘 미끄러질까요?

사실 고체인 얼음은 미끄럽지 않습니다. 스케이트 선수가 이용하는 것은 얼음 위에 덮인 얇은 물의 막입니다.

일반적으로 고체는 미끄럽지 않습니다. 왜냐하면 표면의 분자들이 서로 단단하게 얽혀 있어서 볼베어링처럼 미끄러지지 않기 때문이죠. 그러나 액체의 분자들은 자유로이 돌아다닐 수가 있습니다. 그래서 보통 액체는 고체보다 미끄러운 것입니다(132쪽을 보세요). 타일 바닥에 엎질러진 물은 사고 담당 변호사가 특히 좋아하는 것입니다.

그런데 과학자들이 아직도 결론을 내지 못한 것은 정확히 무엇이 얼음 표면에 물의 막을 만들어내느냐 하는 것입니다. 물론 얼음이 약간 녹으니까 물이 생기겠지만, 그러면 얼음은 왜 녹을까요?

인간이 이 흔한 현상을 설명하려고 애써온 지난 100여 년 동안 두 가지의 이론이 계속 대립해 왔습니다. 그것은 압력 이론과 마찰 이론입니다.

압력파들은 얼음 위의 스케이트 날(또는 눈 위의 스키)이 누르는 압력으로 얼음이 녹는다고 설명합니다. 압력을 가하면 얼음이 녹는 것은 당연합니다. 왜냐하면 고체인 얼음은 액체인 물보다 더 많은 부피를 차지하므로(256쪽을 보세요) 얼음을 힘껏 누르면 부피가 더 작은 형태로 돌아갑니다. 즉 물이 되는 것이죠. 스케이트 날은 아주 적은 표면적 위에 스케이트 선수의 체중을 싣고 있습니다. 그래서 스케이트 날에 실리는 압력은 수십 기압에 달합니다. 그런데 문제는 날씨가 아주 추울 때는 이 정도의 압력도 고속으로 얼음을 녹이기에는 불충분하다는 것입니다. 왜냐하면 아주 추울 때는 얼음 속의 물 분자들이 서로 꼭꼭 붙어 있기 때문입니다.

그러나 2개의 고체(스케이트 날과 얼음을 포함하여)를 서로 문지르면 마찰이 발생하고 마찰은 열을 냅니다. 마찰파에 따르면 이 열이 계속 얼음을 녹여 스케이트나 스키가 얼음이나 눈 위를 매끄럽게 움직이도록 해준다는 것입니다.

오늘날 최신 과학의 연구 결과는 마찰파의 손을 들어주는 것처럼 보입니다. 그러나 빙점으로부터 크게 낮지 않은 온도에서라면 압력파의 주장도 일리가 있는 것으로 보입니다.

직접 해보세요

얼음이 녹지 않도록 타월로 싸서 냉동실의 얼음 한 조각이나 아니면 얼음트레이 전체를 꺼내보세요. 그리고 얼음 표면을 손가락으로 살짝 문질러보세요. 심하게 문지르면 안 됩니다. 얼음이 체온과 마찰의 열로 녹을 때까지는 미끄럽지 않다는 것을 알 수 있을 것입니다.

한마디로 말하면……

녹지 않은 얼음은 미끄럽지 않습니다(술집에서 이런 실험을 해봐야 별 소용이 없을 겁니다. 술집 얼음통의 얼음은 충분히 차갑지 않고 따라서 처음부터 미끄러울 것입니다).

물은 어떻게 불을 끌까

원시인인 우리의 조상들도 알고 있었겠지만 물을 뿌리면 불이 꺼집니다. 이것을 의심하는 사람은 없죠. 그런데 왜 꺼지죠?

　대답을 하기 전에 한 가지 말씀드릴 것이 있습니다. 전기나 기름으로 인해 발생한 불을 끌 때는 물을 결코 써서는 안 됩니다. 물은 전기전도체이기 때문에 전기를 다른 곳, 예를 들어 우리의 발로 가져갈 수 있습니다. 그리고 물은 기름과 섞이지 않기 때문에(129쪽을 보세요) 불을 더욱 퍼지게 합니다.

　불이 타려면 세 가지 조건이 갖춰져야 합니다. 연료, 산소, 온도입니다. 온도는(적어도 처음에는) 연료에 불을 붙여 연소반응이 시작될 수 있도록 충분히 높아야 합니다. 일단 타기 시작하면 그 열에너지로 인해 연료는 계속 가열되고 따라서 불은 계속 탑니다.

　물론 가장 좋은 방법은 연료 자체를 없애버리는 것입니다. 탈 것이 없어지면 불도 꺼지겠죠. 그러나 물은 연료를 없애지 못합니다. 따라서 산소와 온도를 공격해서 연료가 타는 걸 방해하는 것이죠.

　양동이나 호스에서 쏟아져 나오는 대량의 물은 마치 담요를 씌우듯 공기를 차단해서 불을 질식시킵니다. 물의 층이 두껍지 않아도, 시간이 길지 않아도 효과는 있습니다. 공기가 없으면 산소가 없고 따라서 불도 타지 못하는 것이죠.

　또한 물은 타는 물질의 온도를 떨어뜨립니다. 모든 가연성 물질은 불이 붙어서 타기 위한 최소한의 온도가 있습니다. 물이 온도를 최소점 이하로 끌어내리면 연소가 정지됩니다. 뜨거운 물도 대부분의 경우 이 온도보다 차가우므로 효과가 있습니다.

많은 양의 물을 한꺼번에 쏟아 부을 필요도 없습니다. 스프링클러 (sprinkler : '흩뿌리는 장치' 라는 뜻으로, 건물 천장 등에 달려 있어서 불이 나면 온도를 감지, 물을 흩뿌리기 시작한다. 잔디밭에 물 뿌리는 장치도 마찬가지이며, 흔히 쓰이는 '스프링쿨러' 라는 표기는 잘못된 것이다―역주)는 비처럼 물을 흩뿌리기 때문에 물방울 사이사이에 산소가 들어갈 틈이 많습니다. 양동이에서 쏟아져 나온 물이 불길을 한순간에 덮치는 것과는 다르죠. 그런데도 불이 꺼지는 것을 보면 스프링클러는 온도를 낮추는 것이 틀림없습니다. 잔디밭의 스프링클러에서 뿜어져 나오는 물줄기에 뛰어들어보세요. 얼마나 시원한가.

스프링클러가 온도를 내리는 방법은 두 가지입니다. 첫째 작은 물방울은 빨리 증발합니다. 그리고 증발은 열을 빼앗아갑니다(229쪽을 보세요). 둘째, 물은 다른 액체들과 비교할 때 불을 끄기에 아주 좋은 특징을 갖고 있습니다. 물은 엄청난 양의 열을 삼켜버릴 수 있습니다. 물 1kg은 1,000cal의 에너지를 집어삼켜야 온도가 겨우 1℃ 올라갑니다.

이 정도면 많은 거냐고요? 그러면 다른 물질들과 비교해 봅시다. 1kg의 수은을 1℃ 올리는 데는 33cal가 필요할 뿐입니다. 벤젠의 경우는 252cal, 화강암은 192cal, 나무는 424cal, 올리브유는 472cal가 각각 필요합니다.

그러므로 물을 조금만 뿌려도 불이 갖고 있는 열을 많이 빼앗을 수 있고 주변을 수증기로 덮을 수 있습니다. 그러므로 물은 아주 뛰어난 냉각재입니다. 그래서 자동차 냉각수로 쓰이는 것입니다. 물론 값이 싸다는 것도 중요하죠.

누가 물어보지는 않았지만……

젖은 물건은 왜 타지 않습니까?

앞서도 말했듯이 물은 열을 흡수하는 데는 챔피언입니다. 그리고 그 과정에서 스스로 많이 뜨거워지지도 않습니다. 그래서 젖은 물건에 불꽃을 갖다 대면 물이 스펀지처럼 열을 빨아들여 그 물건이 타기 시작하는 온도에 도달하지 못하게 하는 것입니다.

직접 해보세요

놀라운 실험을 해보겠습니다. 왁스를 먹이지 않은 종이컵(스티로폼 컵은 안 됩니다)에 물을 붓고 이것을 어떻게든 촛불 위에 놓아보세요. 큰 깡통 2개를 놓고 그 사이에 철망을 얹은 후 컵을 올려놓으면 될 것입니다. 아래에 촛불이 있어도 컵은 타지 않습니다. 한동안 지나면 촛불의 열 때문에 컵의 물이 끓기 시작합니다. 그러나 그렇다 하더라도 이때의 온도는 100℃밖에 되지 않고(65쪽을 보세요), 이 정도의 온도는 종이에 불을 붙이기에는 턱없이 낮은 온도입니다. 촛불의 열은 물로 전달되지만 종이를 가열하지는 않습니다.

얼음 깨지는 소리

얼음을 컵 속의 음료에 넣으면 왜 금이 가고 터지고 할까요?

귀를 기울여 들어보면, 컵 속의 얼음에서 터지는 소리가 나는 일은 없습니다. 터진다는 것은 속이 비었다는 얘기인데 얼음은 속이 비지 않았으니까요. 하지만 짝 갈라지는 소리가 날 때도 있고 이 갈라지는 소리가 작게 연이어서 나는 경우도 가끔 있습니다.

먼저 짝 갈라지는 소리부터 봅시다. 차가운 얼음 조각을 미지근한 음료에 넣으면 얼음 조각의 일부가 가열됩니다. 그러면 그 부분이 약간 팽창하죠. 이렇게 되면 얼음 결정에 스트레스가 생깁니다. 왜냐하면 얼음은 매우 단단한 구조로 되어 있어서 여기저기서 아무렇게나 팽창할 수가 없기 때문입니다. 이 스트레스를 해결하는 길은 갈라지는 것뿐입니다. 그래서 짝 소리가 나는 것이죠.

그러면 자글자글하는 소리에 대해서 알아봅시다. 이것은 작은 폭발음처럼 들리는데 사실 폭발음입니다. 끓인 물을 얼려서 얼음을 만들지 않았다면 얼음 속에는 항상 공기가 존재합니다. 물이 얼어버리면 공기는 갈 곳이 없게 됩니다. 그래서 조그만 기포가 되어 얼음 속에 갇혀버립니다. 이 미세한 공기방울 때문에 얼음 조각은 투명하지 않고 뿌연 것입니다.

이 뿌연 얼음 조각을 음료수에 집어넣으면 물이 얼음의 표면을 녹이면서 점점 안으로 파고 들어갑니다. 이 과정에서 공기방울을 만납니다. 얼음 속의 공기방울은 매우 차가웠지만 물에 의해 가열됨에 따라 부피가 팽창합니다. 자신을 감금하고 있는 얼음벽의 두께가 충분히 얇아지면 팽창한 공기는 아주 작은 짝 소리와 함께 터져 나오는 것입니다. 얼음 표면 전체에 걸쳐서 수천 개의 기포가 이렇게 터집니다.

북극을 항해하는 잠수함들은 남쪽의 따뜻한 바다로 흘러 내려온 빙산에서 나는 소리를 크고 분명하게 들을 수 있다고 합니다.

물을 몇 분간 끓여서 녹아 있는 공기를 다 내보냅니다. 이것을 식혀서 얼음트레이에 붓고 얼립니다. 그러면 훨씬 투명한 얼음을 얻을 수 있습니다. 이 얼음과 보통의 얼음을 강한 빛에 비춰보면 차이를 알 수 있습니다. 끓인 물로 만든 얼음을 음료수에 넣으면 짝 하고 갈라지는 소리는 나지만 자글거리는 소리는 나지 않습니다. 좀 조용히 마실 수 있죠.

7. 그게 이렇지요

이제까지 우리는 일상생활에서 마주치는 백여 가지 현상과
그 배경에 대해 알아보았습니다. 과학이란 이런 것일까요?
각각의 현상에 의문을 품고 거기에 필요한 단 하나의 해답을
찾아낸 후 그 다음으로, 또 그 다음으로 넘어가는 것이 과학일까요?
결코 그렇지 않습니다. 이제까지 우리가 관찰한 현상들의
배경에는 몇 개의 일반적인 원칙들이 깔려 있습니다.
이것들을 잘 살펴보면 우리가 지금까지 다룬 것들이
서로 어떻게 연관되어 있는지를 알 수 있습니다.
우선 이런 일반 원칙을 설명한 후 이들이 일상생활의 여러 가지 측면에
어떻게 적용되는가를 이야기하는 것이 더 논리적이고 효율적이었겠죠.
그랬다면 이 책은 지금 같은 모습이 아니라 교과서가 되었을 것입니다.
여러분이 이 책에서 기대한 것은 교과서가 아닙니다.
우리가 무엇을 원하든 이러한 일반 원칙들은 엄연히 존재합니다.
과학자들은 이것을 '이론' 이라고 부릅니다.
어떤 이론이 철저한 실험을 거쳐 옳은 것이라고 증명되면
이 이론은 위풍도 당당히 '자연의 법칙' 이라는 이름을 얻습니다.
자연의 법칙을 달리 말하면 이렇게 됩니다.
"그게 이런 겁니다. '왜' 그런지는 알 수도 있고

모를 수도 있지만 하여간 그래요."

뉴턴의 중력의 법칙과 운동의 법칙에 대해서 들어보셨을 것입니다.

그러나 열역학의 세 가지 법칙은 모르실 수도 있습니다.

열역학의 법칙은 에너지의 변화를 지배하는 법칙입니다.

그리고 에너지의 변화가 일어나지 않으면 아무것도,

결코 아무것도 일어나지 않습니다.

과학자들은 많은 일반 원칙을 정립해 놓았습니다.

이 책의 마지막 부분은 이러한 일반 원칙을 이용하여

에너지, 중력, 질량, 자기, 방사선 등에 관한

근본적인 의문에 대답하고 있습니다.

어둠 속에서 사물을 보는 것,

납판을 통해 보는 것 등이 설명되어 있는 것입니다.

이 과정에서 미터법에 대한 홍보도 조금 하겠습니다.

이 책의 마지막 부분인 제7장은,

어린애 같지만 가장 심오한 질문을 던지는 것으로 끝납니다.

"어떤 일이 일어나게 하는 것,

그리고 일어나지 않게 하는 것은 무엇일까요?"

열역학 제2법칙이 그 답을 알려줄 것입니다.

적외선 투시경

적외선이 도대체 무엇인지 모르겠군요. 적외선을 이용하면 어두운 곳에서도 볼수 있다던데, 어떤 사람은 빛이라고 하고 어떤 사람은 열이라고 해요. 어느 쪽이 맞죠?

엄밀히 말하면 둘 다 아닙니다. 보이지 않기 때문에 그것은 빛이 아니고 뜨거워질 수 있는 물질이 없기 때문에 열도 아닙니다. 정답은 '변화 과정에 있는 열'이라고 할 수 있습니다.

적외선은 우리가 '전자기 방사'라고 부르는 광범위한 파동의 일부에 불과합니다. 이 전자기 방사는 태양으로부터 지구로 쏟아져 들어옵니다. 전자기 방사는 빛의 속도로 공간을 이동하는 에너지의 파동입니다. 순수한 에너지이기 때문에 이들은 방사능 물질이 만들어내는 조그만 입자의 흐름인 방사선과는 다릅니다.

여러 가지 전자기 방사는 에너지 값에 의해서만 서로 구별됩니다. 에너지 값이 가장 낮은 것은 전파이고 가장 높은 것은 감마선이라고 부릅니다. 그사이에는 (에너지 값이 낮은 것부터 시작하면) 마이크로웨이브, 적외선, 가시광선, 자외선, X선 등이 있습니다. 감마선은 대부분 방사능 물질에서 나옵니다. 전파, 마이크로웨이브, X선 등은 인간이 만들어냅니다. 이들을 제외한 전자기 스펙트럼(전자기적으로 방사되는 에너지를 모두 망라한 것)은 모두 우리의 태양이 제공합니다.

전자기 방사를 관찰하려면 적절한 기구만 있으면 됩니다. 이 기구는 관찰하려는 파동의 에너지 값에 정확히 맞춰져 있어야 합니다. 태양의 스펙트럼 일부에 대신해서 우리는 아주 탁월한 관찰 수단을 갖고 있습니다. 그것은 인간의 눈입니다. 당연한 얘기지만 인간의 눈이 반응하는 스펙트럼의 부분은 가시광선이라고 불립니다. 전파나 마이크로웨이브 같으면 안테나로 이들을 모아서 전기 회로를 통해 변환시켜야 뭔가를 보고 들을 수 있습니다. X선이나 감마선을 탐지하려면 가이거 계수기를 위시하여 핵물리학자들이 쓰는 도구들을 동원해야겠죠.

적외선(赤外線)은 문자 그대로 빨강의 바깥쪽이라는 뜻입니다. 이것은 인간의 눈이 감지할 수 있는 범위의 바로 바깥쪽에 있습니다. 그래서 이것을 빛이라고 부를 수가 없는 것입니다. 적외선을 감지하려면 그것이 일으키는 효과를 관찰해야 합니다. 그리고 그 효과가 바로 사물을 따뜻하게 하는 효과입니다.

파동은 저마다 다른 에너지를 갖고 있기 때문에 물질의 표면을 때리면 저마다 다른 효과를 냅니다. 일반적으로 세 가지를 생각할 수 있습니다. 반사, 흡수, 통과입니다.

가시광선은 대부분의 물질 표면에서 반사되고 X선은 대부분 통과합니다. 그런데 적외선은 다양한 물질의 분자가 흡수하기에 딱 좋은 에너지 값을 갖고 있습니다. 어떤 분자가 에너지를 흡수하면 운동이 활발해지는 것은 당연합니다. 그래서 분자는 진동하고 회전하고 옆의 분자들을 넘어뜨리기도 하며 돌아다닙니다. 간단히 말해서 활발한 분자는 뜨거운 분자입니다(297쪽을 보세요).

그러므로 적외선이 뭔가를 때리면 그 물질을 따뜻하게 합니다. 적외선 자체는 어떤 물질에 닿아 흡수되기 전에는 '열'이 아닙니다. 그래서 이것을 '변화 과정에 있는 열'이라고 부르기로 한 것입니다.

적외선이 이용되는 사례로 흔한 것은 히트 램프와 적외선 사진입니다.

히트 램프는 레스토랑에서 음식을 따뜻하게 유지하는 데 쓰입니다. 웨이터는 바쁘게 돌아다니다보면 주방에서 나온 음식을 미처 제때에 식탁에 전달하지 못하는 수가 있습니다. 이 대기 시간 동안 음식이 식지 않도록 고안된 것이 히트 램프인데, 이것은 물론 주로 적외선을 내도록 설계되어 있습니다만 에너지의 일부가 가시광선 대역으로 넘어가 약간의 붉은 빛을 냅니다.

어두운 곳에서 사진을 찍는 적외선 사진은 따뜻한 물체가 열을 발산할 때 그의 일부가 적외선의 형태로 방출된다는 원리를 이용한 것입니다(36쪽을 보세요). 이 적외선은 특별한 필름이나 인광스크린을 감광시킵니다. 이렇게 해서 따뜻한 물체가 '보이는' 것이죠.

사람의 몸은 따뜻하기 때문에 적외선을 방출하고, 따라서 같은 원리를 이용한 적외선 조준경의 목표가 되기도 합니다.

슈퍼맨의 한계

슈퍼맨은 X레이 장치를 갖고 있는데도 납판 뒤쪽에 있는 것은 왜 못 보죠?

잘 보면 볼 수 있습니다. 못 보는 것은 단지 슈퍼맨을 만들어낸 제리 시겔과 조 슈스터가 슈퍼맨을 그런 인물로 만들었기 때문입니다. 슈퍼맨은 만화의 주인공이기 때문에 주인이 하라는 대로 할 수밖에 없습니다.

시겔과 슈스터는 X선이 납을 투과하지 못한다는 사실에 착안한 것 같습니다. 만약에 투과한다면 X레이 기사들이 왜 X선 사진을 찍을 때 납판 뒤로 가 숨을까요? 치과에서 치아 X선 사진을 찍을 때 왜 우리에게 납으로 된 앞치마를 둘러줄까요?

납은 원자력 연구와 원자력 기술 분야에서 방사능을 막는 장치로 널리 쓰입니다. 그렇다고 납이 특별한 성질이 있는 것은 아닙니다. 단지 다른 X선 차단 물질보다 더 싸다는 것뿐이죠.

X선은 빛의 속도로 공간을 가로지르는 순수한 전자기 방사 에너지의 한 형태일 뿐입니다. 다른 종류의 전자기 방사로 우리에게 더 친근한 것으로는 가시광선, 음식을 익히는 마이크로웨이브, 라디오와 텔레비전의 모든 프로그램을 실어 나르는 전파가 있습니다.

이 모든 파동은 날아가면서 상하 좌우로 진동합니다. 사실 파동의 에너지는 이 진동 속에 있습니다. 그러므로 진동을 많이 할수록 방사 에너지의 값은 큽니다.

에너지 값이 작은 쪽에서 큰 쪽으로 정리하면 이렇습니다. AM라디오 전파, 단파 라디오 전파, 텔레비전 및 FM방송 전파, 레이더파, 마이크로웨이브, 광선(가시광선 및 비가시광선 포함), X선, 감마선 등인데 감마선은 방사능 물질로부터 나옵니다.

에너지 값이 크기 때문에 X선은 투과력(사물을 뚫고 지나가는 힘)이 매우 강하다는 것을 알 수 있을 것입니다. X선은 총알이 두부를 뚫고 지나가는 것처럼 우리 몸을 투과합니다. 뼈는 이것을 투과시키지 않기 때문에 필름상에 그림자를 남기고 의사는 이 그림자의 모습으로 진단을 합니다. 그런데 한 가지 문제는 감마선과 마찬가지로 X선도 '이온화 방사선'이라는 것입니다. 무슨 말인가 하면 이들은 우리의 살, 뼈 등을 지나가면서 전자를 떨궈내어 이온을 만들어버립니다. 이온은 전자가 떨어져 나간 원자입니다.

깊이 들어가진 않겠지만 전자가 몇 개 빠진 원자는 우리 몸 안의 화학적인 대포와 같습니다. 이들은 마구 포탄을 쏘아대어 우리 몸에 피해를 입힙니다. 그래서 우리는 X선을 비롯한 이온화 방사선

(방사능 물질에서 나오는)으로부터 몸을 보호해야 하는 것입니다.

그러면 X선을 막으려면 어떻게 해야 할까요? 전자를 많이 가진 원자가 많이 모여 있는 물질이면 됩니다. X선은 어떤 원자에서 전자를 떨어낼 때마다 에너지를 잃습니다. 그러므로 X선이 지나가는 길에 전자를 많이 가진 원자를 많이 놓아둘수록 X선은 에너지를 빨리 잃고 멈춰버릴 것입니다. 그러니까 가장 좋은 물질은 하나의 원자가 가장 많은 원자를 가지고 있고 또 가장 밀도가 높은 물질일 것입니다. 가장 밀도가 높다는 것은 단위부피당 가장 많은 수의 원자가 있다는 뜻이죠.

이렇게 보면 우라늄이 아주 적격입니다. 우라늄 원자 하나는 92개의 전자를 가지고 있고 밀도는 물의 19배나 됩니다. 금도 좋습니다. 원자 하나당 전자는 79개이고 밀도는 우라늄보다 조금 높습니다. 백금도 뛰어납니다. 전자는 78개, 밀도는 물의 21배니까요. 그런데 문제는 이들이 너무 비싸다는 것입니다. 그리고 X선을 피하기 위해 방사능 물질인 우라늄판 뒤에 가서 숨는 것은 어리석은 짓이겠죠.

따라서 결론은 1달러를 가지고 단위부피당 얼마나 많은 전자를 살 수 있느냐는 것입니다. 이 경주에서 우승한 것이 납입니다. 전자의 수는 82개, 밀도는 11.35이며 1달러로 4.5kg쯤을 살 수 있습니다 (굳이 알고 싶으시다면 이렇습니다. 1cm³의 납 속에는 2.5×10^{24}개의 전자가 있습니다. 이것은 25 뒤에 0을 23개 붙인 수입니다).

그러나 X선의 일부는 납이든 뭐든 두께에 관계없이 투과해 버립니다. 두께가 두꺼우면 반대쪽까지 빠져나오는 X선의 수가 적어지는 것뿐입니다. 이론상 어떤 물질을 아무리 두껍게 해놓아도 X선을 완전히 멈추는 것은 불가능합니다. 단지 인체에 해가 없는 수준까지 끌어내릴 수 있을 뿐입니다.

물론 납보다 효과는 떨어지지만 더 싼 물질도 있습니다. 그러면 더 두꺼워야겠죠. 두꺼운 콘크리트 벽은 얇은 납판만큼이나 X선을 저지할 수 있습니다. 물론 두께가 같다면 상대가 안 되겠지만 말이죠. 그리고 공간만 충분하면 가장 싼 물질을 써도 됩니다. 그것은 물입니다. 물 분자 하나에는 전자가 10개밖에 없지만 두께만 충분하면 X선으로부터 안전할 수 있습니다.

시겔과 슈스터는 이 모든 것을 알고 있었겠지만 과학대로 하면 만화는 재미가 없어집니다. 그래서 슈퍼맨이 납으로 가려진 것은 못 보도록 해놓은 것입니다.

오이는 다른 물체보다 시원할까

왜 오이는 'cool as a cucumber'일까요?(원래 영어의 'cool as a cucumber'는 매우 침착하다, 냉정하다는 뜻으로 오이와는 관계가 없지만 문자 그대로 해석하면 '오이처럼 차다'가 됨—역주) 어떤 요리책에 보니까 오이는 주변의 것들보다 10℃ 정도 차갑다고 하던데 왜 그럴죠?

10℃라구요? 좋습니다.

오이가 주변 것들보다 항상 10℃ 정도 차갑다면 오이 여러 개를 한꺼번에 통 속에 넣어봅시다. 그러면 오이들은 옆의 오이보다 더 차갑기 위해 서로 싸움을 벌일까요? 이대로 한참 놔두면 모두 꽝꽝 얼어버리겠군요.

이러면 어떨까요. 오이가 주변보다 항상 10℃ 정도 시원하다면 오이로 거대한 상자를 만들어서 와인을 모두 거기 보관하는 거죠.

그것뿐인가요? 오이로 큰 상자를 하나 만들고 작은 오이 상자를 그 안에 넣고 작은 것을 하나 더 넣고 하다보면 영하로 내려갈 테니 얼음도 필요없고 냉장고도 따로 필요없는 거죠. 상자 수만 충분하면 급속 냉동도 가능하겠죠. 물론 전기 요금은 한푼도 안 낼 것이고요.

여기서 우리는 가장 기본적인 물리법칙 하나를 위반했습니다. 그것은 열역학 제1법칙으로, 일반적으로 에너지 보존의 법칙이라 불립니다. 여기에 어떤 물질(오이의 과육)이 있습니다. 이 오이는 열에너지를 끊임없이 주변으로 방사합니다. 어떤 물체가 차가운 상태를 유지하는 방법은 이것뿐입니다. 주변으로부터 자연스럽게 흘러 들어오는 모든 열을 끊임없이 밀쳐내는 것이죠. 열은 에너지이므로 여기서 오이는 사실상 마르지 않는 에너지의 샘이 되는 것입니다. 그것도 공짜로. 석탄도 석유도 태울 필요가 없고 핵연료 처리 문제 때문에 골머리를 앓지 않아도 됩니다. 오이 에너지로 발전도 하고 매연 없는 자동차도 굴리고 사막에 물을 대서 옥토로 만들어 더 많은 오이를 키우는 거죠.

우리가 도저히 할 수 없는 일이 몇 가지 있는데 그중 하나는 사람들이 멍청한 소리를 책에 쓰는 것을 막는 일입니다. 여기서 10℃라는 온도는 아무렇게나 만들어낸 온도입니다. 저절로 시원해진 오이, 아니 저절로 시원해진 그 무엇도 존재할 수 없습니다. 온도가 낮든 높든 어떤 물질도 주변 환경과 온도가 조금만 다르면 열의 이동이 시작됩니다. 다른 곳에서 에너지를 끌어다 공급하거나 아니면 빼내기 전에는 말이죠. 그래서 냉장고는 전력을 잡아먹는 것입니다. 발전소에서 전기를 끌어다가 우리는 열에너지를 냉장고에서 빼내고 또 열에너지를 전기 오븐에 밀어넣는 것입니다.

냉장고에 넣어둔 적도 없는 오이를 이마에 대보니 시원하더라고 하시겠죠. 당연하죠. 그러나 그것은 오이가 36.5℃인 인간의 체온보

다 차가워서 그런 것이지, 25℃인 실내 온도보다 차가워서 그런 것
은 아닙니다.

냉장고에 넣어놓지 않았던 오이와 감자를 같은 장소에 몇 시간쯤 놓아둡니다.
이들을 잘라서 자른 면을 이마에 대보세요. 둘 다 시원하게 느껴질 것입니다. 못
미더우면 오이와 감자에 온도계를 찔러 보세요. 같다는 것을 아실 겁니다.

　　창문을 통해 들어오는 공기나 햇빛 같은 요소를 제외하면 방안에
있는 모든 물체는 온도가 같습니다. 난방기의 온도 조절 장치를
36.5℃에 맞춰놓지 않았다면 이 물체들은 피부에 닿았을 때 시원한
느낌을 줍니다.
　　2개의 물체가 접촉하면 열은 따뜻한 쪽으로부터 시원한 쪽을 향
해 저절로 흘러갑니다. 그렇기 때문에 오이를 위시하여 방안 온도

와 같은 온도의 물체가 피부로부터 우리의 열을 빼앗아가면 열을 빼앗기는 과정이 시원한 느낌을 주는 것입니다.

과학적으로 말하면 '차가움' 같은 것은 없습니다. 단지 열의 차이가 존재할 뿐입니다. '시원하다', '차갑다' 라는 등의 표현은 단순히 편의를 위해 만들어낸 말일 뿐입니다. 위에서 설명한 'cool as a cucumber' 라는 표현도 마찬가지입니다.

오이는 감자보다 전혀 차갑지 않습니다.

아인슈타인의 의도

아인슈타인의 방정식인 $E = mc^2$은 매우 중요하고 핵폭탄과 관계 있는 것으로 알고 있습니다. 그런데 이것이 일반 사람들에게는 어떤 의미를 갖죠?

솔직히 말하면 별 의미가 없습니다. 그렇다고 해서 인류의 가장 위대한 발견 중의 하나인 이 방정식의 가치를 깎아 내리려는 것은 아닙니다. 물론 이 방정식은 우리 코앞에서 매일매일 벌어지는 일들과 관계가 있습니다만, 이것은 워낙 작은 소립자의 세계에서 일어나는 현상이기 때문에 핵폭탄 같은 것과 연관짓지 않으면 주의를 끌기가 힘듭니다. 오늘날의 세계에서 핵폭탄만큼 정신이 번쩍 들게 하는 것도 별로 없죠.

지구상에서 가장 유명한 이 방정식은 1905년 알버트 아인슈타인이 처음으로 종이에 옮긴 것으로 그의 상대성이론 중 일부분입니다. 아인슈타인이 발견한 것은 여러 가지가 있지만, 이 방정식은 질량과 에너지 사이에 밀접한 관계가 있음을 설명해 줍니다. 에너지는 어떤 일이 일어나게 할 수 있는 능력이고 질량은 어떤 물질의 무게를 말합니다.

　직관적으로 우리는 에너지는 에너지고 물질은 물질이라고 생각해 버립니다. 그러나 아인슈타인은 에너지와 질량이 서로 다르긴 하지만, 결국 공통적이고 상호 전환이 가능한 보편적 대상물의 측면임을 발견했습니다. 적당한 용어가 없어서 우리는 이 보편적 대상물을 질량-에너지라고 부릅니다. 놀랍도록 간단한 아인슈타인의 방정식은 어느 만큼의 에너지가 어느 만큼의 질량과 같고, 어느 만큼의 질량이 어느 만큼의 에너지와 같으냐를 측정하는 공식입니다 (수학적 능력에 문제가 없는 분들을 위해 설명을 덧붙이자면 이렇습니다. 여기서 m은 질량이고 E는 같은 양의 에너지입니다. 이 방정식에 의하면 m을 c^2에 곱하면 에너지 값을 알 수 있습니다. 여기서 c^2은 엄청나게 큰 수로서 빛의 속도를 제곱한 것입니다. 그러니까 아주 작은 질량으로도 엄청난 양의 에너지를 얻을 수 있는 것이죠).

　아인슈타인의 방정식이 한 가지를 제외하면 일상생활과 별 관계가 없는 것은 우리가 보통 에너지를 생산하는 방법, 그러니까 음식을 소화시키거나, 석탄이나 석유를 태우거나 하는 것들이 순수한 화학반응이기 때문입니다. 그리고 화학적 과정으로 만들어진 에너지는 아인슈타인 방정식에서 나오는 에너지에 비하면 보잘것없습니다.

　얼마나 보잘것없냐고요? 1kg의 TNT를 폭발시키면 폭발이라는 격렬한 화학반응을 통해 상당한 양의 에너지가 나옵니다. 그러나 이 에너지는 TNT의 질량에서 10억 분의 1g만이 에너지로 변환되어 나오는 것입니다. 폭발 전의 TNT 무게를 재고, 폭발 후의 연기와 폭발 기체 등을 모두 모아 다시 무게를 재볼 수 있다면 무게가 10억 분의 1g 줄어들었다는 사실을 알 수 있다는 얘기죠.

우리는 이런 것을 도저히 측정할 수 없습니다. 지구상에서 가장 정밀한 기구로도 이것은 측정이 안 됩니다. 그러므로 아인슈타인의 방정식은 에너지가 관련된 모든 과정에서 예외 없이 적용되지만 우리의 일상생활에는 전혀 영향을 미치지 못하는 것입니다.

이것은 화학반응에 한정된 얘기입니다. 태양 속에서 일어나는 핵융합반응이나 핵폭탄이 일으키는 핵분열 같은 원자핵반응은 화학반응과는 완전히 다른 이야기입니다. 사실상 모든 질량은 원자핵에 몰려 있기 때문에 화학반응보다는 핵반응에서 훨씬 더 큰 에너지가 나옵니다. 수십억 배 더 크죠(289쪽을 보세요).

인간이 만들어낸 모든 에너지 중에서 핵폭탄이 폭발할 때의 에너지가 가장 큰 이유는 이른바 '연쇄반응' 때문입니다. 연쇄반응이란 원자 하나가 반응하면 그로 인해 2개가 반응하고, 그 결과로 4개가 반응하고, 이어서 8개, 16개로 매번 2배로 늘어나는 반응을 말합니다. 마지막에는 헤아릴 수 없이 많은 양의 원자가 동시에 반응을 일으키는데 이것은 모두 최초의 원자 하나가 반응을 시작했기 때문입니다. 상상을 초월하는 수의 원자가 상상할 수 없을 정도로 짧은 시간 안에 한꺼번에 반응하고, 각 원자가 보통 화학반응이 내는 에너지의 10억 배의 에너지를 방출한다면 그 폭발에너지는 그야말로 지옥일 것입니다.

연쇄반응은 나쁘기만 한 것이 아닙니다. 핵분열 연쇄반응의 속도를 잘 조절하면 원자로가 됩니다. 원자로에서 에너지는 매우 천천히 방출되기 때문에 이것으로 물을 끓이고 수증기를 만들어 터빈을 돌리고, 터빈이 다시 발전기를 돌려 전력을 만들어내 불을 밝힐 수 있게 해주기 때문에 여러분이 지금 이 책을 읽고 있는 것입니다.

아인슈타인의 방정식이 보통 사람에게 의미를 갖는다면 바로 이런 것이겠죠.

한마디로 말하면……

보통의 화학반응에서 질량은 에너지로 변환됩니다.

학교에서 공부를 열심히 한 사람만이 위의 사실을 알고 있습니다. 이것으로 심지어 화학 선생도 굴복시킬 수 있습니다. 화학자들은 화학반응시에 발생하는 미세한 질량 변화를 무시하는 데 워낙 익숙해져서 질량 변화 따위는 없다고 생각합니다. 그리고 학교에서도 이렇게 가르칩니다. 그런 사람이 있으면 이렇게 반박하세요. 아인슈타인의 논문에는 '$E = mc^2$이다. 단 화학은 제외한다'라고 써 있지는 않다고 말이죠.

우라늄의 에너지는 어디에서 나올까

석탄과 석유에서 에너지가 나오는 것은 당연합니다. 왜냐하면 태울 때 나오는 열을 우리가 직접 느낄 수 있으니까요. 그런데 우라늄에서는 어떻게 에너지를 얻죠? 우라늄도 타나요?

여기서 '타다'가 연소(대기 중의 산소가 연료와 일으키는 화학반응)를 의미한다면 대답은 '아니다'입니다. 그러나 우라늄 원자가 소모된다는 뜻이라면 '그렇다'라고 대답하겠습니다.

석탄, 석유, 우라늄이 모두 에너지를 가지고 있다는 것은 맞습니다. 사실 모든 물질은 어느 정도의 에너지를 갖고 있습니다. 이것은 원자가 어떻게 배열되어 있는가, 그리고 서로 어떻게 결합하고 있는가에 따라 다릅니다. 원자가 아주 촘촘하게 늘어서 있으면 이들은 비교적 만족한 상태에 있으며 따라서 에너지 값이 낮습니다. 결합이 느슨하다면 그들은 잠재적으로 에너지를 많이 가지고 있는 것입니다.

예를 들어 니트로글리세린의 원자들은 매우 느슨하게 연결되어 있습니다. 그래서 니트로글리세린은 매우 불안정해서 조금만 충격을 가해도 원자 배열을 재빨리(매우 재빨리) 바꿔서 에너지 값이 낮고 더욱 안정된 기체 상태로 옮겨갑니다. 이 과정을 간단히 표현하면 '폭발'입니다. 폭발로 인해 발생하는 에너지의 양은 당초 니트로글리세린이 갖고 있던 에너지 값에서 폭발의 결과물인 기체들이 갖고 있는 에너지 값을 뺀 것입니다.

일반적으로 어떤 물질의 원자를 더 낮은 에너지 수준으로 끌어내리면 이 과정에서 '손실된' 에너지는 어떤 형태로든 빠져나와야 합니다. 대개 그것은 열의 형태를 띱니다. 대기 중에서 석탄이나 석유를 태우면 우리는 이 연료의 원자(대기 중의 산소 원자도 함께)에게 더 낮은 에너지 수준으로 내려갈 기회를 주는 것입니다. 여기서 더 낮은 에너지를 가진 물질은 이산화탄소와 수증기입니다. 그리고 나서 우리는 열의 형태로 방출된 에너지를 이용하는 것입니다. 우리가 물이나 돌에서 에너지를 빼내지 못하는 것은 이들을 현재의 원자 배열 상태보다 더 낮은 에너지 상태로 끌어내릴 방법을 찾지 못하기 때문입니다. 물론 이렇게 해서 얻을 수 있는 에너지보다 더 많은 에너지를 투입하면 가능하겠지만 그것은 현실성이 없습니다.

더 낮은 에너지 상태로 내려가려면 석유, 천연가스, 휘발유 등 우리가 일상생활에서 흔히 접하는 연료들은 산소를 공급받아야 합니다. 그러나 우라늄 원자는 산소를 필요로 하지 않습니다. 우라늄은 자신의 큰 덩치를 2개의 작은 원자로 쪼개기만 하면 더 낮은 에너지 상태로 내려갈 수 있습니다. 이 2개의 작은 원자들은 우라늄보다 더 촘촘하고 안정적이며 에너지 값이 낮습니다. 이 과정에서 방출되는 에너지가 핵분열 에너지인 것입니다. 사실상 쪼개져서 에너지를 내는 것은 우라늄 원자의 핵뿐입니다. 나머지(그러니까 전자)는 그냥 덩달아 갈라질 뿐입니다.

그러나 모든 원자의 핵이 쪼개지면서 에너지를 낼 수 있는 것은 아닙니다. 아주 무거운 원자 몇 가지만 이런 식으로 분열합니다. 이들은 너무 무거워서 원래 불안정하고, 약간의 충격만 있으면 완전히 무너져버립니다. 원자로는 사실 효과적으로 이런 자극을 주는 시설입니다. 원자로에서는 무겁고 전기적으로 중성인 중성자가 이렇게 비틀대는 우라늄 원자핵을 때립니다. 그러면 우라늄은 더 낮은 에너지 상태로 바뀌면서 많은 에너지를 방출합니다.

꼼꼼쟁이 코너

왜 우라늄 원자는 그렇게 불안정하고, 쪼개지려고 몸부림치는 것일까요?

모든 원자핵은 '핵자'라는 입자들로 만들어져 있습니다. 우라늄처럼 큰 원자핵은 핵자가 200여 개나 되는데 이들은 상상할 수 없을 정도로 좁은 공간에서 바글거리고 있습니다. 이렇게 워낙 수가 많기 때문에 핵이 이들을 한 군데 잡아두는 힘은 비교적 약합니다. 많은 골프공을 자루에 넣지 않은 채 양팔로 안으려고 해보세요.

이 핵자의 군중을 두 편으로 가르면 관리하기도 쉽고 장악하기도 쉽겠죠. 즉 골프공을 두 무더기로 나누면 운반하기가 더 쉬운 것과 마찬가지입니다. 둘로 나뉜 핵자의 무리는 더 효율적인 통제하에 들어가기 때문에 쉽게 깨지지 않습니다. 따라서 덜 불안한 것이고, 다시 말하면 잠재적인 에너지가 적은 것이죠.

그러나 아인슈타인이 가르쳐준 대로 에너지는 질량이고 질량은 에너지입니다. 그러므로 2개의 작은 핵이 큰 핵보다 에너지 값이 적다면 이들은 당연히 질량도 적어야 합니다. 2개로 쪼개진 작은 원자 속의 핵자 수 합계는 당초의 큰 원자가 갖고 있던 핵자 수와 같지만 무게를 달아보면 큰 원자보다 가볍습니다. 정확히 말하면 0.1% 정도 무게가 줄어든 것이죠. 이렇게 사라진 질량은 엄청난 에너지의 형태로 나타납니다. 왜냐하면 $E=mc^2$에 따라(285쪽을 보세요) 작은 질량도 엄청난 에너지를 내기 때문이죠.

받아들이기가 좀 힘들죠? 그러나 이것이 틀렸다면 오늘날 원자력 같은 것은 있지도 않을 것이고 과학자들이 매일 실험실에서 겪는 수백 가지의 핵물리학적 현상도 없을 것입니다. 에너지와 질량은 상호 전환될 수 있다는 아인슈타인의 제안을 받아들인 순간, 우리는 이 모든 것을 자연현상의 일부로 인정하는 것이고 따라서 놀랄 필요가 없는 것이죠.

자석과 철

자석은 왜 철을 끌어당기죠? 그리고 왜 알루미늄이나 구리는 끌어당기지 않죠?

자석은 자석에만 끌립니다. 철 한 조각에는 수십억 개의 작은 자석이 들어 있지만 구리와 알루미늄은 그렇지 않습니다.

자석의 한쪽 극이 끌어당기는 것은 오직 다른 자석의 반대쪽 극뿐입니다. 이것은 전하와도 같습니다. 양전하가 끌어당기는 것은 음전하뿐이고, 음전하는 양전하만 끌어당깁니다. 전기의 '양'과 '음'이 자석에서는 '북극'과 '남극'이라고 불리는 것이 다를 뿐입니다. 전기를 띠지 않은 물건과 전하 사이에는 아무런 힘이 작용하지 않습니다. 자석도 마찬가지입니다. 다른 자석이 없으면 끌어당기지도 않는 것이죠(그런데 전기와 자기는 서로 넘나들기도 합니다. 전하를 움직이면 자기가 발생하고 자석을 움직이면 전하가 생깁니다. 그런데 여기서는 움직이지 않는 자석만을 다루겠습니다).

철 원자 하나하나는 작은 자석입니다. 왜냐하면 음전하를 띤 26개의 전자가 핵의 주위를 돌면서 마치 팽이처럼 회전하고 있기 때문입니다. 이렇게 회전하고 있기 때문에 전하가 자석처럼 행동하는 등의 넘나들기가 가능해지는 것입니다. 그러나 철의 전자들은 대부분 쌍을 이루고 있습니다. 그리고 회전하는 전자들이 쌍을 이루면 상대방의 자기를 상쇄해 버립니다.

그런데 철 원자의 전자 중 4개는 파트너가 없는 외톨이입니다. 그리고 쌍을 이루지 않았기 때문에 자기 효과를 유지합니다. 이것 때문에 철 원자는 자성을 띠는 것이고 따라서 다른 자석에 끌립니다.

그러나 철만 이런 것은 결코 아닙니다. 알루미늄과 구리를 포함한 수십여 개의 원소들도 외톨이 전자를 가지고 있고 따라서 자성을 띱니다. 산소 원자조차도 이런 전자가 있어서 자석에 끌립니다. 공기 중에서는 이 현상을 볼 수 없지만 실험실에서 액체 산소를 강한 자석에 부으면 들러붙습니다.

그러나 이런 외톨이 전자가 만들어내는 자력은 아주 약합니다. 우리가 보통 생각하는 자기, 즉 철이 자석에 끌리는 자력에 비하면 백만 분의 1밖에 되지 않습니다. 그러나 유심히 들여다보면 집에서도 이런 현상을 관찰할 수 있습니다.

직접 해보세요

수준기(가운데에 공기방울이 들어 있는 액체관이 부착되어 있어 어떤 곳이 수평인가를 확인하는 데 사용되는 장치. 목수들이 많이 사용한다—역주)를 탁자 위에 놓고 강한 자석을 한쪽에 갖다 대고 유심히 들여다보세요. 자력이 충분히 강하다면 공기방울이 자석 쪽으로 약간 이동하는 것을 볼 수 있을 것입니다. 그러나 이것은 공기방울 속의 산소가 자석에 끌려서 일어나는 현상은 아닙니다. 그렇게 되려면 엄청나게 강한 자석이 필요합니다. 이것은 관 속의 액체가 자석에 반발하기 때문에 일어나는 현상입니다. 액체가 반대쪽으로 가니까 공기방울은 자석 쪽으로 오겠죠.

철 속에 들어 있는 철 원자 하나하나가 자석이라고 이미 얘기했

습니다. 그런데 이들은 항상 무질서하게 아무 방향이나 가리키고 있는 것은 아닙니다. 철 조각을 자석으로 문질러주면 철 원자들은 질서 있게 늘어섭니다. 일제히 한쪽 끝은 북쪽을 가리키고 반대쪽 끝은 남쪽을 가리키게 되는 것입니다.

철 원자는 그 크기와 형태 때문에 일단 질서 있는 상태가 되면 무질서한 상태로 돌아가지 않습니다. 이로 인해 각각의 원자가 무질서하게 자석 역할을 하고 있을 때보다 수백만 배나 강한 자력을 내는 것입니다. 이 철 조각은 '자화'된 것입니다. 이제 자석이 되었으므로 이 철 조각은 다른 철을 끌어당길 수 있습니다.

강한 자력을 낼 수 있도록 질서 있게 늘어서는 데 알맞은 크기와 형태의 원자를 가진 원소는 철, 니켈, 코발트 세 가지뿐입니다. 그러나 이중 가장 강력한 것은 철입니다.

스스로 판단하세요

성인의 몸에는 헤모글로빈과 미오글로빈의 형태로 4~5g의 철이 들어 있다. 철은 우리의 삶에 필수 불가결하며 자기는 이 철에 강한 영향을 미친다. 그러므로 자석은 치통, 어깨나 관절이 뻣뻣한 증상, 통증, 부기, 습진, 천식, 동상, 상처 등에 탁월한 치료 효과가 있다 (자석으로 치료하는 클리닉을 선전하기 위해 쇼핑몰에서 나눠주는 〈자기 치료〉라는 글에서 발췌).

낙하하는 BB건의 총알

세계에서 가장 높은 건물 꼭대기에서 BB건의 총알(지름 5~6mm의 플라스틱 구슬)을 떨어뜨려서 사람 머리에 맞으면 그 사람이 죽을까요?

아닙니다. 세계에서 가장 높은 시카고의 시어즈타워(443m) 밑을 지나는 사람들은 걱정할 필요가 없습니다. 안전모를 썼든 안 썼든 플라스틱 구슬을 떨어뜨려보는 순수한 과학 실험으로 인해 위험에 빠질 염려는 거의 없으니까요. 물풍선이라면 얘기가 좀 다르겠죠.

질문하신 분은 분명히 '중력 가속도'를 생각하고 계시군요. 이 중력 가속도 때문에 떨어지는 물체는 시간이 지남에 따라 속도가 더욱 빨라지죠. 물체는 떨어지는 동안 한순간도 쉬지 않고 중력에 끌리기 때문에 속도가 더 붙어서 계속 빨라지는 것입니다. 이것은 손수레를 미는 것과도 같습니다. 계속 밀어 젖히면 손수레는 더욱 빨리 가겠죠. 자동차에서도 엔진이 계속 힘을 가하면 가속이 됩니다.

그렇다면 떨어지는 시간만 충분하다면 플라스틱 구슬도 총알과 같은 속도에 도달하지 않을까요? 빛의 속도는 어떨까요? 실제로 중력 가속도 방정식에 맞추어 계산해 보면 어떤 물체든 떨어지기 시작해서 443m에 이르면 속도가 시속 334km에 달합니다. 밑에 있는 사람은 정말 조심해야겠죠.

그런데 한 가지 주의할 것이 있습니다. 위의 계산은 꼭대기와 바닥 사이에 아무것도 없다는 것을 전제로 한 것입니다. 그러나 뭔가가 있습니다. 공기입니다. 그리고 공기를 헤치고 나아가야 하기 때문에 떨어지는 물체는 항상 '이론상의 값보다 속도가 줄어듭니다. 이제 서로 반대되는 두 개의 힘이 있다는 것을 알 수 있습니다. 물체의 속도를 늘이려는 중력과 그것을 방해하는 공기의 힘입니다.

서로 상반되는 힘이 모두 그렇듯이 이 두 힘도 일종의 수학적 타협안을 내놓습니다. 공기는 중력의 힘을 같은 비율로 갉아먹어서 떨어지는 시간이 얼마나 길든 결국 궁극적인 속도의 한계를 정합니다. 그러니까 어느 지점까지는 계속 빨라지다가 거기서부터는 일정한 속도로 떨어진다는 것이죠.

물론 떨어지는 물체는 공기저항의 정도가 저마다 다릅니다. 예를 들어 털을 다 뽑은 통닭은 안 뽑은 닭보다 공기저항이 적을 것입니다. 그러므로 공기 속에서 낙하하는 물체의 최종 속도는 물체마다 다릅니다. 공기가 없다면 무게에 관계없이 떨어지는 속도가 똑같을 것입니다.

플라스틱 구슬에 있어서 공기저항의 값은 상당해서 지면에 떨어질 때의 속도는 별로 위험하지 않습니다. 심지어 대머리 아저씨에게도 말입니다. 그리고 몇 층 정도 낙하한 후 한계 속도에 도달할 것입니다. 이것을 조사하기 위해 시카고에 조사단을 파견할 필요는 없습니다.

물론 떨어지는 물체의 파괴력을 결정하는 것은 속도만이 아닙니다. 그것은 운동량입니다. 운동량은 속도에 무게를 곱한 것입니다. 볼링공의 경우 지면에 도달하는 순간의 속도가 총알처럼 빠르지는 않지만 무게가 워낙 무겁기 때문에 엄청난 피해를 입힐 수 있습니다. 이 정도는 이미 알고 계시겠죠.

우주의 영구기관

화학 시간에 모든 원자와 분자는 영원히 움직이고 있다고 들었습니다. 그런데 물리 선생님은 영원히 움직이는 것, 그러니까 영구기관은 없고 밖에서 힘을 가해야만 계속 움직인다고 말했습니다. 뉴턴도 비슷한 얘기를 한 것 같은데요. 그러면 누가 이 많은 원자와 분자를 밀어대는 것일까요?

　합창 단원이 한 명씩 무대에 나와 노래를 한다고 합시다. 합창이 성립될까요? 학교의 과학교육도 이런 식으로 짜여져 있습니다. 화학 선생님과 물리 선생님은 각각 자기 분야의 이야기를 합니다. 그래서 학교의 과학교육 과정에는 합창에 해당하는 부분이 없습니다.

　질문하신 분은 학교 때 배운 것을 아주 잘 기억하고 계시군요. 둘 다 맞습니다. 그런데 한 가지 빠진 것은 이것입니다. 지금 이 모든 원자와 분자에게 힘을 가하는 주체는 없습니다. 다만 수십억 년 전에 엄청난 힘을 받았죠.

　다른 것들과 마찬가지로 원자와 분자의 움직임도 '운동에너지'라는 형태의 에너지입니다. 원자와 분자의 경우, 운동에너지는 이들이 서로 끊임없이 스치고 부딪치는 형태로 나타납니다. 그런데도 이들이 흩어지지 않는 것은 '결합' 때문입니다. 화학결합은 입자들끼리 서로 끌어당기는 여러 가지 방법을 말합니다. 이러한 원자와 분자의 운동을 통틀어 '열'이라고 부릅니다.

　이렇게 입자들이 끊임없이 움직인다고 해서 눈에 보이는 물체, 그러니까 소금 알갱이 같은 것이 펄쩍펄쩍 뛰어다닌다는 뜻은 아닙니다. 소금 알갱이 하나에는 30억에 10억을 곱한 수만큼의 원자가 들어 있는데, 이들은 모든 방향으로 진동해서 결국 서로 다른 방향의 진동이 모두 상쇄됩니다. 그래서 소금 알갱이가 식탁에서 방바닥으로 펄쩍 뛰어내리지 않는 것입니다. 안에 있는 벌들이 요동을 친다고 해서 벌집이 여기저기 마구 돌아다니지는 않죠(사실 벌들은 사람이 건드리지만 않으면 벌집 안에서는 얌전합니다).

　여기서 가장 큰 의문은 이것입니다. 세상의 모든 입자들은 어디서 운동에너지를 얻었을까요? 태초에 엄청난 힘이 한 번 가해진 것일까요? 그렇습니다. 우주 안에 있는 모든 물질은 대폭발의 순간에 창조되었고 그때 모든 에너지를 얻었습니다. 가장 널리 받아들여진 이론에 의하면 우주를 탄생시킨 대폭발은 약 백억 년에서 2백억 년 전에 일어났습니다. 물론 우주학자들은 정확한 시기에 대해서 아직도 논쟁을 벌이고 있습니다. 그로부터 수십억 년이 지난 오늘날까지 우주 안에 있는 모든 입자는 진동하고 있는 것입니다.

그러나 모두 똑같은 속도로 진동하고 있는 것은 아닙니다. 난로 위에 있는 수프에 열에너지를 공급하면 수프 안의 입자들은 '평균적으로' 더 빨리 움직입니다. 맥주 한 병을 냉장고에 넣어 열을 빼앗으면 맥주 속의 입자들은 '평균적으로' 더 천천히 움직입니다.

아시다시피 수프와 맥주에서 일어나는 현상은 '온도' 라고 불립니다. 온도는 어떤 물질(그것이 수프든 맥주든 사람이든 별이든 간에) 안의 입자들이 가진 평균 운동에너지입니다. 여기서 중요한 단어는 '평균' 입니다.

물론 스톱워치를 가지고 수프가 끓는 솥 안으로 들어가 수도 없이 많은 입자 하나하나의 운동 속도를 측정하여 그 평균으로 온도를 계산할 수는 없는 노릇입니다. 그래서 우리는 온도계라는 물건을 발명해야만 했습니다. 온도계를 발명한 사람은 가브리엘 파렌하이트입니다. 온도계 안에는 반짝이고 아주 잘 보이는 액체가 들어 있습니다. 이 액체는 수은인데 온도가 올라가면 팽창하여 유리관 위쪽으로 올라가고 온도가 떨어지면 수축하여 아래로 내려옵니다. 수은은 일종의 연쇄반응을 거쳐 부피가 늘어납니다. 우리가 온도를 재려고 하는 물질의 입자들은 온도계의 바깥벽에 계속 충돌합니다. 이렇게 되면 유리벽의 유리 입자 중 일부가 온도계 안의 수은 입자와 충돌합니다. 이렇게 들이받힌 수은 입자는 운동 속도가 빨라지고 따라서 더 많은 공간을 필요로 하며, 그 결과 수은이 팽창하여 온도계의 눈금이 올라가는 것입니다.

그러므로 우주 안의 모든 원자와 분자는 아직도 원시 우주의 에너지로 인해 진동하고 있으며 그 진동 속도는 온도에 따라 결정됩니다. 이 모든 것은 에너지로 인한 것입니다. 에너지야말로 전 우주 내에서 통용되는 공통 화폐입니다. 한 나라의 화폐가 다른 나라의 화폐로 환전될 수 있는 것처럼 에너지도 하나의 형태에서 다른 형태로 전환될 수 있습니다. 어떤 물체가 에너지를 잃으면 다른 물체가 그것을 얻습니다. 이것은 마치 상거래에서 돈이 주인을 옮겨 다니는 것과 같습니다. 돈과 물건을 맞바꿀 수 있는 것처럼 에너지도 질량으로 전환될 수 있습니다(285쪽을 보세요). 한 가지 불가능한 것은 에너지를 창조하거나 파괴하는 것입니다. 우리는 대폭발 때 우주에 배정된 예산을 가지고 아직도 살고 있습니다. 이 예산은 열을 위시하여 여러 가지 전환 가능한 에너지의 형태를 띠고 있죠.

태양이 새로운 에너지를 만들어내서 이것을 빛과 열의 형태로 우리에게 보낸다고 생각하시죠? 다시 한번 생각해 보세요. 태양을 위시한 항성들은 질량의 형태로 이미 저장되어 있던 에너지를 빛과 열의 형태로 전환하는 것에 불과합니다. 새로 창조된 것은 없죠.

그런데 수십억 년 전에 충전된 이 우주 배터리도 언젠가 모두 방전되지 않을까요?

물론 그럴 것입니다. 우주의 모든 에너지는 조금씩 쉬지 않고 '엔트로피'라는 형태로 변해갑니다. 엔트로피는 무질서라는 뜻이고 이것은 궁극적으로 대혼돈을 향해 갑니다(312쪽을 보세요). 그러나 걱정할 것은 없습니다. 그런 일이 일어나기 훨씬 전, 즉 약 60억 년 후면 태양이 꺼져버릴 테니까요.

우주가 존재하는 한 원자와 분자의 운동은 계속됩니다.

미터법

갑자기 콜라병과 술병의 용량 표시가 파인트(1파인트는 473밀리리터), 쿼트(1쿼트는 945밀리리터)에서 리터로 바뀌었습니다. 이제 미터법 혁명이 시작되는 건가요? 미국은 꼭 미터법으로 바꿔야 하나요? 지금 쓰는 야드-파운드법이 어때서 그래요?

세계 여러 나라 중에서 오직 네 나라의 강대국, 그러니까 브루나이, 미얀마, 예멘, 미국만이 아직도 미터법을 쓰지 않고 있습니다.

영국식 도량형(오늘날은 영국 사람조차도 쓰지 않는)이 얼마나 불편한가를 봅시다. 커피 케이크 만드는 법을 예로 들겠습니다.

사워 크림 $1\frac{1}{3}$ 컵

베이킹 소다 $1\frac{1}{4}$ 티스푼

베이킹 파우더 $1\frac{3}{4}$ 티스푼

밀가루 $1\frac{3}{4}$ 컵

달걀 2개

설탕 $1\frac{1}{2}$ 컵

버터 $\frac{1}{2}$ 컵

이제 위에 정해진 양의 반만 가지고 케이크를 만들어야 한다고 칩시다. 그러면 여기 나온 숫자들을 모두 2로 나누어야 합니다.

"어디 보자, $1\frac{1}{3}$의 반이면…… 그리고 $1\frac{1}{4}$의 반이면…… 글쎄. $1\frac{1}{4}$의 반이라…… 그런데 한 컵은 8온스던가(아니면 16온스)? 그러니까 $1\frac{3}{4}$ 컵의 반이라면 $1\frac{3}{4}$에 8을 곱해서 2로 나눠야겠군. 아니 그렇게 아니라 계란 2개를 2로 나누지. 그건 암산으로 되니까. 나머지는 대충 해볼까?"

잘해 보세요.

이제 미터법으로 바꿔봅시다. 그러면 이렇게 될 것입니다.

정상 조리	반만 조리
사워 크림 320g	사워 크림 160g
베이킹 소다 6g	베이킹 소다 3g
베이킹 파우더 9g	베이킹 파우더 $4\frac{1}{2}$g
밀가루 230g	밀가루 115g
달걀 2개	달걀 1개
설탕 300g	설탕 150g
버터 110g	버터 55g

너무 간단하죠?

이제 1g이 어느 정도의 양인가를 알기만 하면 되겠죠? 사실은 그럴 필요가 없습니다. 모든 것이 그램으로 표시되기만 한다면 1g이 얼마인지 굳이 알 필요가 있을까요? 눈금이 가리키는 대로 160, 3, $4\frac{1}{2}$ 등을 달기만 하면 되죠. 그 물질이 무엇이든 상관이 없습니다. 그러면 1 '온스'는 얼마인지 아세요? 여기에 대해서 우리가 아는 것이라곤 옛날옛날에 우리가 모르는 어떤 사람이 알지 못할 이유로 일정한 양을 그냥 1온스로 정했다는 것뿐입니다.

게다가 온스에는 세 가지가 있습니다. 플루이드 온스(액체를 달 때 씀), 애버더포이스 온스(귀금속, 보석 이외의 물질을 달 때 씀), 트로이 온스(귀금속, 보석 등을 달 때 씀) 등입니다. 이들은 서로 다릅니다. 심지어 측정 대상조차 다릅니다. 플루이드 온스는 부피를 다는 단위이고 나머지 두 개는 무게를 다는 단위입니다.

그램은 무게의 단위입니다. 저울의 무게를 달아보는 것은 컵이나 티스푼, 테이블스푼을 채워서 양을 측정하는 것보다 정확합니다. 버터 같은 경우 특히 그렇죠. 그럼 이제 부엌에서 쓸 저울을 사야겠군요. 유능한 요리사들은 늘 무게를 달아서 조리를 합니다.

이제 부엌을 떠나 대장간이나 목공소로 가봅시다.

7피트 9$\frac{5}{8}$인치짜리 널빤지를 3등분해야 한다고 합시다. 계산이 매우 복잡해집니다. 참고로 알려드리면 답은 2피트 7$\frac{7}{32}$인치입니다. 미터법으로 환산하면 이 널빤지의 길이는 238cm입니다. 3으로 나누면 79.3cm이고 계산은 이것으로 끝입니다. 1인치는 2.54cm이고 1온스는 28.35g입니다. 그러나 이런 것은 굳이 알 필요가 없습니다. 그저 1cm는 자의 눈금 하나, 1g은 저울의 눈금 하나로 알고 있으면 그만입니다.

많은 미국 사람들은 그램이나 센티미터 같은 미터법의 단위로 표시된 것을 보고 이제까지 흔히 써왔던 온스나 인치로 얼마인가를 환산하기 힘들기 때문에 괴로워합니다. 사실 이 환산 과정은 힘듭니다. 2.54나 28.35 같은 숫자를 가지고 곱셈과 나눗셈을 하고 싶은 사람이 누가 있겠습니까?

미국에서 사용되는 모든 단위를 일일이 미터법으로 환산하는 일은 엄청 힘이 듭니다. 이것은 조리법, 지도로부터 공업 생산에 이르기까지 모두 마찬가지입니다. 이것을 쉽다고 할 사람은 없습니다.

그러나 그렇다고 해서 미터법을 거부하는 것은 잘못된 생각입니다. 재래식 도량형을 쓰면 해괴하고 어려운 환산 작업을 항상 해야 합니다. 예를 들어 1피트는 12인치이고 1야드는 3피트이며 1마일은 1,760야드입니다. 1파운드는 16애버더포이스 온스이며 1파인트는 16플루이드 온스입니다. 2파인트가 모이면 1쿼트가 되고 쿼트 넷이 모이면 1갤런이 됩니다. 이뿐만이 아닙니다. 펙, 부셸, 배럴, 패섬, 노트 등 얼빠진 단위들이 끝없이 많습니다.

미터법에서는 무게, 길이 등 각 대상마다 한 가지 단위가 있을 뿐입니다. 그리고 곱하기도 십진법입니다. 10, 100, 1000 등을 곱하면 되죠. 3, 4, 12, 16, 5280 따위를 곱하는 것이 아닙니다. 1m는 100cm이고 1km는 1,000m이고 1kg은 1,000g입니다. 미터법은 단순함 그 자체입니다. 세계 인구의 94%를 차지하는 여러 나라의 어린이들이 이것을 아무 불편 없이 쓰고 있다는 사실이 그 증거입니다.

전환기의 불편을 잘 참고 견디면 살기가 훨씬 편해질 것입니다. 그러나 오래 끌수록 전환기의 괴로움은 커질 것입니다.

미국은 치통으로 괴로워하면서도 치과에 갈 날을 차일피일 미루는 사람과도 같습니다.

누가 물어보지는 않았지만……

이미 일기예보를 섭씨로 하는 곳도 있지만 학교에서 배운 섭씨-화씨 변환 공식은 너무 복잡하고 외우기가 힘들어요. 좀 쉬운 방법은 없나요?

있습니다. 아주 간단한 방법인데요, 왜 학교에서 안 가르치는지 모르겠군요. 어떤 사람이 32를 더하고 빼고 괄호로 묶고 하는 공식을 교과서에 처음 쓴 뒤부터 그걸 모두들 줄기차게 쓰는 거죠.

더 간단한 방법은 이것입니다.

섭씨 온도를 화씨로 바꾸려면 40을 더하고 1.8을 곱한 뒤 40을 뺀다.

이게 전부입니다.

예를 들어 100℃를 화씨로 바꾼다고 합시다. 40을 더하면 140입니다. 여기에 1.8을 곱하면 252이고 40을 빼면 212가 됩니다. 물의 끓는점을 화씨로 나타내면 212도가 되는 것입니다.

이 방법의 좋은 점은 반대로도 써먹을 수 있다는 것입니다.

화씨 온도를 섭씨로 바꾸려면 40을 더하고 1.8로 나눈 뒤 40을 뺀다.

예를 들어 32℉를 섭씨로 고치려면 40을 더해 72를 만든 후 1.8로 나눕니다. 여기서 얻은 40에서 40을 빼면 0도입니다. 그러니까 물이 어는 점은 화씨로 32도, 섭씨로 나타내면 0도죠.

여기서 기억해야 할 것은 언제 1.8로 나누고 언제 1.8을 곱하느냐는 것입니다. 그런데 화씨 온도는 항상 섭씨보다 큰 수입니다. 그러니까 화씨로 갈 때 곱하면 되죠.

꼼꼼쟁이 코너

왜 이 방법이 통할까요? 이것은 파렌하이트라는 사람과 셀시우스라는 사람이 화씨와 섭씨의 눈금을 정한 방법 때문입니다. 우연히도 섭씨 영하 40도는 화씨로도 영하 40도입니다. 그래서 40을 더하면 같은 입장에 놓이게 되죠. 그리고 나서 눈금의 비율 차이만큼 곱하거나 나누면 됩니다. 그리고 나서 앞서 더한 40을 빼버리면 되죠.

이 방법을 상세히 증명하려면 얘기가 길어지니까 생략하겠습니다. 그러나 어쨌든 이 방법은 정확합니다.

무게 차이

왜 헬륨은 공기보다 가볍죠? 그리고 왜 어떤 물질은 다른 물질보다 무거울까요?

모든 물질은 입자로 되어 있습니다. 원자나 분자로 이루어져 있다는 뜻입니다. 물론 입자 자체의 무게도 문제지만 단순히 그것 때문만은 아닙니다. 좀더 중요한 이유는 어떤 입자는 더 빽빽이 들어차 있고, 어떤 입자는 그렇지 않다는 데 있습니다.

부피가 같을 경우, 납은 물보다 무겁습니다. 더 밀도가 높은 것이죠. 이는 주로 납 원자가 물 분자보다 11배나 무겁기 때문입니다. 그러나 설령 납 원자와 물 분자의 무게가 같다고 하더라도 빽빽한 정도 때문에 밀도 차이는 여전히 남습니다. 예를 들어 물과 얼음은 같은 입자, 즉 물 분자로 되어 있지만 물의 밀도가 더 높습니다. 그러니까 반드시 입자의 무게가 차이가 나야 밀도의 차이가 생기는 것은 아닙니다.

기체는 액체와 고체와는 완전히 다릅니다. 우선 '빽빽이'라는 말이 기체에는 통하지 않습니다. 기체 분자는 완전히 자유롭게 공간을 날아다닙니다. 압력이 같으면 기체 분자는 종류에 관계없이 같은 정도의 자유를 누립니다. 다시 말하면 헬륨 원자든 공기 분자든 같은 거리를 유지한다는 뜻입니다.

그러므로 기체의 경우 압력이 같으면 어느 쪽이 더 빽빽하고 그렇지 않고의 차이가 없습니다. 압력이 같을 때 헬륨의 밀도는 공기 밀도의 7분의 1인데 이것은 단순히 헬륨 원자의 무게가 공기 분자 무게의 7분의 1이기 때문입니다.

DNA가 실제로 하는 일

전문가들이 법정에서 'DNA 증거'라며 흔들어대는 종이에 보면 검은 띠 같은 것들이 있는데 그게 뭐죠? 그게 DNA 자체인가요?

아닙니다. 사다리 같은 검은 선은 현미경으로도 볼 수 없는 작은 물질을 배심원이나 이 분야에 열광하는 생화학자들이 볼 수 있게 만든 것뿐입니다. 이것은 실험실에서 여러 단계의 조작을 통해 만들어진 것입니다. 그러나 이것을 설명하기 전에 우선 DNA란 무엇인지 알아봅시다.

DNA야말로 지구상에서 가장 복잡하고 거창한 물질이지만 쓸데없는 전문용어를 피하고 알 만큼만 알려고 든다면 이해하기 어려운 것도 아닙니다.

조물주의 입장에 서봅시다. 그리고 지상의 모든 생명체(식물 및 동물)를 지배하는 생명의 일반 법칙 같은 것을 만들어야 한다고 생각해 봅시다. 그러면 가장 큰 문제는 한 세대에서 다음 세대로 넘어가는 것입니다. 아무리 아름다운 장미, 바퀴벌레, 말을 창조했다 해도 더 많은 장미, 바퀴벌레, 말을 만들어내는 방법을 고안해 내지 못하면 이들은 결국 오래가지 못합니다. 그러면 어떻게 장미는 장미를 낳을까요? 왜 말이 낳은 새끼는 풀 한 포기나 바퀴벌레가 되지 않고 꼭 망아지가 될까요? 왜 다리가 6개가 아니고 4개이고, 엽록소도 없고 더듬이도 없을까요?

한 세대가 지날 때마다 엄청난 수의 '제작 지침'이 전달되어야 합니다. 말의 모습과 특징을 구성하는 모든 지침이 앞선 세대와 똑같아야 한다는 것이죠. 조물주는 연필, 종이, 비디오테이프, CD롬 같은 것도 없었을 텐데 어떻게 이 모든 것을 기록했다가 세대가 지날 때마다 그대로 복사되게 만들었을까요?

답은 '조물주는 DNA라고 불리는 놀라운 끈 위에 이 모든 것을 써놓았다'입니다.

DNA는 디옥시리보핵산의 머릿글자입니다. 이 물질은 특정한 원자의 덩어리로 되어 있고 이 덩어리들은 나선형으로 꼬인 2개의 긴 리본 모양을 하고 있습니다. 이 리본은 돌돌 말려서 작은 부피로 되어 지구상의 모든 생명체의 모든 세포 안의 핵 속에 보존되어 있습니다. 이것은 단세포 박테리아, 6톤짜리 코끼리, 인간 등에 있어 모두 같습니다.

DNA 리본에 써 있는 정보는 암호로 되어 있습니다. 이 암호는 원자의 덩어리가 리본을 따라 어떻게 배열되어 있는가를 정확히 보여줍니다. 원자의 덩어리가 단어라고 한다면 덩어리를 배열해 놓은 것은 문장이 됩니다. 원자의 어떤 특정한 배열은 특정한 정보를 전달합니다. 이것은 특정 단어를 늘어놓으면 특정한 의미를 가진 문장이 되는 것과 같습니다.

과학자들은 이런 원자의 덩어리, 즉 단어들을 '뉴클레오티드'라고 부르고, 문장을 '유전자'라고 부릅니다. 각 문장(그러니까 유전자)은 망아지, 새끼 바퀴벌레, 아기가 어떻게 되어야 하는가, 또는 어떻게 되지 말아야 하는가에 대한 중요한 정보를 담고 있습니다. 유전자는 또한 아기 하나가 다른 아기와 어떻게 달라야 하는가를 규정합니다. 인간의 DNA 리본 하나에는 무수한 단어(수백만 개 정도)가 역시 무수한 문장(수십만 개 정도)을 만들고 있습니다. 그래서 일란성 쌍둥이를 제외하면 지구상의 60억 인류, 그리고 나보다 앞서간 수십 억의 인간들 중 나와 똑같은 유전자 결합을 가진 사람은 없는 것입니다.

확률을 생각해 봅시다. 눈을 가리고 수백만 개의 단어가 들어 있는 통에서 임의로 단어를 하나씩 꺼내서 10만 개 정도의 문장으로 된 책을 만든다고 합시다. 그러면 같은 작업을 두 번째 했을 때 똑같은 책이 만들어질 확률은 얼마나 될까요? 인간의 경우 이 확률은 더 떨어집니다. 왜냐하면 역사적으로 지리적으로 서로 떨어져 있기 때문이죠. 그러니까 스웨덴인 부부 사이에서 흑인 아기가 복제되어 나올 확률은 단순한 산수 실력으로는 계산조차 할 수 없습니다.

지구상의 모든 사람이 저마다 특이한 유전자를 갖고 있다면 DNA를 조사해서 그 사람의 특징을 알 수 있지 않을까요? 원칙적으로는 가능합니다. 그러나 문제는 아직 우리가 그 누구의 DNA도 완전히 해석해서 유전자 배열을 100% 알아낸 적이 없다는 점입니다. 그러나 DNA는 피부로부터 혈액, 머리카락, 손톱, 정액 등 인체의 모든 세포에 들어 있습니다. 그렇다면 범죄 현장에서 찾아낸 세포가 가진 DNA와 어떤 용의자의 DNA가 일치한다면 그 사람이 범인이라는 것을 확인할 수 있지 않을까요? 맞습니다. 그래서 법의학에서 DNA 분석이 이용되는 것입니다.

그러면 이 일은 어떻게 하는 것일까요? 전문가들은 먼저 세포 샘플에서 꺼낸 DNA를 '성장' 효소로 처리합니다. 이렇게 해서 작업이 가능한 수가 될 때까지 동일한 DNA의 복제를 반복합니다. 그리고 다른 효소를 써서 리본을 적절한 크기로 자릅니다. 이것은 마치 한 권의 책을 쪽, 문단, 문장으로 분석하는 것과도 같습니다. 그리고 나서 잘라진 리본을 크기에 따라 늘어놓습니다. 그리고 현장에서 채집한 표본과 용의자의 몸에서 나온 표본을 서로 비교하여 어떤 단어의 배열이 2개의 샘플 모두에서 나타나는가를 봅니다. 양쪽에서 같은 배열이 나왔다면 DNA가 같다는 것이고 따라서 같은 사람이라는 뜻이죠.

생각해 봅시다. 책 2권을 수백 개의 파편으로 잘라냈다가 다시 짜맞추었는데 그중 5~6쪽 정도가 똑같았다면 이 2권은 같은 책일 것임이 틀림없습니다.

이제 검은 띠로 다시 돌아갑시다. 두껍고 검은 선으로 된 사다리 모양의 얼룩은 DNA 파편이 만들어낸 것으로, DNA는 크기에 따라 마치 경주로처럼 펼쳐져 있습니다. 여기에 음전하를 걸어주면 이들은 천천히 표면을 이동하여 양전하 쪽으로 헤엄쳐 갑니다. 가장 작고 가벼운 파편이 가장 멀리, 빨리 가서 사다리 맨 꼭대기로 갑니다. 무거운 것들은 그 무게에 비례하여 뒤로 처집니다. 그래서 크기에 따라 배열되는 것입니다.

이렇게 눈에 보이지 않게 작은 DNA 그룹에는 방사능이 부여되고 이들이 내놓는 방사선으로 인해 필름이 점 또는 끈 모양으로 감광됩니다. 이렇게 되면 이 DNA 파편들이 경주로상에서 어디에 위치해 있는가를 눈으로 확인할 수 있습니다. 이렇게 현상된 필름에는 검은 띠가 생기고 이것을 비교하여 과학자들은 2개의 샘플이 갖는 DNA 구조를 비교하는 것입니다. 위치가 같다면 DNA가 같다는 뜻이고 따라서 같은 사람이라는 얘깁니다. 이 방법이 틀릴 확률은 수백조 분의 1밖에 안 됩니다.

우리는 왜 에너지를 재생할 수 없을까

에너지와 자원을 절약하기 위해 요즘은 모든 것을 재생합니다. 에너지도 재생이 가능한가요?

여기서 재생이 어떤 것을 더 나은 형태로 바꾼다는 뜻이라면 절대적으로 가능합니다. 발전소는 물, 석탄, 또는 핵에너지를 전기로 바꾸는 시설입니다. 전기 난로는 전기에너지를 열에너지로 바꿉니다. 자동차 엔진에서는 화학적 에너지가 운동에너지로 전환됩니다. 여러 가지 형태의 에너지는 상호 전환이 가능합니다. 그러니까 그 전환 작업을 할 수 있는 기계를 발명하면 되는 거죠.

그런데 문제가 하나 있습니다. 이것은 이 우주 전체에서 가장 큰 문제일 것입니다. 에너지는 한 번 변환될 때마다 일부가 손실됩니다. 그것은 우리가 어리석어서도, 게을러서도 아니고 기계가 엉성해서도 아닙니다. 여기에는 좀더 근본적인 이유가 있습니다. 이것은 마치 외국에 가서 돈을 바꿀 때와도 같습니다. 항상 약간의 손해를 보게 돼 있죠. 우주에도 이런 환전상이 있어서 돈을 바꿀 때마다 일부를 떼가는 것입니다. 이 환전상을 우리는 '열역학 제2법칙' 이라고 부릅니다. 이 법칙에는 양면성이 있습니다.

우선 좋은 쪽부터 볼까요? 우선 '에너지 보존의 법칙' 이 있습니다. 이것은 '열역학 제1법칙' 이라고도 합니다. 이에 따르면 에너지는 창조되거나 파괴될 수도 없습니다. 단지 열, 빛, 화학, 전기 에너지 및 질량 등 무수한 형태로 바뀔 수 있을 뿐입니다. 그러나 제1법칙에 따르면 에너지의 양은 항상 일정합니다. 에너지는 사라지는 법이 없습니다. 창조의 순간에 우주 안의 질량과 에너지는 이미 정해진 것입니다(297쪽을 보세요). 에너지가 고갈되는 일은 없습니다.

그러면 우리가 필요한 형태, 그러니까 전구의 빛, 배터리의 전기, 엔진의 운동에너지 등의 모습으로 에너지를 전환하기만 하면 되지 않을까요? 그리고 끝없이 계속 사용할 수 있을 것입니다. 알루미늄 깡통처럼 에너지도 재생이 되는 거죠. 맞습니까?

안됐지만 틀립니다. 지금부터 나쁜 쪽을 들여다보겠습니다. 열역학 제2법칙에 따르면 에너지를 한 형태에서 다른 형태로 전환할 때마다 유용성이 조금씩 상실됩니다. 제1법칙에 따라 에너지가 사라지는 것은 불가능합니다. 그러나 '일을 할 수 있는 능력'이 조금 줄어드는 것이죠. 그리고 일을 할 수 없다면 에너지가 무슨 소용이 있을까요?

에너지를 한 가지 형태에서 다른 형태로 바꿀 때마다 일의 능력이 사라진다는 것은 우리 의사와 관계없이 상실된 부분이 열에너지로 바뀌었다는 것을 의미합니다.

화력발전소에서 태우는 석탄의 에너지 중 60% 정도는 열로 낭비됩니다. 40%만이 전력으로 바뀌는데 그중 상당 부분이 전선을 통해 우리 집까지 오는 과정에서 손실됩니다. 백열전구의 경우 전기에너지의 98%가 열로 소비됩니다. 휘발유가 가진 화학에너지의 대부분은 라디에이터와 배기통을 따라 열의 형태로 낭비됩니다.

이 모든 복잡한 과정의 효율이 100%라 하더라도 열의 일부가 손실되는 것은 피할 수가 없습니다. 심지어 물이 물레방아를 돌릴 때도 물의 에너지 일부는 물레방아 회전축의 마찰로 인해 발생하는 열에너지로 손실됩니다.

기계는 돌아가는데 열이 나지 않기를 바란다면 그것은 마찰이 없기를 바라는 것과 같습니다. 마찰이 없기를 바라는 것은 기계가 속력을 잃지 않고 영원히 돌아가기를 바라는 것과 같습니다. 즉 영구기관입니다. 에너지가 창조되는 것이죠. 그것은 제1법칙에 의해 불가능합니다. 그러므로 어디서든 에너지가 일로 바뀌려면 열이 발생할 수밖에 없습니다.

그러나 열도 에너지 아닌가요? 물론이죠. 그러면 그 열을 모아서 다시 일에 투입하면 되잖아요?

제2법칙의 정말 나쁜 측면이 바로 여기 있습니다. 물론 열을 모을 수는 있지만 완전히 다 모으지는 못합니다. 다른 형태의 에너지는 100% 열로 전환될 수 있지만 열은 100% 다른 에너지로 전환되지 못합니다. 왜 그럴까요? 열은 분자들의 무질서한 운동이기 때문입니다(297쪽을 보세요). 일단 에너지가 무질서한 형태를 띠게 되면 그것을 모두 일로 전환하는 것은 불가능합니다. 저마다 다른 방향을 향해 달리는 소들에게 쟁기를 매본들 밭을 갈 수는 없죠.

그래서 조금씩 모든 에너지는 회수 불가능한 열의 형태를 향해 끊임없이 전환됩니다. 이 세상의 에너지는 쓸모없고 혼란스런 입자의 운동으로 바뀌어간다는 뜻이죠. 에너지는 더 많이 사용할수록 더 많이 사라지는 법입니다.

이 우주는 싸구려 배터리처럼 방전되고 있고 우리는 무질서의 증가라는 일방 통행로를 걷고 있는 것입니다.

돌이킬 수 없는 일

어리석은 질문인지 모르지만 왜 되는 일이 있고 안 되는 일이 있죠? 물은 아래로 흐르지 위로 올라오지 않습니다. 설탕을 커피에 녹일 수는 있지만 녹은 설탕을 도로 끄집어내지는 못합니다. 성냥을 태울 수는 있어도 원상태로 되돌리지는 못하죠. 이런 일들을 지배하는 우주의 법칙이라도 있는 건가요?

어리석은 질문 같은 것은 없습니다. 사실 이 질문은 과학에 있어서 가장 심오한 질문입니다. 그러나 답은 상당히 간단합니다. 19세기 말에 조시아 윌러드 깁스라는 천재가 이 답을 찾아냈습니다.

자연 속에는 어디에나 2개의 기본적인 성질이 균형을 이루고 있습니다. 하나는 여러분이 잘 아는 에너지이고 또 하나는 아직 낯선 (그러나 곧 알게 될) '엔트로피'라는 것입니다. 어떤 일이 되고 안 되고는 바로 이 균형에 달려 있습니다.

　어떤 일은 저절로 일어나지만 그것을 되돌리려면 외부에서 뭔가 힘을 가해야 합니다. 예를 들어 우리는 펌프를 써서 물을 위로 올릴 수 있습니다. 그리고 진짜로 원한다면 커피를 끓여 물을 증발시키고, 나머지를 화학적으로 분리하여 설탕을 뽑아낼 수도 있습니다. 타버린 성냥을 복구하는 일은 좀 어렵지만, 충분한 시간과 기구만 있으면 화학자 몇 명이 달려들어 재와 연기로부터 성냥을 되살려낼 수도 있을 것입니다.

　그런데 이런 일을 해내려면 많은 양의 에너지를 외부로부터 집어넣어야 합니다. 참견하지 않고 가만두면 자연 안에서는 많은 일이 저절로 일어납니다. 그러나 어떤 일들은 우리가 간섭하지 않으면 세상의 종말까지 기다려도 일어나지 않습니다. 자연의 기본 원칙은 이것입니다. 에너지와 엔트로피 사이의 균형이 적절하면 그 일은 일어납니다. 그렇지 않으면 일어나지 않습니다.

　먼저 에너지부터 봅시다. 그리고 나서 엔트로피에 대해 설명하겠습니다.

　일반적으로 모든 것은 에너지 값을 줄이려고 합니다. 폭포 꼭대기의 물은 아래로 떨어지면서 목까지 찼던 위치에너지를 털어버립니다. 이런 에너지를 이용해서 물레방아를 돌리면 여러 가지 유용한 일을 할 수 있죠. 그러나 물은 아래에 있는 연못으로 떨어지는 순간 위치에너지를 잃고 '에너지가 죽은' 상태가 됩니다. 도로 올라갈 수는 없는 거죠. 여러 가지 화학반응도 비슷한 과정을 밟습니다. 화학물질은 에너지 값이 낮은 다른 물질로 저절로 전환되면서 쌓인 에너지를 내던져버리는 것입니다. 불타는 성냥이 좋은 예입니다.

그러므로 다른 조건이 같다면 자연계에서 '모든 것은 가능하면 갖고 있는 에너지를 줄이려고 한다'는 것이 기본 경향입니다. 그것이 첫 번째 법칙입니다.

그러나 에너지가 줄어드는 것은 동전의 한쪽 면을 보는 것뿐입니다. 다른 한쪽은 '엔트로피의 증가'입니다. 엔트로피는 '무질서'를 어렵게 표현한 것에 불과합니다. 무작위적이고 혼란스런 상태라는 뜻이죠. 시합 직전 축구 선수들은 질서 있게 한 줄로 늘어서 있습니다. 따라서 엔트로피 값이 낮죠. 그러나 일단 시합이 시작되면 이들은 축구장 전체로 무질서하게 흩어집니다. 엔트로피가 높아진 것입니다.

이것은 물질을 구성하는 모든 입자, 그러니까 원자와 분자에 있어서도 마찬가지입니다. 어떤 순간에 이들은 매우 질서정연한 상태에 있을 수도 있고, 아주 무질서한 상태에 있을 수도 있고, 중간의 어디쯤엔가 있을 수도 있습니다. 달리 말하면 낮은 것부터 높은 것 사이의 여러 가지 엔트로피 값을 가질 수 있다는 뜻입니다.

그러나 다른 조건이 같다면 자연계의 모든 것은 더욱 무질서해지려는 경향이 있습니다. '모든 것은 가능하면 엔트로피를 늘이려고 한다'가 됩니다. 이것이 두 번째 법칙입니다. 그러니까 에너지가 늘어남에 따라 이를 상쇄할 만큼 엔트로피가 늘어나지 않는다면 여기에는 '부자연스런' 에너지의 증가가 있는 것이고, 엔트로피가 감소함에 따라 이를 상쇄할 만큼 에너지가 줄어들지 않는다면 '부자연스런' 엔트로피의 감소가 발생하는 것입니다. 이해가 되세요?

그러므로 외부의 간섭이 없을 경우 자연계에서 어떤 일이 저절로 일어나느냐 일어나지 않느냐는 것은 에너지와 엔트로피 사이의 균형의 문제인 것입니다.

폭포를 다시 생각해 봅시다. 폭포에서는 에너지의 감소가 일어납니다. 꼭대기에 있는 물이나 연못으로 떨어지는 물이나 엔트로피 값은 변함이 없습니다. 이것은 순전히 에너지의 변화 과정입니다.

커피 속의 설탕은? 설탕이 녹는 것은 엔트로피가 늘어나기 때문입니다. 설탕 분자들은 설탕 알갱이 속에 결정을 이루고 질서 있게 늘어서 있다가 커피에 녹으면서 무질서하게 헤엄쳐 다니기 시작합니다. 그러나 설탕 입자와 녹은 설탕 사이에는 에너지 차이가 없습니다. 설탕이 녹았다고 해서 커피가 뜨거워지거나 차지지는 않죠. 이것은 엔트로피의 변화 과정입니다.

불타는 성냥을 볼까요? 성냥이 타면 에너지 값이 뚝 떨어집니다. 황과 나무 속에 저장되어 있던 화학적 에너지는 빛과 열의 형태로 방출됩니다. 그러나 여기에서는 엔트로피가 늘어납니다. 황과 나무에 얌전히 들어앉아 있던 물질들은 매우 무질서한 상태인 연기와 기체로 변합니다. 그러므로 이 반응은 자연의 법칙에 이중으로 들어맞는 반응이고 따라서 성냥은 그어대기가 무섭게 신나게 타오르는 것입니다. 이것은 에너지와 엔트로피의 변화 과정입니다.

그러면 에너지나 엔트로피가 '반대 방향'으로 가는 과정은 어떤 것일까요? 물론 이런 과정은 얼마든지 일어날 수 있습니다. 상대편이 충분히 강한 힘으로 '옳은 방향'으로 가서 반대 방향으로 가는 힘을 상쇄하고도 남는다는 말입니다. 다시 말하면 엔트로피가 에너지의 증가를 상쇄할 수 있을 정도로 늘어난다면 에너지도 늘어날 수 있다는 것입니다. 그리고 에너지가 충분히 줄어든다면 그에 상응하는 만큼 엔트로피도 줄어들 수 있습니다.

윌러드 깁스가 한 일은 에너지와 엔트로피 사이의 균형을 설명하는 방정식을 만들어낸 것이었습니다. 이 방정식을 푼 결과 마이너스 값이 나오면 이 사건은 저절로 일어나는 사건입니다. 플러스 부호가 붙으면 불가능한 사건입니다. 인간이나 아니면 다른 무엇인가가 외부로부터 에너지를 주입하기 전에는 절대로 일어날 수 없는 일입니다.

충분한 에너지만 집어넣으면 모든 것을 무질서로 몰고 가는 자연의 엔트로피 법칙을 제압할 수 있습니다. 예를 들어 많은 노력을 들이기만 하면 우리는 전세계의 바닷물 속에 들어 있는 1천만 톤 정도의 금을 모두 뽑아낼 수 있을 것입니다. 그러나 이 금은 13억5천만 km^3에 달하는 바닷물 속에 무질서하게 흩어져 있습니다. 상상을 초월하도록 높은 엔트로피 상태입니다. 그러므로 이 금을 뽑아 제련하는 데 드는 비용은 이것을 모두 팔아서 얻는 돈보다 훨씬 많이 들 것입니다.

역학의 법칙에 심취한 아르키메데스는 이렇게 말했다고 합니다. "지렛대와 설 자리만 있으면 지구라도 움직일 수 있다." 아르키메데스가 엔트로피에 대해서 알았다면 그는 이렇게 덧붙였을 것입니다. "충분한 에너지만 있으면 지구를 질서 있게 재조립할 수 있다."

용어 해설

가속도 시간이 감에 따라 점점 더 빨리 움직이는 것.

결정 입자가 기하학적으로 질서정연하게 늘어선 고체. 이러한 구조 때문에 고체는 기하학적으로 질서 있는 외관을 갖는다.

극성 극성을 가진 물질은 전자가 한쪽 끝에 몰려 있는 물질을 말한다. 이렇게 되면 전자가 많은 쪽이 음전하를 띠게 된다. 이러한 분자는 전기력과 자기력에 잘 반응하지만 비극성인 분자는 반응을 보이지 않는다. 물 분자는 극성이 강하고 이로부터 물의 여러 가지 특징이 나온다.

단백질 동식물에서 찾아볼 수 있는 중합체로 아미노산 분자가 여러 개 모여서 만든 큰 분자로 되어 있다. 아미노산은 질소를 포함하는 유기화합물로 인간의 신진대사에 반드시 필요하다.

모세관 액체가 흐를 수 있는 매우 가느다란 관이나 매우 좁은 공간. 물을 위시한 몇 가지 액체는 이렇게 좁은 공간을 타고 위로 올라가는데 그것은 이 액체의 분자들이 관의 벽에 끌리기 때문이다.

무기화합물 또는 유기화합물 화학에서는 모든 물질을 유기물과 무기물로 분류한다. 유기화합물에는 탄소 원자가 들어 있고 무기화합물에는 들어 있지 않다. 동식물의 생명 현상에 관여하는 물질은 거의 모두 유기물이다.

밀도 어떤 물질이 일정한 부피에서 얼마나 무거운가를 측정하는 단위. 예를 들어 물 $1cm^3$는 $1g$이다. 따라서 물의 밀도는 $1g/cm^3$이다.

납의 밀도는 11g/cm³이다.

분자 거의 모든 물질을 구성하는 작은 입자. 물질이 서로 다른 것은 그 안의 분자들이 구성, 배열, 크기, 형태 등의 측면에서 서로 다르기 때문이다. 분자는 더 작은 입자인 원자로 되어 있다. 그리고 원자는 핵과 전자로 되어 있다.

산, 염기, 염 산과 염기는 반대되는 성질로 서로 만나면 중화되어 물과 염을 만든다. 소금은 가장 흔한 염이다. 흔한 산으로는 탄산과 식초가 있고, 흔한 염기로는 암모니아와 잿물이 있다.

산화-환원 반응 전자가 어떤 원자, 분자, 또는 이온으로부터 다른 원자, 분자, 이온으로 옮겨가는 화학반응.

스펙트럼 어떤 물질이 방출하거나 흡수하는 파동의 모든 파장을 모아놓은 집합체. 태양은 가시광선 스펙트럼을 포함한 매우 넓은 범위의 스펙트럼을 방출한다. 가시광선은 인간의 눈이 감지할 수 있는 무지개 색으로 되어 있다.

압력 단위면적에 골고루 전달되는 힘의 양.

열 에너지의 한 형태로 물질 속에 있는 원자와 분자의 운동이라는 형태로 나타난다.

열용량 어떤 물질의 온도를 정해진 만큼 올리는 데 추가로 필요한 열의 양. 예를 들어 물의 온도를 올리려면 많은 에너지를 투입해야 한다. 그러므로 물은 열용량이 크다.

온도 어떤 물질 안의 모든 분자들이 갖는 운동에너지의 평균 값을 숫자로 표시한 것.

용해 어떤 물질이 물에 녹으면 마치 사라지는 것처럼 보이는데 이 것은 그 물질이 분해되기 때문이다. 물질의 분자는 서로 떨어져 나와 물 분자 사이사이에 섞인다. 이렇게 섞인 결과를 용액이라고 한다. 용액의 농도는 정해진 양의 물에 얼마나 많은 물질이 녹아 있는 가에 따라 결정된다.

운동에너지 움직임의 형태로 존재하는 에너지. 날아가는 야구공은 운동에너지를 갖고 있다. 그러나 열도 운동에너지이다. 왜냐하면 열은 원자와 분자의 운동으로 되어 있기 때문이다. 따라서 그 물체 자체가 움직이지 않는다 하더라도 물체가 갖고 있는 열은 운동에너지이다.

원심력 빙빙 돌리면 바깥으로 튀어나가려고 하는 힘.

원자 아주 작은 입자로, 모든 물질의 기본이 된다. 현재 110가지의 원자가 알려져 있다. 원자는 거의 항상 여러 가지로 결합하여 분자를 만든다.

융해열 고체를 녹이는 데 필요한 열의 양. 물질 1g을 녹이는 데 필요한 칼로리 값으로 표시된다.

응축 수증기가 식어서 액체가 되는 과정을 응축이라고 한다. 그러니까 응축은 액체가 뜨거워져서 기체가 되는 과정인 비등의 반대이다.

이온 전자 일부를 잃었거나 얻어서 전하를 띤 원자 또는 원자의 무리. 대부분의 미네랄은 전하가 없는 원자나 분자의 형태보다는 이온으로 존재한다.

잠재에너지 저장되어 있어서 유용한 일을 할 수 있는 에너지. 예를 들면 위치에너지(절벽 꼭대기의 바위), 화학적 에너지(다이나마이트), 핵에너지(우라늄 한 덩어리) 등이 있다.

전자 음전하를 띤 작은 입자. 전자는 원자의 무게의 거의 전부를 차지하는 핵의 주변을 돈다. 전자는 원자로부터 쉽게 떨어져 나와 마음대로 돌아다닐 수 있다.

전자기 방사 빛의 속도로 공간을 이동하는, 파동 형태의 순수한 에너지. 현재 알려진 전자기 에너지는 라디오 전파, 마이크로웨이브로부터 가시광선, X선, 감마선에 이른다. 전자기파는 파장과 주파수를 갖고 있고 파장이 짧을수록 주파수와 에너지 값이 커진다.

중합체 작은 분자 여러 개가 연결되어 만들어진 큰 분자들로 된 물질. 플라스틱과 단백질은 중합체이다.

칼로리 열량의 단위. 화학적으로 쓰이는 1g의 물을 $1℃$ 올리는 데 필요한 열량을 말한다. 식품에서 쓰이는 칼로리는 화학적으로 쓰이는 칼로리의 1천 배이다. 혼동을 피하기 위해 이 책에서는 화학적

칼로리는 'cal'로, 식품 칼로리는 'Cal'로 표기했다.

탄수화물 전분, 당분, 셀룰로우즈 등을 포함하고 있는 식물의 화학 물질.

합금 몇 가지 순수한 금속을 녹여 합친 금속.

핵 원자 무게의 대부분을 차지하는 무거운 중심부. 핵은 전자보다 수천 배나 무겁다.

화합물 정해진 형태와 숫자의 원자로 만들어진 분자가 모여 이룬 순수한 물질. 자연계에서 순물질을 만나기는 쉽지 않다. 왜냐하면 거의 모든 물질은 2개 이상의 여러 가지 화합물이 결합된 것이거나 섞인 것이기 때문이다.

효소 효소는 천연의 촉매로서 화학반응을 촉진하지만 그 자체는 소비되거나 변하지 않는다. 동물과 식물의 효소는 자연 상태에서는 매우 느린 생명의 과정을 적절한 속도로 올려준다.

다시 과학을 발견하게 하는 책

이제까지 여러 권의 과학 서적을 번역했지만 『아인슈타인도 몰랐던 과학 이야기』만큼 재미있는 책은 없었다.

다른 책들이 재미없었다는 얘기가 아니다. 내용은 모두 하나도 예외없이 흥미로웠지만 '읽는 재미'에서는 이 책을 따라오지 못한다는 뜻이다.

이 책을 다 읽은 독자들은 이미 경험했겠지만, 같은 얘기를 재미있고 우습게 쓰는 데 있어 저자는 가히 천재적이다. 예를 들어보자. '사람은 어떤 경우에 땀을 흘리나' 라는 의문에 대해 보통 책 같으면 '사람은 더울 때, 당황할 때 땀을 흘린다' 라고 말할 것이다. 그러나 월크는 '1) 더울 때 2) 연단에 섰는데 원고를 어디 두었는지 모를 때' 라고 말한다. 2)번의 이야기처럼 당혹스런 상황을 잘 묘사하는 표현은 찾기 어려울 것이다.

저자의 이런 재치는 거의 페이지마다 빛을 발한다. 재치가 돋보이는 것은 그가 공식적인 문어체가 아닌 친근한 구어체로 말하기 때문이다. 이렇게 물 흐르듯 구어체로 풀려나가는 이야기를 어려운 과학책처럼 '……사람은 당황하면 땀을 흘린다' 식의 반말투로 번역하는 것은 어색하다. 그래서 이 책의 본문은 모두 '……흘립니다, 흘리지요' 식의 존대말로 되어 있다. 어린이책에서나 높임말을 쓴다는 생각은 잘못된 것이라고 본다. 높임말을 쓰고 안 쓰고는 독자의 연령에 따라 결정되어야 하는 것이 아니라 원문의 말투에 따라 결정되어야 한다. 그러면 수다스런 구어체로 쓰인 소설을 모두 높임말로 번역해야 하는가 하는 의문이 제기될 수도 있다. 여기 대한 답은 '그럴 수도 있고 아닐 수도 있다' 일 수밖에 없다. 역자가 선택하고 독자가 판단해야 할 것이다. 그러나 이 책을 반말투로 번역하면 어색해질 부분이 많다. 특히 질문을 강조하기 위해 의문문이 꼬리를 물고 나올 경우, 이를 계속해서 '……인가?', '……하는가?'로 끝내는 것은 거북하다. 이 얘기는 이쯤 해두자. 어차피 판단은 독자 여러분의 몫이니까.

옮긴이의 이야기를 하다 보니 내용은 젖혀두고 외관에만 치중한 꼴이 되었는데 이 책의 진정한 장점은 진지한 과학 서적 못지않은 얘기들을 전혀 지루하지 않게, 정말로 재미있게 다루었다는 데 있다. 백 가지가 넘는 생활 주변의 현상으로부터 시작해서 그 배후에 있는 자연법칙 일반으로 나아가는 것은 저자의 입장에서는 결코 쉬운 일이 아니다. 그러나 독자의 입장에서는 이것이 가장 환영할 만한 접근 방법이며, 여기서 월크는 성공을 거두고 있는 것이다.

한 가지 아쉬운 점이 있다면 저자가 미국인인 관계로 관심의 대상이나 예로 든 것들이 미국적인 것들이 상당수 있다는 사실이다. 물론 절대 다수가 세계인 누구라도 이해할 수 있는 보편적인 것이지만 말이다. 아마 월크는 자신의 책이 번역될 수도 있음을 염두에 두지 않고 이 책을 쓴 것 같다. 그래서 한국적인 표현이나 예로 대치한

부분도 있지만 역자의 능력의 한계, 그리고 우리말과 영어, 우리 문화와 미국 문화의 본질적 차이 때문에 도저히 그렇게 할 수 없는 부분은 역자 주(註) 또는 원문을 곁들인 해설로 해결하려고 해보았다. 도움이 되었기를 바란다.

또 한 가지 바람이 있다면 이 책을 통해 학교를 졸업한 후 '기꺼이' 과학을 등진 사람들이 과학을 다시 발견하는 것이다. 이 책을 읽다 보면 학교 다닐 때 그렇게 재미없던 과학 교과서에 나온 얘기들이 떠오르면서 '아하, 이런 거였구나' 하는 생각이 드는 대목들을 반드시 만날 것이다. 이러한 만남이 반가운 것일 수 있다면 내가 이 책을 번역하기로 한 것은 잘한 일일 것이다.

아인슈타인도 몰랐던 과학 이야기

초판 1쇄 1998년 9월 20일
초판 40쇄 2015년 7월 20일

지은이 | 로버트 L. 월크
옮긴이 | 이창희
펴낸이 | 송영석

펴낸곳 | (株)해냄출판사
등록번호 | 제10-229호
등록일자 | 1988년 5월 11일

121-893 서울시 마포구 잔다리로30 해냄빌딩 5 · 6층
대표전화 | 326-1600 **팩스** | 326-1624
홈페이지 | www.hainaim.com

ISBN 978-89-7337-179-2